Innovative Schriftlichkeit in digitalen Texten

Diskursmuster
– Discourse Patterns

Band 3

Herausgegeben von
Beatrix Busse und Ingo H. Warnke

Georg Albert

Innovative Schriftlichkeit in digitalen Texten

Syntaktische Variation und stilistische Differenzierung in Chat und Forum

Akademie Verlag

Diese Veröffentlichung beruht auf einer Dissertation an der Universität Mannheim, 2012.

Bibliografische Information der Deutschen Nationalbibliothek
Die Deutsche Nationalbibliothek verzeichnet diese Publikation in der Deutschen Nationalbibliografie; detaillierte bibliografische Daten sind im Internet über http://dnb.d-nb.de abrufbar.

Ein Wissenschaftsverlag der Oldenbourg Gruppe

www.akademie-verlag.de

Einbandkonzept: hauser lacour
Einbandgestaltung: pro:design, Berlin, unter Verwendung einer Grafik von Pling/Shutterstock.com
Druck und Bindung: Beltz Bad Langensalza GmbH, Bad Langensalza

Dieses Papier ist alterungsbeständig nach DIN/ISO 9706.

ISBN 978-3-05-006273-0
eISBN 978-3-05-006367-6

Inhalt

Dank

Für wertvolle Diskussionen, Hinweise und Unterstützung unterschiedlicher Art bis zur Entstehung dieses Buches danke ich insbesondere und an erster Stelle Beate Henn-Memmesheimer, die die Dissertation betreut hat, und im Weiteren Gerd Antos, Josef Bayer, Cyril Belica, Hardarik Blühdorn, Marco Borth, Eva Martha Eckkrammer, Ludwig M. Eichinger, Peter Gallmann, Jörg Kohlscheen, Marek Konopka, Beata Mikołajczyk, Johannes Müller-Lancé, Rainer Perkuhn, Albrecht Plewnia, Jan Georg Schneider, Carla Sens, Ingo H. Warnke, Ulrich H. Waßner sowie allen Teilnehmerinnen und Teilnehmern des Doktoranden-Kolloquiums der Germanistischen Linguistik der Universität Mannheim.

Für technische Hilfe und einen anregenden Austausch danke ich der EliteMedianet GmbH (www.ElitePartner.de), namentlich Tanja Koppers und Zöe Bass.

Für sehr Vieles danke ich meiner Familie.

1 Einführung in das Thema

Die Verbreitung von Kommunikationsformen über verschiedene Internetdienste wie Chats, Blogs, Foren, Communities (Facebook, StudiVZ) oder Twitter (neben der auch, aber nicht in erster Linie über das Internet vermittelten Kommunikationsform SMS) geht einher mit einer enormen Zunahme an privatem Schriftsprachgebrauch (vgl. DÜRSCHEID 2011: 10). Die sogenannten neuen Medien stellen Freiräume jenseits schulisch vermittelter Normen bereit, in denen Konventionen neu ausgehandelt werden können (vgl. HENN-MEMMESHEIMER 2010: 188), wodurch sich das Variationsspektrum schriftlicher Sprachverwendung entsprechend der beteiligten Akteure erweitert hat.

Für die Sprachwissenschaft stellt sich die Aufgabe, das Variationsspektrum der deutschen Schriftsprache zu dokumentieren und funktionale oder stilistische Unterschiede aufzuzeigen. Tatsächlich ist damit ein Aufgabenkomplex angesprochen, der in verschiedene, zusammenhängende Forschungsfelder ausgreift:

1) Zunächst fällt die Beschreibung sprachlicher Variation in den Bereich von Variationslinguistik und Dialektologie, die sich allerdings traditionell nur wenig mit Schriftsprache beschäftigen. Unterschiedliche mediale Erscheinungsformen der Sprache und damit einhergehende unterschiedliche Normen und Bewertungsmaßstäbe wären demnach in variationslinguistischer Forschung stärker als bisher zu thematisieren.

2) Insofern Entwicklungen der Schriftsprache über Sprachmoden innerhalb spezifischer Gruppen hinausgehen, sind diese auch jenseits variations- und soziolinguistischer Interessen für systemorientierte Beschreibungen des Deutschen relevant. Da in der Grammatikschreibung ohnehin zunehmend auf der Basis von Korpora geschriebener Sprache gearbeitet wird, ist die Reflexion schriftsprachlicher Variation unausweichlich.

3) Aus einer Perspektive, die diachrone Entwicklungen in den Blick nimmt, sind Entwicklungen des informell geschriebenen Deutsch ein wichtiger Gegenstand für allgemeine Theorien über Sprachwandel sowie für konkrete Beschreibungen von Sprachwandelprozessen.

4) Die sprachlichen Differenzierungen innerhalb digitaler Textkulturen sind Teilprozesse von umfassenderen sozialen und kulturellen Entwicklungen. Die sprachwissen-

schaftliche Beschäftigung mit sich ausdifferenzierenden Schreibkonventionen in unterschiedlichen Domänen, Medien und sozialen Gruppen kann somit nicht ohne interdisziplinäre Bezüge zu den Sozial- und Kulturwissenschaften auskommen. Sprachliche Variation kann für Akteure sowohl Anlass wie Instrument für Identifikationen und Distinktionen sein. Sprachwissenschaftliche Analysen ergänzen somit sozial- und kulturwissenschaftliche Fragestellungen, indem sie sprachliche Entwicklungen sowohl als Indiz als auch als Faktor für soziale und kulturelle Differenzierungen beschreiben können.

5) Die Frage nach der sozialstilistischen Markiertheit morphologischer, syntaktischer oder orthografischer Varianten innerhalb der Schriftsprache ist von unmittelbarer Relevanz für die Sprachdidaktik und für Anwendungsbereiche wie den der Textoptimierung. Außerdem haben normorientierte Grammatiken ebenso wie die Kommunikationsratgeberliteratur[1] die spezifischen Konventionen in unterschiedlichen Domänen zur Kenntnis zu nehmen.

Die vorliegende Arbeit wird exemplarisch für den Phänomenbereich der Modalverben konkrete Entwicklungstendenzen im Zusammenhang mit der genannten Erweiterung des schriftsprachlichen Variationsspektrums nachweisen und beschreiben. Des Weiteren wird die vorgefundene syntaktische Variation des Modalverbgebrauchs mit sozialstilistischen Differenzierungen in Beziehung gesetzt, die sich einerseits kreativer Ausnutzung der durch digitale Textprozessierung eröffneten Handlungsspielräume verdanken, andererseits durch strukturelle Bedingungen dieser digitalen Textkulturen erst nahegelegt oder auch angestoßen werden. Diese Untersuchung erfolgt vor dem Hintergrund einer Innovationstheorie, die den theoretischen und terminologischen Rahmen der Arbeit darstellt.

Im ersten Teil der Arbeit (Kap. 2: Theorie der Innovation) wird das seit den 1990er Jahren in verschiedenen gesellschaftlichen Domänen äußerst prominente Konzept der Innovation aus verschiedenen Perspektiven beleuchtet. Theoretische Überlegungen zum Innovationsbegriff auch aus anderen wissenschaftlichen Disziplinen werden in ihrer Relevanz für sprachwissenschaftliche Theoriebildung gezeigt. Insbesondere in Sprachwandeltheorien wird der Terminus *Innovation* verwendet, allerdings in unklarer Abgrenzung zu *Neuerung*. Die in Kapitel 2 entwickelte Theorie sprachlicher Innovationen stellt den Hintergrund für die dann folgenden Überlegungen und Korpusanalysen dar. Insbesondere werden die beschriebenen Gebrauchsweisen der Schriftsprache als Formen innovativer Schriftlichkeit beschrieben und nicht – wie in bisherigen Untersuchungen ähnlicher Texte üblich – als sogenannte konzeptionelle Mündlichkeit.

Die theoretische Auseinandersetzung mit dem Begriff der konzeptionellen Mündlichkeit folgt in Kapitel 3 (Semiotik digitaler Medien). Auf der Basis der terminologi-

[1] Ein Beispiel für einschlägige Ratgeberliteratur ist ALEXANDER (2006): „Elektronischer Knigge. Netiquette und Verhaltensregeln für die berufliche und private Tele- und Onlinekommunikation".

schen Festlegungen in Kap. 3.1 (Medium und Zeichen) wird das Modell der Nähe- und Distanzsprache kritisiert. Dieses Modell basiert auf der Trennung der medialen von einer konzeptionellen Ebene von Texten und hat sich – paradoxerweise trotz dieser Prämisse – innerhalb der germanistischen Linguistik gerade bei der Beschäftigung mit den sogenannten Neuen Medien etabliert. Probleme bei der Anwendung dieses Modells auf informelle schriftsprachliche Texte werden in Kapitel 3.2 (Schrift und Schriftlichkeit) diskutiert.

Anschließend (Kap. 4: Das Korpus) werden die beiden hier ausgewerteten Vergleichskorpora (Chat und Online-Diskussionsforum) hinsichtlich des enthaltenen Materials und dessen Aufbau beschrieben.

Im Hauptteil der Arbeit folgt die empirische Untersuchung der Korpora, in der die Chat- und Forentexte sowohl textsortenstilistisch (Kap. 5 und 7) als auch lebensstilistisch (Kap. 6) differenziert werden. Das Kapitel 5 (Modalverbgebrauch in Chat und Forum) enthält die Studie syntaktischer Variation in Chat und Forum am Beispiel der belegbaren Syntagmen mit den modalen Verben *dürfen*, *können*, *mögen*, *müssen*, *sollen*, *wollen* und *brauchen*. Nachdem die Darstellung des Modalverbparadigmas in Standardgrammatiken und Forschungsliteratur beschrieben wurde (Kap. 5.1), folgt die Auswertung und Quantifizierung der Korpusbelege (Kap. 5.2). Schließlich erfolgt eine Diskussion der Befunde (Kap. 5.3), insbesondere hinsichtlich ihrer syntaxtheoretischen Relevanz (Kap. 5.3.1: Syntaktische Variation und deren Beschreibung) sowie hinsichtlich der innovativen Qualität einiger belegter Nonstandard-Syntagmen (Kap. 5.3.2: Innovativität des Modalverbgebrauchs in digitalen Texten).

Das Kapitel 6 (Lebensstile und Sprachverwendungen in Chat und Forum) stellt die qualitative Analyse der beiden Korpora vor. Zunächst werden die Texte der Chatter sowie der Forums-Teilnehmer auf Basis der Lebensstiltheorie allgemein sozialstilistisch beschrieben und kontrastiert (Kap. 6.1). Danach erfolgt eine Interpretation ausgewählter metasprachlicher Kommentare in den Korpora (Kap. 6.2). Hier wird das in Kapitel 3 kritisierte Beschreibungsmodell der konzeptionellen Mündlichkeit mit Selbstdarstellungen der Schreiberinnen und Schreiber konfrontiert, außerdem werden die Kommentare mit Blick auf Distinktionsverhalten und Differenzierungen digitaler Textkulturen untersucht.

Anschließend (Kap. 7: Dialogizität als Strukturbedingung schriftsprachlicher Innovationen) wird die im empirischen Teil dargestellte Innovativität der digitalen Textkultur insbesondere des Chat mit dem Grad an dialogischer Strukturierung dieser Texte in Verbindung gebracht. Hierfür werden zunächst (Kap. 7.1: Verwendungsweisen von *Dialog* und *Dialogizität*) verschiedene Lesarten und Verwendungen von *Dialogizität* betrachtet und eine Reihe syntaktischer Kriterien zur formal-strukturellen Bestimmung von Dialogizität in Texten diskutiert. Vor dem Hintergrund dieses formalen Dialogizitätsbegriffs werden die untersuchten Texte nochmals resümierend verglichen und eingeordnet (Kap. 7.2: Dialogizität in digitalen Texten).

Die Arbeit schließt (Kap. 8) mit einer Zusammenfassung der Ergebnisse sowie einem Ausblick auf anschließbare Untersuchungen und Fragestellungen.

2 Theorie der Innovation

Für den Terminus *Innovation* lässt sich vor allem in seiner Verwendung als wirtschaftswissenschaftlicher Begriff eine steile Karriere im deutschsprachigen Raum seit Ende der 1980er Jahre belegen (vgl. HENN-MEMMESHEIMER 2006: 10). Während die erste Auflage des Duden-Fremdwörterbuchs überhaupt kein Lemma „Innovation" enthält, sondern lediglich den botanischen Terminus *Innovationsspross* erklärt (vgl. DUDEN 1960: 275), erscheint *Innovation* heute als ein allgegenwärtiges „Schlagwort":

> Der Begriff Innovation im Sinne von ‚neu' ist aktuell fast ausschließlich positiv besetzt. Deshalb wird er gern als nebulöses Schlagwort missbraucht, um sich oder sein Produkt in ein gutes Licht zu rücken, auch wenn es an konkreten positiven Fakten mangelt. (http://de.wikipedia.org/wiki/Innovation, <27. 09. 2008>)

Offensichtlich ist der Begriff aber nicht lediglich ein vages Schlagwort, das sich leicht missbrauchen lässt, sondern verfügt in einer Zeit von Retro-Modetrends bzw., mit den Worten des Kulturwissenschaftlers Boris Groys, in einer postmodernen Zeit, in der man sich „das Neue" als „eine endlose Abwandlung des bereits Vorhandenen" (GROYS ^{3}2004: 9) vorstellt, über ein starkes Erklärungspotential.

In der germanistischen Sprachwissenschaft spielen Innovationen im Zusammenhang mit Sprachwandel-Theorien eine Rolle, jedoch wird der Begriff in der Regel wenig reflektiert und mit *Neuerung* mehr oder weniger synonym gebraucht. Dies mag unter anderem daran liegen – und dies verrät schon einiges über die Karriere des Wortes *Innovation* während der letzten beiden Jahrzehnte –, dass die Übersetzerin von Eugenio Coserius „Sincronía, Diacronia e Historia" (COSERIU [1958] 1973), Helga Sohre, den dort verwendeten Terminus *Innovación* eben nicht mit *Innovation*, sondern mit *Neuerung* wiedergibt (vgl. COSERIU [1958] 1974: 58 ff.).

Coseriu trifft in seiner Theorie des Sprachwandels die grundlegende Unterscheidung zwischen Neuerung (Innovation) und Übernahme:

> All das, worin sich das vom Sprecher Gesprochene – als sprachliches Verfahren – von dem in der Sprache, in der das Gespräch geführt wird, vorhandenen Mustern entfernt, kann Neuerung genannt werden. Und die Annahme einer Neuerung von seiten des Hörers als Muster für weitere Ausdrücke kann man Übernahme nennen. (COSERIU [1958] 1974: 67)

Coseriu differenziert noch weiter *Neuerung* und *Anfangsneuerung* (vgl. COSERIU [1958] 1974: 124; GIRNTH 2000: 53), wobei die Neuerung eine rein hypothetische Größe darstellt und der Beobachtung nicht zugänglich ist. In jüngeren Arbeiten ist der Terminus *Innovation* vor allem für die Beschreibung von Grammatikalisierungsprozessen relevant. Bei GIRNTH (2000) entspricht der Neuerung der Innovationsakt, als Innovation wird die Übernahme bezeichnet.

> Der Grammatikalisierungsprozeß wird durch Innovationen initiiert, die allmählich von den anderen Sprachbenutzern übernommen werden und dann in die Sprachkonvention eingehen. Um terminologische Verwirrung zu vermeiden, soll der Vorgang der Schaffung eines neuen Kodierungsverfahrens durch den Sprachbenutzer als *Innovationsakt* bezeichnet werden. Innovationen sind somit Ergebnisse von Innovationsakten. Gehen jene in den Sprachbesitz einer Sprachgemeinschaft über, dann sind sie grammatikalisiert und erst dann kann man von *Sprachwandel* sprechen. (GIRNTH 2000: 53)

Diese Unterscheidung ist wichtig, sagt allerdings noch wenig über den Innovationsakt und über die Faktoren des folgenden Prozesses bis hin zum vollzogenen Sprachwandel. Bei Girnth werden im Weiteren kognitive Faktoren und Konversationsmaximen als ökologische Bedingungen für das Zustandekommen von Innovation behandelt (vgl. GIRNTH 2000: 55–81, zu kommunikativen Maximen vgl. Kap. 2.2.3).

Die Sprachwandeltheorie von Rudi Keller beschreibt die Durchsetzung von sprachlichen Veränderungen als einen Invisible-Hand-Prozess (vgl. KELLER ^{3}2003: 87 ff.). Seine Theorie ist innerhalb der Sprachwissenschaft diejenige, die am elaboriertesten die Verbindung zwischen Mikroebene (Akteure) und Makroebene (Sprachsystem) beschreiben kann, allerdings ohne eine reflektierte Verwendung des Terminus *Innovation*, welcher von Keller nur sehr sporadisch verwendet wird. Die durch Coseriu eingeführte Differenzierung von Neuerung und Übernahme (Verbreitung) wird dementsprechend von Keller auch nicht aufgegriffen, die Invisible-Hand-Erklärung bezieht sich letztlich mehr auf die Verbreitung (vgl. LADSTÄTTER 2004: 9). Ein häufig geäußerter Kritikpunkt an Kellers Invisible-Hand-Theorie ist außerdem, dass er sie hauptsächlich an Beispielen für lexikalisch-semantischen Wandel entwickelt und wenig über die Anwendbarkeit auf andere linguistische Beschreibungsebenen sagt (vgl. LADSTÄTTER 2004: 9).

Ein theoretisch begründeter Innovationsbegriff, der mehr ist als ein modischer Ausdruck für *Neuheit* und der unabhängig von den linguistischen Beschreibungseinheiten (Laute, Buchstaben, Morphe, Lexeme, Syntagmen, etc.) sowohl auf der Ebene des Sprachsystems als auch auf der Handlungsebene der Sprecher anwendbar ist, stellt also ein Desiderat innerhalb der Sprachwissenschaft dar.

2.1 Strukturen

Im Folgenden werden zur inhaltlichen Bestimmung des Terminus Innovation auch wirtschafts- und sozialwissenschaftliche sowie kulturwissenschaftliche Perspektiven einbezogen mit dem Ziel, Aspekte dieser unterschiedlichen Terminologien in einen sprachwissenschaftlichen Innovationsbegriff entweder zu integrieren oder letzteren begründet davon abzugrenzen.

2.1.1 Wirtschaftswissenschaftlicher Innovationsbegriff

Für die Wirtschaftswissenschaften kann Innovation allgemein folgendermaßen bestimmt werden:

> Innovationen sind radikale technische oder soziale Neuerungen, die durch soziale Akzeptanz und die kollektive Zuschreibung von Neuheit gekennzeichnet sind und damit einen Erfolg für das hervorbringende System zu generieren in der Lage sind. (SCHULZ ET AL. 2000: 56)

In dieser Definition ist bereits die Vorstellung enthalten, dass das Merkmal ‚Neuheit' eines Phänomens nicht hinreicht, um dieses als Innovation einzuordnen. „Zuschreibung von Neuheit" kann hier verstanden werden als die Zuschreibung von Relevanz oder relevanter Neuheit, soziale Akzeptanz heißt im wirtschaftswissenschaftlichen Kontext letztlich nichts anderes als Markterfolg (vgl. SCHULZ ET AL. 2000: 56). Beide Faktoren entscheiden über die Einordnung eines Gegenstandes oder Sachverhaltes als Innovation. *Innovation* ist also ein Attribut, mit dem ein Phänomen erst nachträglich versehen werden kann (vgl. ebd.), auch wenn in Marketing-Zusammenhängen dessen Innovativität als eine objektive Eigenschaft inszeniert wird. Solche Inszenierungen mit ihrer Suggestion, dass Neuerungen auch automatisch Verbesserungen sind, sind offenbar der Grund für die naive Kritik, die in dem Wikipedia-Zitat deutlich wird. Strukturell gesehen ist Neuheit oder gar Überlegenheit eines Phänomens für dessen Wahrnehmung als Innovation nicht relevant. Die prinzipielle Unabhängigkeit von *innovativ* und *neu* wird von Wirtschaftswissenschaftlern immer wieder betont, als besonders einschlägig kann die Theorie von Everett M. Rogers gelten. Er bestimmt *Innovation* folgendermaßen:

> An innovation is an idea, practice, or object that is perceived as new by an individual or other unit of adoption. It matters little, so far as human behavior is concerned, whether or not an idea is "objectively" new as measured by the lapse of time since its first use or discovery. The perceived newness of the idea for the individual determines his or her reaction to it. If an idea seems new to the individual, it is an innovation. (ROGERS [5]2003: 12)

Die Wahrnehmung einzelner Akteure einer „Idee" als (nur) neu ist sicher noch zu wenig, um deshalb bereits von einer Innovation zu sprechen. Wichtig ist allerdings die Betonung der wahrnehmungsbedingten Konstruiertheit einer jeden Innovation.

Für die Wirtschaftswissenschaften ergibt sich aus diesem Umstand das Problem, dass die prinzipiell wünschenswerte Innovation nicht eigentlich planbar ist, sondern auf der Ebene des Managements ihr Auftreten lediglich wahrscheinlicher gemacht werden kann durch das Schaffen günstiger Rahmenbedingungen. Theorien des Management verfolgen dementsprechend die Fragestellung, worin solche Rahmenbedingungen bestehen könnten und wie diese herbeizuführen wären.

2.1.2 Systemtheorie

Eben dieser prekäre Status einer Neuerung bis zu ihrer Attribuierung als Innovation führt bisweilen zu dem aus Theorieperspektive pessimistischen Diktum, dass der Begriff „wegen seines paradoxen Charakters als Markierung zwischen Vergangenheit und Zukunft für die Beobachtung selbst unbestimmbar und empirisch unbeobachtbar“ (JOHN 2005: 49) bleibe. René Johns eigener, systemtheoretischer Ansatz, *Innovation* dennoch begrifflich zu konkretisieren, beruht auf der These, dass Innovationen in autopoietischen Systemen wesentlich alltäglicher und weniger spektakulär sind als es die gegenwärtige Konnotation des Terminus vermuten lässt. Auf die „Kontinuität des Wandels“ (JOHN 2005: 49) sozialer Systeme lassen sich laut John neodarwinistische Beschreibungen von Evolution übertragen[2]. „Evolutionäre Selektion“ kann auch nach LUHMANN (1994: 30 f.) die Reaktion von Systemen auf Instabilitäten sein.

Die Differenz zwischen einem System und seiner Umwelt besteht in einer „selbstreferentielle[n] Schließung des Systems [...], die diese Differenz erzeugt und reproduziert“ (LUHMANN 1994: 9). Systeme sind in diesem Paradigma autopoietische Strukturen, wobei sich der Prozess der Systembildung innerhalb eines Systems wiederholen und so Systemdifferenzierung erzeugen kann. Die Theorie basiert auf der These, dass „die moderne Gesellschaft im Unterschied zu allen Vorläufern als primär funktional differenziertes System aufgefaßt werden kann“ (LUHMANN 1994: 10).

Eine Innovation beginnt als Variation bei der Reproduktion einer Struktur, die „als Widerspruch zu routinierten Operationen“ (JOHN 2005: 58) Irritation auslöst. Auch dieses Modell beschreibt eine potentielle Innovation also zunächst als ein Differenzphänomen, das günstiger Bedingungen bedarf, um tatsächlich zu einer Innovation zu werden. Die notwendige Bedingung lautet im systemtheoretischen Modell „Informationswert“. Damit der im Reproduktionsablauf aufgetretenen Irritation ein Informations-

---

2 Den Versuch, ein soziales Phänomen evolutionstheoretisch zu erklären, gibt es bekanntlich auch in der Grammatikalisierungstheorie, vgl. z.B. TRAUGOTT (2004). Explizit äußert sich KELLER (^{3}2003: 141) zum Zusammenhang von Knappheit, Selektion und Evolution sowie zu Besonderheiten von Variation in kulturellen Bereichen, welche „nicht, wie in der Natur, auf den Zufall angewiesen [ist]. Sie entsteht im wesentlichen durch menschliche, die Selektion antizipierende Kreativität.“

wert zukommt, „muss diese im durch systeminterne Codes begrenzten Relevanzbereich des Systems liegen" (JOHN 2005: 58).

> Sinnfällige Negationen routinisierter Operationen werden dabei immer nur zum vorherigen Ablauf, also im Anschluss an Systemreproduktion mittels Gedächtnis, als Variationen wahrgenommen. (JOHN 2005: 58)

Das Neue ist also nicht nur auf eine bestimmte Entwicklung in der Zukunft angewiesen, um überhaupt das Attribut „Innovation" erhalten zu können, sondern es steht auch in einem klar definierten Verhältnis zu dem bereits Vorhandenen, zur jeweiligen Vorgeschichte.

Der Informationswert ist allerdings wie erwähnt nur die notwendige, nicht die hinreichende Bedingung dafür, dass eine Variation sich als Innovation durchsetzt. Die hinreichende Bedingung ist die positive Selektion:

> Der Informationswert der Variation ist nicht ausschlaggebend für die Selektion, die über ihre Weiterverwendung im Reproduktionsprozess entscheidet. Die Ablehnung der Variation als Abweichung oder die Annahme als Neuheit erfolgt nach Maßgabe der Wiederverwendbarkeit dieses variierten Elementes unter anderen, sich vom Ausgangszustand unterscheidenden Bedingungen. (JOHN 2005: 58)

Selektionsprozesse haben schließlich Konsequenzen nicht nur für die Variation selbst, sondern für die gesamte Struktur des Systems. Selbst wenn eine negative Selektion erfolgt, bedeutet dies im System nun das Wissen um eine abgelehnte Alternative:

> Diese Komplexitätssteigerung macht Restabilisierung notwendig als Neubestimmung der Differenz des Systems zur Umwelt, wodurch sich im Anschluss die Wahrscheinlichkeit gegenseitiger Irritationen und Folgevariationen erhöht. (JOHN 2005: 59)

Der Ansatz Johns stellt heraus, dass Innovationen oder zumindest potentielle Innovationen Bestandteil der ständig ablaufenden Reproduktion eines Systems sind. Setzt man voraus, dass die Umwelt eines Systems selbst instabil ist, sind Innovationen geradezu notwendig zum Erhalt des Systems.

> Für die Systemtheorie ist es eine geläufige These, daß komplexe Systeme Instabilitäten schaffen müssen, um den Problemen Rechnung tragen zu können, die sich aus der Erhaltung von geordneter Komplexität in einer noch komplexeren und weniger geordneten Umwelt ergeben. Diese Aussage läßt sich auch umkehren: Instabilitäten lassen sich in Systemen nur halten und gegen Verhärtung schützen, wenn eine hinreichend komplexe Umwelt besteht, die überraschende Informationen auslöst, welche durch Inanspruchnahme systeminterner Instabilität [...] verbraucht werden können. (LUHMANN 1994: 23)

Eugenio Coseriu stellt in seiner Sprachwandeltheorie deutlich heraus, dass Wandel der Normalzustand des Sprachsystems ist:

> Die Sprache wandelt sich gerade, weil sie nicht fertig ist, sondern durch die Sprachtätigkeit ständig geschaffen wird. Mit anderen Worten, sie wandelt sich, weil sie gesprochen wird, weil sie nur als Technik und Modalität des Sprechens existiert. Das Sprechen ist schöpferische, freie und zweckbestimmte Tätigkeit, und es ist immer neu, insofern es durch einen individuellen, aktuellen und jeweils neuen Ausdruckszweck bestimmt wird. (COSERIU [1958] 1974: 58 f.)

Unter dem Aspekt ständiger Reproduktion des Systems lässt sich die systemtheoretische Beschreibung bei JOHN (2005) also unproblematisch mit einer Sprachwandeltheorie vereinbaren. Die entscheidende Rolle von Selektionsprozessen bei der Durchsetzung von Innovationen spiegelt sich bei Coseriu in der Unterscheidung zwischen Neuerung und Übernahme wider. Da Sprecher in immer neuen Situationen neue kommunikative Absichten verfolgen, ist auch für das System Sprache eine Existenz ohne Wandel nicht denkbar, weshalb „das Veränderlich-Sein zur Natur der Sprache gehört" (COSERIU [1958] 1974: 58). Das System muss sich verändern, um als System funktionsfähig zu bleiben.

Damit kann Innovation als strukturell motiviert angesehen werden und erscheint nicht als mysteriöser Deus ex machina, wie es bisweilen durch das eher alltagstheoretische Konzept mit der Formel „neu = besser" nahe gelegt wird. Letzteres könnte man als die Fortschrittstheorie der Innovation bezeichnen, exemplarisch dafür ist das folgende Zitat:

> Soziale Innovationen sind neue Wege, Ziele zu erreichen, insbesondere neue Organisationsformen, neue Regulierungen, neue Lebensstile, die die Richtung des sozialen Wandels verändern, Probleme besser lösen als frühere Praktiken, und die deshalb wert sind, nachgeahmt und institutionalisiert zu werden. (ZAPF 1989: 177)

Bei Joseph A. Schumpeter wird der Terminus *Innovation* dagegen erstmals als „Schlüsselbegriff wirtschaftlichen Wettbewerbs" verwendet und als „Gegenmittel zur tendenziellen Einebnung aller Alleinstellungsmerkmale der Wettbewerber betrachtet" (JOHN 2005: 49). „Innovation ist hier Antrieb und Ziel des ökonomischen Bemühens, den Mangel an erkennbarer Differenz zu anderen zu beheben" (ebd.). Für Schumpeter ist Innovation „die überragende Tatsache in der Wirtschaftsgeschichte der kapitalistischen Gesellschaft oder im rein ökonomischen Bereich dieser Wirtschaftsgeschichte" (SCHUMPETER 1961: 93), sie dient ihm als Erklärung für ökonomische Abläufe. In Hinblick auf einen Markt sind die tatsächliche Neuheit oder die technische Überlegenheit eines Produkts höchstens insofern relevant, als sie dazu beitragen können, es von Konkurrenzprodukten zu unterscheiden. John schreibt:

> Die Gesamtheit gesellschaftlicher Innovationen wird in den Sozialwissenschaften im Zusammenhang mit sozialem Wandel, Transformation oder gesellschaftlicher Entwicklung diskutiert. Diesem Wandel ist die Hoffnung einer Verbesserung der Gesellschaft mitgegeben, die dann als Fortschritt bezeichnet wird. Die an Fortschritt gebundene Vorstellung von Verbesserungen ist aber weniger eine Beschreibung gesellschaftlichen Wandels, als dessen normativer Zuschnitt. (JOHN 2005: 53)

2.1.3 Das Marktmodell

Schumpeter erklärt wirtschaftlichen Erfolg durch Innovation nicht allein damit, dass das erfolgreichere Unternehmen die besseren Produkte anbiete. Für Schumpeter kann eine Innovation ein neues Produkt sein, Innovationen können aber auch in unternehmerischen Aktivitäten ohne Änderung des Produkts bestehen:

> Wir wollen daher die Innovation einfach als die Aufstellung einer neuen Produktionsfunktion definieren. Dies umfaßt den Fall einer neueren Ware ebenso gut wie die Fälle der Erschließung neuer Märkte oder einer neuen Organisationsform wie einer Fusion. Indem wir uns daran erinnern, daß Produktion im wirtschaftlichen Sinne nichts anderes als das Kombinieren von Produktionsleistungen ist, können wir das gleiche auch dadurch ausdrücken, daß wir sagen, daß die Innovation Faktoren auf eine neue Art kombiniert oder daß sie in der Durchführung neuer Kombinationen besteht [...]. (SCHUMPETER 1961: 95)

Was im systemtheoretischen Ansatz von John die Umwelt ist, entspricht im marktwirtschaftlichen Modell dem Markt. Ein Markt ist der physische oder virtuelle Ort für den durch Handel organisierten „Austausch von Gütern, Zahlungsmitteln und Informationen" (SCHENK 1991: 7). Verschiedene Marktformen (Grundkonstellationen sind Monopol, Oligopol und Polypol) organisieren unterschiedliche Anbieter- und Nachfragestrukturen (vgl. SCHENK 1991: 211).

Luhmann bezeichnet den Markt als

> die wirtschaftsinterne Umwelt der partizipierenden Systeme des Wirtschaftssystems [...], die für jedes eine andere, zugleich aber auch für alle dieselbe ist. Der Begriff des Marktes bezeichnet also kein System, sondern eine Umwelt – aber eine Umwelt, die nur als System [...] ausdifferenziert werden kann. (LUHMANN 1994: 94)[3]

Der Markt als Umwelt ist nicht stabil, aus wirtschaftswissenschaftlicher Perspektive heißt das: Angebot und Nachfrage sind permanent aufeinander abzustimmen. Die Innovation dient einer Unternehmung dazu, ihr Angebot in positiver Weise von anderen Angeboten unterscheidbar zu machen. In diesem Sinne gibt es für Anbieter einen permanenten Innovationsdruck.

Innerhalb der Sprachwissenschaft ist Pierre Bourdieus Arbeit „Was heißt sprechen? Zur Ökonomie des sprachlichen Tausches" zweifellos der prominenteste Ansatz einer Beschreibung sprachlicher Interaktion im Rahmen eines Marktmodells. Bourdieu entwirft ein „Modell der sprachlichen Produktion und Zirkulation als Verhältnis der sprachlichen Habitus[4] zu den Märkten, auf denen sie ihre Produkte anbieten" (BOURDIEU [1982] ^{2}2005: 42) mit der Konsequenz, dass „erst in der Beziehung zu einem Markt [...] die Bedeutung der Rede vollständig bestimmt" (ebd.) wird. Sprachge-

---

[3] Luhmann trifft diese terminologische Entscheidung, um Begriffe wie *Plan* und *Staat* als Gegenbegriffe zu *Markt* aufgeben zu können. Subsistenzwirtschaft ist für ihn der relevante Gegensatz zu Marktwirtschaft (vgl. LUHMANN 1994: 97). Auf die weiteren Implikationen dieses systemtheoretischen Marktbegriffs und Luhmanns Kritik an Wirtschaftstheorien kann hier nicht eingegangen werden.

[4] Auf Bourdieus komplexes Konzept des Habitus wird im Rahmen dieser Arbeit nicht näher eingegangen (die sozialstilistischen Analysen folgen dem Lebensstil-Modell nach Gerhard Schulze, vgl. Kap. 6.1). Bourdieu definiert den Terminus so: „Der Habitus bewirkt, daß die Gesamtheit der Praxisformen eines Akteurs (oder einer Gruppe von aus ähnlichen Soziallagen hervorgegangenen Akteuren) als Produkt der Anwendung identischer (oder wechselseitig austauschbarer) Schemata zugleich systematischen Charakter tragen und systematisch unterschieden sind von den konstitutiven Praxisformen eines anderen Lebensstils" (BOURDIEU [1979] 1987: 278).

brauchsweisen sind in diesem Modell kulturelle Güter, denen auf einem Markt ein Wert zugewiesen wird, und über die Akteure als ihr symbolisches Kapital verfügen. Der Markt ist hierbei

> ein strukturierter Raum von Positionen [...], und diese Positionen und ihre Wechselbeziehungen in diesem Raum werden über die Verteilung der verschiedenen Arten von Ressourcen oder ‚Kapital' bestimmt. (THOMPSON ^{2}2005: 16)

In Sprachen wie dem Französischen oder dem Deutschen gibt es eine legitimierte Standardsprache, die als Maßstab zur Bewertung aller auf dem Markt vorkommenden Sprachpraxen verwendet wird (vgl. BOURDIEU [1982] ^{2}2005: 59). Bourdieu nimmt dabei eine relativ einseitige Beziehung zwischen sozialer Differenzierung und Sprachgebrauch an:

> Der eigentliche soziale Wert der sozialen Verwendung der Sprache liegt in ihrer Tendenz, Systeme von Unterschieden (zwischen prosodischen und artikulatorischen oder lexikologischen und syntaktischen Varianten) zu bilden, die das System der sozialen Unterschiede in der symbolischen Ordnung der differentiellen Unterschiede wiederspiegeln. (BOURDIEU [1982] ^{2}2005: 60)

Bourdieu geht von Sprachstilen aus, „die es bereits im Gebrauch und durch den Gebrauch gibt" (BOURDIEU [1982] ^{2}2005: 60) und deren aktueller Wert auf dem Sprachmarkt eine objektive Größe darstellt (vgl. ebd.). Dies ist die Voraussetzung für Distinktionseffekte und, bei entsprechender Sprachkompetenz, für Distinktionsprofit (vgl. ebd.: 61). Allerdings sagt Bourdieu auch, dass es ohne Spielräume bei der Verwendung einer Sprache keine Distinktionseffekte geben kann:

> Distinktionseffekte können nur entstehen, wo es Ermessensspielräume gibt. Wie Pierre Encravé gezeigt hat, gibt es bei Bindungen, die im Französischen zwischen manchen aufeinanderfolgenden Wörtern obligatorisch sind und auch in den unteren Klassen immer und von allen eingehalten werden, keinerlei Spielraum. Erst wenn die strukturellen Zwänge der Sprache – wie bei den nicht obligatorischen Bindungen – aufgehoben sind, gibt es wieder Spielräume und damit die entsprechenden Distinktionseffekte. (Bourdieu [1982] ^{2}2005: 60 f., Fußnote 23)

Die Distinktionseffekte, mit denen auf dem Markt ein Profit erreicht wird, sind allen Marktteilnehmern bekannt und müssen von ihnen gleichermaßen akzeptiert werden, damit der Markt als solcher funktionieren kann. Das heißt, dass auch Sprecher, die über ein bestimmtes sprachliches Kapital nicht verfügen, den Wert dieses Kapitals anerkennen (vgl. BOURDIEU [1982] ^{2}2005: 56).

Aus marktwirtschaftlicher Perspektive ist permanenter Innovationsdruck ein herausragendes Charakteristikum jeglicher sozialer und kultureller Phänomene – zu denen auch die Wirtschaft gehört, obwohl Wirtschaft und Kultur hier als verschiedene Dinge gegenübergestellt werden[5]:

---

[5] LUHMANN (1994: 8) stellt klar: „Erst recht halte ich die Unterscheidung wirtschaftlich/ sozial/kulturell für irreführend. Alles wirtschaftliche Handeln ist soziales Handeln, daher ist alle Wirtschaft immer auch Vollzug von Gesellschaft."

> Handel, Markt und Kultur sind vor allem verbunden durch die dialektische Spannung zwischen Beständigkeit und Wandel. Man spricht nicht ohne Grund sowohl vom Wandel im Handel als auch vom kulturellen Wandel. (SCHENK 1991: 30)

Das Aufkommen von Neuem wiederholt sich auf einem Markt permanent und hält dessen Prozesse in Gang. Die Zuschreibung von Innovativität erhöht mittels positiv bewerteter Differenz letztlich den Marktwert eines Produkts in einer Weise, die nur aufgrund des Gebrauchswerts alleine nicht möglich wäre. Ausschlaggebend ist nicht eine „objektive" Qualität, sondern die Wahrnehmung einer Zielgruppe. Dieser Aspekt kommt auch bei SCHULZ ET AL. (2000) zum Ausdruck, wenn es dort heißt:

> Es gilt, sich von der einfachen Vorstellung zu verabschieden, dass sich das beste Produkt, die beste technische Lösung in Unternehmen oder auf dem Markt von selbst durchsetzt oder am Markt überzeugt. (SCHULZ ET AL. 2000: 58 f.)

Es ist also an dieser Stelle noch einmal festzuhalten, dass der Terminus *Innovation* nicht auf Eigenschaften eines Phänomens verweist, sondern eine erst retrospektiv mögliche Zuschreibung ist, die aufgrund des Verhältnisses des Phänomens zu anderen Elementen in demselben System und der diachronen Entwicklung dieses Systems sowie seiner mehr oder weniger erfolgreichen Interaktion mit seiner Umwelt geschieht. Eine Innovation hat im Moment ihres Auftretens einen prekären Status, sie ist nicht Innovation aus sich selbst heraus, sondern wird dies erst qua erfolgreicher Durchsetzung. Ob es dazu kommen kann, ist sowohl von Struktur- als auch von Umweltfaktoren abhängig.

Marketing-Strategen mögen versuchen, die einfache Vorstellung von einer Innovation als einer unmittelbar für jedermann offensichtlich wünschenswerten Neuerung und Verbesserung zu aktivieren und lebendig zu erhalten, innerhalb ökonomischer Theorien hat sie jedoch keinen Platz. Ganz im Gegenteil findet sich immer wieder der Hinweis, dass die Nachfrage nach einem neuen Angebot oft erst durch den Anbieter geschaffen werden muss, so z.B. bei VAN DE VEN ET AL.(1999):

> Debates about the primacy of market pull over technology push notwithstanding, many new-to-the-world innovations have no immediate definable need. New markets have to be created to commercialize many innovations. (VAN DE VEN ET AL. 1999: 160)

Subjektive Wahrnehmungen und Zuschreibungen sind hier als Elemente der Umwelt des Systems zu beschreiben und insofern entscheidend für das Zustandekommen einer erfolgreichen Innovation. Mit neuen Markenwaren können neue Lebensstil-Alternativen geboten werden (vgl. SCHENK 1991: 32). Vermarktung und Inszenierung von Innovation zielt auf die Wahrnehmung von Akteuren.

> It does not matter so much whether an innovation has a great deal of "objective" advantage. What does matter is whether an individual perceives the innovation as advantageous. The greater the perceived relative advantage of an innovation, the more rapid its rate of adoption will be. (ROGERS [5]2003: 15)

Nichtsdestoweniger besteht Konsens darüber, dass man nur dann den Terminus *Innovation* verwendet, wenn etwas als wünschenswert und häufig auch als notwendig wahrgenommen wird. Um zu klären, was eine Innovation zu dem macht, was sie ist, wird die Perspektive weg vom offenbar kaum – oder zumindest erst im Nachhinein – fassbaren Phänomen hin auf den Prozess der Verbreitung bzw. der Rezeption gelenkt. Hierbei ist vor dem Hintergrund der bisherigen Ausführungen zu bedenken, dass „Innovationen [...] wesentlich alltäglicher und weniger aufmerksamkeitserheischend" (JOHN 2005: 50) sind, als es die Rede vom „Schlagwort *Innovation*" ebenso wie marketingstrategische Inszenierungen von Innovation suggerieren.

2.1.4 Soziale Innovationen

In der sozial- und wirtschaftswissenschaftlichen Forschung dominiert die Beschreibung der Begleitumstände und Folgeprozesse von Innovationen, d.h. man konzentriert sich auf die Generierung und Implementierung von Innovationen. Den Gesamtprozess von der Feststellung eines Innovationsbedarfs bis hin zur Routinisierung der anfänglichen Neuheit bezeichnet man im Organisationsmanagement als *Diffusion von Innovation* (vgl. ROGERS [5]2003; VORDANK 2005). Die Diffusion einer Innovation lässt sich beobachten und analytisch in Teilprozesse zerlegen. Die Organisation ist – nicht nur für Theorien des Management – die relevante Einheit der Wirtschaftswissenschaften. Organisationen – wie z.B. eine wirtschaftliche Unternehmung – sind soziale Systeme mit geregelten Abläufen, so dass Veränderungen deutlicher und schneller zu Tage treten als bei nicht-organisierten Gruppen oder gesellschaftlichen Teilsystemen.

> Um Stabilität und Identität zu sichern, installieren Organisationen reproduzierte soziale Praktiken, die sich den Organisationsmitgliedern als Faktizitäten von Strukturen entgegenstellen. Innovationen stören Reproduktionskreisläufe und bedrohen Stabilität. Ihre Diffusion ist folgenreich für organisationale Strukturen, Organisationsmitglieder und die Innovation selbst. (VORDANK 2005: 33)[6]

Die Stabilität einer Organisation, die sie durch Regelung von Mitgliedschaft und Interaktion erreicht, sorgt für eine geringere Abhängigkeit von der Umwelt. Diese Stabilität – die durch Innovationen bedroht wird – stellt aber auch eine Gefahr für eine Organisation dar, insofern sie die Organisation von Veränderungen der Umwelt abkoppelt und so die Interaktion der Organisation mit ihrer Umwelt erschwert (vgl. NASSEHI 2008: 93). Damit eine Organisation weiter in vorteilhafter Weise mit ihrer Umwelt in Beziehungen treten kann, sind Anpassungen erforderlich. Dies wird durch Störung der Reproduktionsabläufe und somit letztlich Reorganisation ermöglicht. Die Diffusion einer Innovation ist aus Sicht der Organisation – d.h. auf struktureller Ebene – nichts anderes als eine Reorganisation. Organisationen müssen,

---

[6] Zum Begriff der sozialen Praxis vgl. Kap. 2.3 „Strukturen und Akteure".

> aus praktischen Gründen und im Interesse der Veränderlichkeit, bis zu einem gewissen Grad ungesteuerte Strukturbildung, also emergente Selbstorganisation in sozialer Hinsicht, ermöglichen. (HABSCHEID 2003: 81)

Das bekannteste Modell der Diffusion von sozialen Innovationen stammt von Everett M. Rogers, der „unter Diffusion als zeitliche[r] Ausbreitung einer Innovation einen bestimmten Typ sozialen Wandels" (VORDANK 2005: 34) versteht. Neuere Ansätze wie der von VORDANK (2005) und SCHULZ ET AL. (2000) betonen stärker die soziale Konstruiertheit von Innovation, während Rogers zum Teil objektivistisch argumentiert, obwohl auch er die soziale Konstruktion als wesentlichen Faktor sieht:

> Der Sinn einer Innovation wird dabei in einem konvergierenden Prozess wechselseitiger Annäherung zwischen den Kommunikationspartners herausgearbeitet. Rogers spricht in diesem Zusammenhang von sozialer Konstruktion von Innovation (VORDANK 2005: 34).

Wo die aktuelle Forschung sich dafür interessiert, warum Phänomene als Innovation wahrgenommen werden und wie sie soziale Systeme verändern, möchte Rogers letztendlich auf eine Handlungsanleitung für die erfolgreiche Umsetzung (Diffusion) einer Innovation hinaus.

Rogers Modell setzt voraus, dass es Innovationen als solche gibt oder zumindest Akteure, die etwas als Innovation in einem sozialen System implementieren wollen. Der weitere Verlauf hängt nach Rogers offenbar mehr von guter Planung und erfolgreicher Kommunikation ab als von den Wahrnehmungen und Interessen von Akteuren.

> Diffusion is the process in which an innovation is communicated through certain channels over time among the members of a social system. It is a special type of communication, in that the messages are concerned with new ideas. (ROGERS ^{5}2003: 5)

Rogers Theorie der Diffusion von Innovationen beschreibt verschiedene Phasen (vgl. ROGERS ^{5}2003: 136 ff.; VORDANK 2005: 35 f.) von der Identifikation eines Problems oder Bedarfs über Forschung, Entwicklung und Vermarktung bis zur Verbreitung und Akzeptanz. Die folgende Darstellung basiert auf der Anpassung des Modells auf organisationale Innovationen, bei der Rogers von fünf Phasen ausgeht (vgl. ROGERS ^{5}2003: 420 ff.).

In der ersten, als „Agenda-Setting" bezeichneten Phase wird innerhalb einer Organisation die Notwendigkeit zur Innovation postuliert, d.h. es wird ein bestehendes Problem identifiziert, das nach einer neuartigen Lösung verlangt. Diese Phase gehört nach Rogers Modell zu den alltäglichen Abläufen innerhalb einer Organisation, da ständig nach Problemen und möglichen Lösungen gesucht werde. Eine Innovation ist also in diesem Modell grundsätzlich zunächst eine Reaktion auf ein tatsächliches oder vermeintliches Problem. Inwieweit man unter solchen Problemen auch einen Innovationswunsch um der Innovation selbst willen verstehen kann, ist unklar. In pragmatisch orientierten Sprachwandeltheorien ist jedenfalls davon auszugehen, dass die Innovativität einer sprachlichen Form auch um ihrer selbst willen angestrebt wird (vgl. Kap. 2.3).

Die zweite Phase bezeichnet Rogers als „Matching“ (vgl. ROGERS [5]2003: 423), worunter das gezielte Vergleichen des Problems mit den möglicherweise verschiedenartigen Vorschlägen zu seiner Lösung zu verstehen ist. Es ist davon auszugehen, dass es in der Regel mehrere mögliche Lösungen für ein Problem gibt, sodass in der Organisation eine Reflektion über die Konsequenzen der Lösungsversuche erforderlich wird. Vordank betont, dass es sich um einen intendierten und geplanten Schritt handelt (vgl. VORDANK 2005: 35), womit impliziert sein dürfte, dass sich die Problemlösungsversuche in der ersten Phase auch nicht-intendiert aus den alltäglichen Abläufen ergeben können. Es stellt sich nun die Frage, ob, wie es Rogers Modell zu verstehen gibt, jeder Diffusionsprozess mit einer solchen Planung einhergeht und inwieweit die Konsequenzen eines Innovationsversuchs überhaupt absehbar sind.

Dem „Matching“ folgt mit dem „Redefining“ oder „Restructuring“ die eigentliche Implementierung der Innovation, bei der nun sowohl die Innovation an die vorhandene Struktur als auch umgekehrt die Struktur an die Innovation angepasst werden muss (vgl. VORDANK 2005: 35). An dieser Stelle werden also strukturelle Änderungen sichtbar, die Innovation wird erstmals als solche beobachtbar, d.h. sie wird erst jetzt von einer potentiellen Innovation zu einer tatsächlichen. Die vierte Phase ist dann das sogenannte „Clarifying“. Wie durch den Terminus bereits angedeutet wird, kommt es nach Rogers hier darauf an, dass eine neue Idee – so wie sie ist – den Akteuren klarer wird.[7] Sehr viel handlungsorientierter und weniger objektivistisch formuliert Vordank:

> Bedeutung und Sinn [der Innovation] werden im Zuge sozialer Konstruktion im Sinne von gemeinsam geteiltem Verständnis von mehr und mehr Mitgliedern herausgearbeitet. Die Innovation, als innerhalb der Organisation sozial konstruierte Neuerung, wird sukzessive in die Organisationsstruktur eingebettet. (VORDANK 2005: 36)

In dieser vierten Phase erhöht sich die Anzahl der beteiligten Akteure, die Innovation breitet sich aus. Hier ist zu fragen, wie die Karriere der Innovation konkret verläuft, also ob „Bedeutung und Sinn“ von den Akteuren übernommen oder verändert werden. Auch wenn die Innovation nun als solche erkennbar ist, kann über ihren letztendlichen Erfolg bzw. über ihre Nachhaltigkeit noch nichts gesagt werden.

Wenn die Diffusion über den Kreis der ursprünglichen Innovateure hinausgreift, ist immer auch mit Widerständen zu rechen. VAN DE VEN ET AL. (1999) geben zu bedenken:

> Substituting the old with the new is also often not possible for political reasons. People are reluctant to replace existing organizational programs because of the history of investments and commitments they have made to them. (VAN DE VEN ET AL. 1999: 54)

Die Diffusion ist abgeschlossen, wenn die fünfte Phase, das „Routinizing“, erkennbar ist: „Die Innovation verliert ihr Attribut ‚Neuheit‘ und damit den Status einer ‚Innova-

---

7 „Clarifying occurs as the innovation is put into more widespread use in an organization, so that the meaning of the new idea gradually becomes clearer to the organization’s members“ (ROGERS [5]2003: 427).

tion‘“ (VORDANK 2005: 36). Die Innovation ist zu einem Teil der alltäglichen und normalen Abläufe geworden.

Aus sozialwissenschaftlicher Perspektive kritisiert Tino Vordank an Rogers’ Modell eine Vernachlässigung struktureller Aspekte. Verallgemeinernd konstatiert er für die organisationale Innovationsforschung einen wenig hilfreichen Dualismus zwischen strukturalistisch-kontextuellen einerseits und individualistischen Ansätzen andererseits. In Rogers Modell scheint eine Veränderung der organisationalen Struktur beliebig möglich zu sein und zudem von einzelnen Akteuren auszugehen, deren Verortung innerhalb der Organisation kaum beachtet wird. Der Nutzen der als Innovation zu verbreitenden Idee wird bereits in den frühen Phasen vor der Ausbreitung definiert und soll möglichst genau verbreitet („kommuniziert“) werden. Die Akteure, die mit der Innovation konfrontiert werden, sind ein potentieller Störfaktor und müssen überzeugt werden. Gegebenenfalls kommt es zu Anpassungen, die allerdings möglichst gesteuert ablaufen sollen. Vordank plädiert dagegen für eine integrative Innovationstheorie, die Interdependenzbeziehungen sowohl zwischen Akteur und Struktur als auch zwischen Akteuren untereinander einbezieht:

> Der Schlüssel zur Beschreibung des Innovationsprozesses in seiner Komplexität und Dynamik liegt m.E. in der stärkeren Berücksichtigung der Reproduktionskreisläufe sozialer Systeme. Innovieren ist kein isoliertes oder isolierbares organisationales Phänomen. Mit der Betrachtung des Innovationsprozesses als eingebettet in die Reproduktion sozialer Systeme durch das Handeln sozialer Akteure kann ebenso einer propagierten interaktiven Sichtweise, die individualistische und strukturalistische Ansätze der Innovationsforschung miteinander verknüpft, entsprochen werden. Ein so beschriebener Veränderungsprozess vollzieht sich nicht autark, sondern ist integraler Bestandteil der Reproduktion sozialer Systeme, vollzogen im Handeln der sozialen Akteure des Systems und damit der Organisation (VORDANK 2005: 38–39).

Das Konzept sich reproduzierender sozialer Systeme, auf das sich Vordank bezieht, ist Teil der Strukturierungstheorie von Anthony Giddens. Giddens bezieht die Termini *Struktur* und *System* folgendermaßen aufeinander:

> Wenn davon die Rede ist, daß Struktur eine ‚virtuelle Ordnung‘ transformatorischer Relationen darstellt, dann heißt das, daß soziale Systeme, als reproduzierte soziale Praktiken, weniger ‚Strukturen‘ haben, als daß sie vielmehr ‚Strukturmomente‘ aufweisen, und daß Struktur, als raumzeitliches Phänomen, nur insofern existiert, als sie sich in solchen Praktiken realisiert und als Erinnerungsspuren, die das Verhalten bewußt handelnder Subjekte orientieren. (GIDDENS ^{3}1997: 69)

Was Organisationen organisieren, ist die Rekursivität spezifischer sozialer Praktiken. Da sie dies explizit tun, sind sie für die Wirtschafts- und Sozialwissenschaften nicht nur von besonderem Interesse, sondern auch besonders gut beobachtbar. Innovationen als destabilisierende Abweichungen sind innerhalb einer Organisation irritierender als im Rahmen weniger strikter Institutionen.

Soziale Praktiken sind durch Regeln konstituiert, deren Befolgung zur Reproduktion von Strukturen und somit zum Erhalt des Systems führen. Giddens bezieht sich hier auf

Wittgensteins „Philosophische Untersuchungen“ und identifiziert die Formel als Prototyp von Strukturen konstituierender Regeln:

> Eine Formel ist ein verallgemeinerbares Verfahren – verallgemeinerbar, weil sie für eine Reihe von Kontexten und Anlässen Anwendung finden kann; ein Verfahren, weil sie die methodische Fortschreibung einer bestimmten Reihenfolge erlaubt. Sind linguistische[8] Regeln dem ähnlich? Ich denke, sie sind es – vielmehr jedenfalls als der Art von Regeln, von denen Chomsky spricht. (GIDDENS [3]1997: 72)

2.1.5 Die kulturtheoretische Perspektive

Dass normative (vgl. JOHN 2005: 53) Formeln der Art „neu = besser“ für eine formale Analyse von Innovationen unbrauchbar seien, ist auch die Prämisse des kulturanalytischen Essays „Über das Neue. Versuch einer Kulturökonomie“ von Boris Groys. Das individuelle Streben nach und die soziale Orientierung an dem Neuen bestehen grundsätzlich und unabhängig von Fortschrittsideologien.

> Das Neue ist unausweichlich, unvermeidlich, unverzichtbar. Es gibt keinen Weg, der aus dem Neuen führt, denn ein solcher Weg wäre auch neu. Es gibt keine Möglichkeit, die Regeln des Neuen zu brechen, denn ein solcher Bruch ist genau das, was die Regeln erfordern. Und in diesem Sinne ist die Forderung nach Innovation, wenn man will, die einzige Realität, die in der Kultur zum Ausdruck gebracht wird. (GROYS [3]2004: 12)

Zur begrifflichen Bestimmung des Neuen zieht Groys das Konzept des kulturellen Gedächtnisses (Halbwachs, Assmann) heran. Eine Kultur unterscheidet grundsätzlich zwischen wertvollen, relevanten und wertlosen, irrelevanten Dingen, seien dies Technologien, Kunstwerke oder Theorien. Dinge, denen ein kultureller Wert zugeschrieben wird, gelangen in Bibliotheken, Museen, Archive etc., die so als physische Speicher von Inhalten des kulturellen Gedächtnisses fungieren. So wie SCHULZ ET AL. (2000) betonen, dass eine Innovation nur als soziale Konstruktion existiert, dass Innovation eine Zuschreibung, ein Attribut, und keine Substanz ist, argumentiert Groys in der Tradition des klassischen Strukturalismus:

> Der Wert eines kulturellen Werkes wird durch sein Verhältnis zu anderen Werken und nicht durch sein Verhältnis zur außerkulturellen Realität, nicht durch seine Wahrheit und nicht durch seinen Sinn bestimmt. (GROYS [3]2004: 13)

Der Wert eines kulturellen Werkes ergibt sich also einzig aus seiner Stellung zu allen anderen Werken, d.h. aus seinem Platz in einer kulturellen Werthierarchie. Diese Hierarchie ist manifest in den Archiven. Damit kann Groys definieren, worin eine Innovation besteht, nämlich in dem Vergleich eines Werkes (oder einer Theorie, einer Technik, etc.) mit den bereits archivierten Werken innerhalb der kulturellen Werthierarchie,

---

[8] Die Übersetzer hätten hier *sprachlich* an Stelle von *linguistisch* schreiben müssen.

dem Vergleich mit der Tradition, dem schon Vorhandenen. Auch wenn Groys statt von Innovation meist von dem Neuen spricht, ist also auch vor dem Hintergrund seiner These die Innovation terminologisch abzugrenzen vom „nur" Neuen im Sinne des bloß Differenten. Das Neue muss mit der Tradition vergleichbar sein und erkennbar an sie anschließen – auch wenn es ein kritischer Anschluss ist –, es muss sich vor allem aber von der archivierten Tradition in relevanter Weise unterscheiden, um interessant zu sein (vgl. GROYS ^{3}2004: 48 f.).

Da das kulturelle Archiv keine Redundanzen aufnimmt, nichts Banales oder Irrelevantes, ergibt sich zwangsläufig ein dem valorisierten Raum des kulturellen Archivs komplementärer Bereich, den Groys den profanen Raum nennt. Zwischen dem valorisierten und dem profanen Raum verläuft eine kulturelle Wertgrenze, deren Verlauf ständig neu ausgehandelt wird (vgl. GROYS ^{3}2004: 56). Der Akt der Innovation lässt sich nun noch genauer bestimmen als ein valorisierender Vergleich von Dingen aus dem profanen Raum mit den kulturellen Werten. Innovativ ist ein solcher Vergleich, weil er normalerweise nicht gezogen wird – sein Ausbleiben konstituiert den profanen Raum. „Die hierarchischen Strukturen und Wertschranken bleiben stets erhalten, und deshalb bleibt auch die Innovationsmöglichkeit bestehen" (GROYS ^{3}2004: 59).

Der Innovation konstituierende Vergleich bedarf einer Explizierung des Verhältnisses zur kulturellen Tradition. Eine Beziehung zur Tradition, zum Vorgängigen oder zur bereits vorhandenen Struktur besteht notwendig immer, ansonsten wäre eine evaluative Wahrnehmung durch die Akteure gar nicht möglich. Groys spricht hier von der positiven (d.h. affirmativen, fortsetzenden oder epigonenhaften) und der negativen (d.h. kontrastierenden) Anpassung an die Tradition. Damit ist auch klar, dass das Neue insoweit kein Produkt der menschlichen Freiheit sein kann, als es stets auf einen vorgängigen valorisierten Raum mit einer immer wieder neu verlaufenden Grenze zum profanen Raum trifft und erst innerhalb dieser Konstellation zu dem wird, was es ist. Ein Künstler kann zwar sein Schaffen gegen die Tradition ausrichten, doch er kann nicht unabhängig von ihr arbeiten.[9] Je intensiver die Spannung zwischen Kontinuität und Bruch mit der Tradition, desto wertvoller oder interessanter die Innovation (vgl. GROYS ^{3}2004: 87 f.).

---

[9] Aus dieser Perspektive ist nicht nachvollziehbar, wieso strukturelle Eigenschaften eines Sprachsystems individuelle Innovationsakte nicht motivieren können sollten. Dies behauptet KOCH (2004: 611) und schreibt: „Die Kriterien der Lautfülle und ‚Regelmäßigkeit' sind per definitionem auf das Sprachsystem bezogen. Sie können also als solche bei Innovationen keine Rolle spielen, da die Sprecher [...] in der aktuellen Kommunikation ihr Sprachsystem gar nicht verändern ‚wollen'. Es handelt sich hier im Übrigen um komparative Kriterien: ein bestimmtes Wort/eine bestimmte Form ist immer nur länger, regelmäßiger etc. als ein anderes/eine andere. Die Innovation muss also erst einmal schon geschaffen sein, bevor sie mit dem Normalwort/der Normform nach den betreffenden Kriterien verglichen werden kann." Gerade dieser Vergleich ist aber nach Groys konstitutiv für eine Innovation und es ist völlig unplausibel, dass Sprecher in welcher Weise auch immer unabhängig von einer für sie relevanten Sprachnorm agieren. Dass sie dabei keinen Sprachwandel intendieren, kann unabhängig davon gelten und wird von KELLER (^{3}2003: 126 ff.) ausführlich erklärt.

Zusammenfassend lässt sich sagen, dass sich bei Groys Innovationen als „Umwertungen und Neuordnungen zuvor im kulturellen Gedächtnis etablierter Werte" (ALBERT/HENN-MEMMESHEIMER 2010: 24) vollziehen. Dinge des profanen Raums werden valorisiert und gelangen ins kulturelle Archiv, dabei ändern sich die Werte und die Stellung der bereits valorisierten Elemente, so dass weder das Valorisierte noch das Profane je verschwinden können. „Die Aufwertung oder Etablierung von Neuem erzwingt automatisch die Neubewertung von Altem" (ALBERT/HENN-MEMMESHEIMER 2010: 27). Da die Dinge ihre Zugehörigkeit zum profanen oder valorisierten Raum jederzeit ändern können, muss ihr Wert ausschließlich über ihre je aktuelle Stellung definiert werden und kann ihnen nicht per se eigen sein. Jede Innovation ist eine „Neu-Sortierung vorgängiger Werte und [eine] Grenzverschiebung zwischen hochgeschätzten und marginalisierten Hervorbringungen einer Gesellschaft" (ALBERT/HENN-MEMMESHEIMER 2010: 30). Das Neue wird als Neues in der Auseinandersetzung mit dem Vorhandenen entwickelt, ohne dass in dieser Auseinandersetzung ein Fortschritt angestrebt oder retrospektiv erkennbar sein muss.

Dieser Aspekt des Innovierens um der Innovation willen wird in Kap. 5.3.2 „Innovativität des Modalverbgebrauchs in digitalen Texten" noch von Bedeutung sein. Ich vertrete hier die These, dass sprachliche Innovationen strukturell mehr oder weniger stark begünstigt sein können, jedoch keinesfalls als Anpassung oder zwangsläufige Folge von vorgängigen Bedingungen (vgl. KOCH 2004: 611; HENNIG 2009: 80) angemessen zu beschreiben sind. Die innovative Sprachverwendung hat einen (kommunikativen) Selbst- und Mehrwert, der als solcher zu erfassen ist.

2.1.6 Innovationen in der Sprachwissenschaft

In der Sprachwissenschaft werden Neuerungen im Zusammenhang mit allgemeinen Sprachwandeltheorien diskutiert, sie treten dort auf als eine Form von Abweichung oder Regelverletzung. Eine traditionell-normative Formulierung findet sich bei Walter Porzig:

> Von Anfang an müssen wir uns darüber klar sein, daß jede Veränderung des Sprachgebrauchs, d.h. jede Abweichung von der üblichen Sprechweise, zunächst ein Fehler ist. Und sie bleibt ein solcher, bis sie sich durchgesetzt hat, d.h. als Regel anerkannt ist. Dann wird die bis dahin einzig richtige Sprechweise ihrerseits zum Fehler. Die Frage nach den Ursachen solcher Veränderungen hat also ein doppeltes Ziel: sie fragt erstens danach, wie Abweichungen vom Sprachgebrauch entstehen, und zweitens nach den Bedingungen, unter denen sie sich durchsetzen. (PORZIG ^{2}1957: 303)[10]

---

[10] Vgl. auch GABELENTZ [1891] (1984, 184): „Wir müssen immer daran denken, dass jede Neuerung in einer Sprache von Hause aus ein Fehler war."

Bereits hier ist die analytische Trennung von eigentlicher Innovation und deren Diffusion zu erkennen. In einer Arbeit Dieter Cherubims von 1980 findet sich dann auch genau diese Terminologie:

> [Es] müßte allerdings zwischen den Bedingungen für die Entstehung solcher Sprachveränderungsmuster (Innovationen) und den Bedingungen für deren Verbreitung und Durchsetzung (Diffusion) unterschieden werden. (CHERUBIM 1980: 139)

Cherubim ersetzt den normativen Ausdruck *Fehler* durch *Abweichung* und stellt klar, dass jede Sprachverwendung abweichend sein kann. Jede Verwendung von Sprache reproduziert und aktualisiert das Sprachsystem und die sprachlichen Konventionen. Nach diesem Verständnis ist Sprechen eine soziale Praxis im Sinne Giddens, die überhaupt nur durch ständige Reproduktion existiert.

> Regelbefolgung und Regelabweichung sind zwei prinzipiell, wenn auch nicht faktisch gleichwertige Möglichkeiten sprachlichen Handelns. [...] Jede Regelanwendung setzt zwar bereits eine Regel voraus, konstituiert aber diese Regel auch wieder neu, indem sie sie in einen je spezifischen Zusammenhang einbringt. (CHERUBIM 1980: 127)

Wenn eine Regel nur insofern existiert, als sie von vielen Akteuren in immer neuen Situationen angewendet wird, und wenn jede Anwendung allein schon aufgrund der je anderen Kontextualisierung von vorherigen Anwendungen abweichen kann, so verfügt prinzipiell jede Verwendung von Sprache über ein innovatives Potential. Giddens geht davon aus, dass der Normalfall in einer ähnlichen Reproduktion vorheriger Regeln besteht, wenn er syntaktische Regeln als Beispiel nennt:

> Eine beträchtliche Erhellung der Probleme sozialwissenschaftlicher Analysen kann aus der Untersuchung der rekursiven Eigenschaften der Rede bzw. der Sprache gewonnen werden. Wenn ich eine grammatische Äußerung mache, dann beziehe ich mich auf die gleichen syntaktischen Regeln wie jene, die ich wiederum mit der Äußerung erst herzustellen helfe. (GIDDENS ^{3}1997: 76)

Jede Sprachverwendung aber, auch wenn sie formal einer vorgängigen gleicht, findet statt im Rahmen einer nicht wiederholbaren Konstellation aus Zeitpunkt, beteiligten Akteuren und Kontext. Es hängt in jedem Fall vom jeweiligen Akteur ab, ob er eine Regel annähernd identisch oder mit Abweichungen reproduziert, oder ob er überhaupt mit der Regel bricht. Eine identische Reproduktion ist für das Fortbestehen des Systems nicht notwendig (siehe oben, vgl. BECKER 1996: 124), geringfügige Abweichungen sind jederzeit wahrscheinlich.

Das kann vor dem Hintergrund der bisherigen Ausführungen nicht heißen, dass jede Abweichung zur Innovation werden kann. Die Theorie von Groys besagt, dass eine Innovation ihren Wert aus einem bestimmten – spannungsvollen – Verhältnis aus positiver (Regelbefolgung) und negativer (Regelabweichung) Anpassung an die Tradition erhält. In der Kunst ist

> [d]ie Wahl nach dem Prinzip der ästhetischen Kontrastierung, Fremdheit, Exotik oder Andersartigkeit [...] eine spezifische Form der Anpassung an die museal fixierte Tradition – die aber diese Tradition nicht positiv, sondern negativ, kontrastiv fortsetzt. (GROYS ^{3}2004: 87)

Ohne eine gleichzeitige positive Anpassung wäre eine Valorisierung jedoch nicht möglich, die Innovation besteht gerade in der Verknüpfung von positiver und negativer Fortsetzung einer Tradition (vgl. GROYS ^{3}2004: 87 f.). Nach der Darstellung in GIRNTH (2000: 58) bilden in der Regel nicht bisher unbekannte (in keiner Weise positiv angepasste), sondern bereits vorhandene und frequente „Einheiten des Sprachsystems [...] das Rohmaterial für Innovationsakte.“[11]

Wie auch in Johns dezidiert systemtheoretisch begründeten Ansatz hervorgehoben wird, können Innovationen jederzeit bei einem der ständig ablaufenden Reproduktionsprozesse des Systems auftreten. Soziale Praktiken existieren nur als Wiederholung, in Form von Handlungen, die Konventionen folgen bzw. an Vorgängiges anschließen. Bereits in dieser Feststellung liegt das grundsätzlich gegebene Innovationspotential jedes sozialen Systems begründet. Albrecht Becker formuliert dies unter Berufung auf Giddens so:

> Reproduktion meint auch *nicht*: identische Reproduktion. [...] Entscheidend ist, *daß* das soziale System reproduziert wird, nicht, daß es unverändert bleibt. Identische Reproduktion bei dynamischer Umwelt wäre ja sicherlich ein eher problematischer Fall. (BECKER 1996: 124)

Wenn Innovationen in einem System schon auf struktureller Ebene angelegt sind, kann es unter Umständen schwierig sein, einen konkreten Innovationsakt zu isolieren und einem identifizierbaren Akteur zuzuschreiben. Es dürfte allerdings auch klar sein, dass das System nicht unabhängig von den Akteuren existiert und einzelne Handlungen der Ausgangspunkt für Innovationen und deren Diffusion sein müssen. Damit wird nicht behauptet, dass eine solche Handlung mit innovativer Absicht ausgeführt werden muss, und schon gar nicht, dass diese Handlung hinreichend für das Zustandekommen einer Innovation ist. Im Folgenden muss nun also zunächst auf die Rolle von Akteuren bei Innovationsprozessen und anschließend auf das Verhältnis von Akteuren und Struktur bzw. System eingegangen werden.

---

[11] Als Beispiel gilt hier die Grammatikalisierung von Vollverben zu Auxiliaren.

2.2 Akteure

2.2.1 Innovation und Innovationsakt

Rogers Diffusionsmodell beschreibt die Phasen, in denen sich eine Innovation ausbreitet, von einer zunehmenden Zahl von Akteuren aufgegriffen und schließlich Teil der alltäglichen Routine eines Systems wird. Was in Relation zu strukturellen Gegebenheiten im Nachhinein als Innovation bezeichnet werden kann bzw. von den Akteuren mit bestimmten Attributen versehen als Innovation konstruiert wird, manifestiert sich zunächst einmal auf der Ebene einzelner Handlungen. Diese Handlungen werden im Rahmen des Etablierten und aufgrund des kollektiv geteilten Wissens um Handlungsmuster ausgeführt. Daraus folgt, dass eine rein strukturelle Beschreibung von Innovation nicht alle relevanten Aspekte erfassen kann:

> Die Rekursivität sozialen Lebens, wie sie von Giddens in seiner Strukturationstheorie postuliert wird, also das Eingehen früherer Entscheidungen und Handlungen in die alltäglichen Handlungen von sozialen Akteuren, verweist auf die eminente Bedeutung der jeweils individuellen Handlungsgeschichte. Damit wird klar, dass Innovieren nicht allein aus objektiven Zwängen heraus erklärbar ist, sondern sich ebenso auf eine Untersuchung individueller Handlung stützen muss. (VORDANK 2005: 42)

Hier bietet sich eine terminologische Differenzierung an. Wenn man vom Innovieren als von einer Handlung spricht, wird *Innovation* mehrdeutig: Es kann

1) der innovative Akt selbst bzw. die Abweichung, mittels derer der innovative Akt ausgeführt wird, oder

2) das als Innovation wahrgenommene Produkt einer Handlung

gemeint sein. Beide Bedeutungen begegnen in den einschlägigen Diskursen, doch aufgrund des bereits Ausgeführten wird letztere zu favorisieren sein. Die erste Bedeutung ist durch *Innovieren*, *innovativer Akt* oder *innovatives Handeln* bzw. *innovativer Gebrauch von x* abgedeckt. In der Bezeichnung einer Handlung (Innovationsakt) als Innovation ist die Wertung dieser Handlung enthalten, die aus der Abweichung eine Innovation macht. Dem trägt die zweite Bedeutung von *Innovation* Rechnung, weshalb diese auch beibehalten werden soll. „Innovieren heißt zudem, anders zu handeln. Innovieren ist damit prinzipiell in den alltäglichen Strom intentionalen Handelns kompetenter, sozialer Akteure eingebettet“ (VORDANK 2005: 41). Das Innovieren, d.h. innovatives Handeln, sowie Motive für innovatives Handeln sind demnach auf einer anderen Ebene – der Ebene der Akteure – zu betrachten als die Innovation, welche auf Ebene des Systems beschrieben wird.

Kompetente Akteure steuern nach Giddens ihr Handeln reflexiv auf der Basis von Rationalisierungen, wobei „die Gründe, die Akteure diskursiv für ihr Tun anbieten, von der Rationalisierung des Handelns divergieren können“ (GIDDENS [3]1997: 54). Giddens stellt fest: „In und durch ihre Handlungen reproduzieren die Handelnden die Bedingungen, die ihr Handeln ermöglichen“ (ebd.: 52; vgl. auch HABSCHEID 2003: 87). Durch die Anerkennung dieses Phänomens der Rekursivität soll eine simplifizierende Fokussierung auf entweder die Handlungsmacht von Subjekten oder die Objektivität von übermächtigen Strukturen vermieden werden. Giddens geht dabei von dem Normalfall der Reproduktion sozialer Praktiken aus:

> Es ist die spezifisch reflexive Form der Bewußtheit menschlicher Akteure, die am tiefsten in die rekursive Regulierung sozialer Praktiken eingebunden ist. Die Kontinuität von Praktiken setzt Reflexivität voraus, aber Reflexivität ist umgekehrt nur aufgrund der Kontinuität von Praktiken möglich, wodurch eben diese über Raum und Zeit hinweg als identische reproduziert werden. (GIDDENS ^{3}1997: 53)

Genau hier liegt offensichtlich, und darauf weist Vordank hin, auch die Möglichkeit zur Abweichung innerhalb gewisser struktureller Grenzen begründet, die Möglichkeit zur Innovation und so letztlich des sozialen Wandels, der ja tatsächlich nicht weniger normal ist als die Kontinuität und Verlässlichkeit sozialer Praktiken im Alltag. Vordank hat eine sehr weitreichende Vorstellung von den Kompetenzen und Möglichkeiten eines Akteurs:

> Ihre Zugehörigkeit zu verschiedenen sozialen Systemen mit je unterschiedlichen Praktiken bietet die Chance, Neues aus verschiedenen Kontexten kennen zu lernen, zu erfahren und in das eigene Handeln einfließen zu lassen. Neues könnte so aus der organisationalen Umwelt in die Organisation gelangen und über das Handeln der Organisationsmitglieder von einem fremden Kontext in den organisationseigenen Kontext transformiert oder ‚übersetzt‘ werden. (VORDANK 2005: 41)

Man kann vorläufig festhalten, dass Innovationen das Ergebnis wechselseitiger Beziehung zwischen System und Umwelt sind, und dass sich diese Beziehungen im Handeln der Akteure manifestieren, wenn diese in der Lage sind, sich kompetent in verschiedenen Systemen zu bewegen und Transfers herstellen können. Dies ist im Hinblick auf einen sprachwissenschaftlichen Innovationsbegriff wie folgt zu modifizieren. Akteure, die verschiedenen sozialen Systemen angehören, sprechen auch in unterschiedlichen Teildiskursen. Nur wer Ausdrucksweisen bestimmter Gruppen kennt, kann diese innovativ in anderen Kontexten verwenden. Eine hohe kommunikative Kompetenz schließt das ein, was JOHN (2005: 49) in Bezug auf Wandel allgemein die „Nutzung von Optionen entgegen routinisierter Erwartungen“ nennt. Da es individuell handelnde Akteure sind, die Optionen in der einen oder anderen Weise nutzen, ist ein Wandel nicht exakt prognostizierbar, sondern in seinem Verlauf sowie überhaupt in seinem Zustandekommen von den Handlungen der Akteure abhängig. Coseriu formuliert dies so:

> Warum werden nur einige von den vielen Neuerungen, die im Sprechen auftreten, angenommen und verbreitet? Die Antwort auf diese Frage ist zum Teil in der von ihr geäußerten Feststellung selbst eingeschlossen: die Übernahme ist nicht mechanische Wiedergabe, sondern immer Auswahl. (COSERIU [1958] 1974: 71)

Wie das unerwartete, abweichende und jedenfalls individuelle Handeln einzelner Akteure das System beeinflussen kann, ist eine Frage, die weder auf struktureller Ebene noch auf Ebene der Akteure, sondern nur im Rahmen von Theorien beantwortet werden kann, die Zusammenhänge und Wechselwirkungen zwischen beiden Ebenen in den Blick nehmen. Bereits ohne die zusätzliche Komplikation von Wandel ist die Reproduktion sozialer Strukturen im Verhalten individueller Akteure ein erklärungsbedürftiges Phänomen. Man muss sich den von Giddens so genannten „Gemeinplatz“ vor Augen führen, dass,

> während die kontinuierliche Existenz großer Kollektive bzw. Gesellschaften augenscheinlich nicht von den Aktivitäten irgendeines besonderen Individuums abhängt, [...] solche Kollektive oder Gesellschaften augenscheinlich aufhören [würden] zu existieren, wenn alle betreffenden Akteure verschwänden. (GIDDENS [3]1997: 76)

Ebenso wichtig wie die strukturellen Bedingungen für Innovation und die Folgen für ein System als System ist es also zu wissen, wie und warum die Beteiligten so handeln wie sie handeln.

2.2.2 Intention und Rezeption

Es wurde bereits die Frage aufgeworfen, ob Innovationen immer notwendig auf Intentionen zurückgehen. Nachdem betont wurde, dass sich Innovationsprozesse in einzelnen Handlungen von Akteuren manifestieren, wäre nun noch zu fragen, in welchen Rollen und Konstellationen die Akteure auftreten, d.h. welche Akteure überhaupt mit welchen Intentionen an einer Innovation beteiligt sind. Im Wirtschaftssystem sind die Produzenten bzw. Unternehmen auf der einen Seite von den Verbrauchern auf der anderen zu unterscheiden. Nach Schumpeter gehen Innovationen nicht nur in aller Regel alleine von den Produzenten und deren Intentionen aus, sondern durchkreuzen sogar die ursprünglichen Intentionen derer, auf die sie abzielen, nämlich der Verbraucher:

> Wir wollen durchweg von der Annahme ausgehen, daß die eigene Initiative der Verbraucher zu Geschmacksveränderungen [...] ganz gering ist, und daß alle Veränderungen im Geschmack der Konsumenten vom Verhalten der Produzenten abhängt [sic] und herbeigeführt wird [sic]. [...] Es liegt offenbar kein Mangel an Realismus in dem Satz, daß die Mehrzahl von Veränderungen bei Verbrauchsgütern von seiten der Produzenten den Verbrauchern aufgezwungen wurde, die in den meisten Fällen Widerstand gegen die Veränderung leisteten und durch eine raffinierte Reklamepsychotechnik erst erzogen werden mußten. (SCHUMPETER 1961: 80)

Wie sind derartige Anstrengungen sogar gegen die Widerstände der Verbraucher zu erklären? Die Diffusion der Innovation erfordert aufwändige Planung („Matching“ und „Redefining/Restructuring“ in Rogers Modell), einen komplizierten und in seinem Verlauf nicht absehbaren Verbreitungsprozess (bei Rogers und bezogen auf die Struktur einer Organisation „Clarifying“) und, wenn es sich um Produkte oder Dienstleistungen handelt, zusätzliches Marketing. Auch SCHUMPETER (1961: 101) stellt fest, dass „größere Innovationen [...] nicht unbeträchtliche Zeit und Aufwendungen erforderlich machen.“ Eine Innovation erzeugt, kurz gesagt, hohe Kosten und birgt stets gewisse Risiken. Das bedeutet, dass „[d]ie Qualität ‚Innovation‘ [...] an einen materiellen und/oder immateriellen Gewinn [gekoppelt]“ (SCHULZ ET AL. 2000: 56) sein muss, der größer ist als die Kosten und das Risiko rechtfertigt. Folgt man Schumpeter, kann man sagen, dass die Innovation nicht nur gewinnbringend, sondern umgekehrt das Ausbleiben von Innovation sogar äußerst problematisch ist:

> Die meisten neuen Unternehmungen werden mit einer Idee und zu einem bestimmten Zweck gegründet. Sie verlieren ihre Lebenskraft, wenn diese Idee oder dieser Zweck erfüllt sind oder unzeitgemäß geworden sind, ja selbst wenn sie, ohne unzeitgemäß geworden zu sein, aufgehört haben, neu zu sein. Dies ist die grundlegende Ursache dafür, daß Unternehmen nicht ewig bestehen bleiben. (SCHUMPETER 1961: 102)

John betont, dass Veränderungen im Sinne modifizierter Wiederholungen des Gleichen Stabilität bedeuten (vgl. JOHN 2005: 49), wobei Stabilität alleine eben noch kein unternehmerisches Ziel darstellt. Innovation ist demnach mehr als bloße Anpassung an sich verändernde Bedingungen. Bei SCHULZ ET AL. (2000) erscheinen als die notwendigen Kriterien für Innovation denn auch Neuheit und Nutzen (hier: für den Markterfolg) (vgl. SCHULZ ET AL. 2000: 56).

Zusammenfassend heißt das, dass ein wie auch immer gearteter positiver Effekt oder Nutzen unabdingbar ist, um Innovation definitorisch gegen andere Phänomene wie Abweichung oder Neuheit abzugrenzen. Dies gilt trotz der damit nicht im Widerspruch stehenden vorherigen Behauptung, dass eine Innovation nicht zwangsläufig auch eine Besserung oder einen Fortschritt darstellt. Der Effekt tritt innerhalb eines spezifischen Kontextes auf, der Nutzen ergibt sich aus der Reaktion rezipierender Akteure auf die Innovation.

Die Akteure auf dem von Bourdieu beschriebenen Markt sind Sprecher, „deren Anerkenntnis des autorisierten Sprachgebrauchs (annähernd) gleich, deren Kenntnis dieses Sprachgebrauchs jedoch ungleich ist“ (BOURDIEU [1982] ²2005: 69). Über diese Ungleichheit und das Streben der Akteure mit geringerem Sprachkapital nach Aufhebung dieser Ungleichheit einerseits, das Streben der Akteure mit höherem Sprachkapital nach Aufrechterhaltung der Ungleichheit und somit ihrer Machtposition andererseits wird das Sprachmarktmodell Bourdieus zu einem dynamischen Modell (vgl. ebd.). Sprachwandel wird demnach dadurch erzeugt, dass die Sprecher der hochgewerteten Sprache diese permanent so verändern müssen, dass sie sich von der Sprache anderer Marktteilnehmer unterscheidet. Die anderen Marktteilnehmer hingegen verfolgen einen Anspruch nach symbolischem Profit, indem sie sich der Ausdrucksweise derer mit hohem Sprachkapital anzunähern versuchen.

> Dieser Anspruch – Anerkennung der Distinktion, die sich gerade durch den Versuch verrät, sie durch Aneignung zu negieren – erzeugt im Feld der Konkurrenz einen ständigen Druck, der bei den Besitzern der sozial anerkannten Distinktionsmerkmale nur zu immer neuen Distinktionsstrategien führen kann. (BOURDIEU [1982] ²2005: 70)

Bourdieu nennt als Distinktionsstrategien:

> Dort Spannung hineinzubringen, wo die Gemeinsprache lässig wird, Leichtigkeit da, wo sie Bemühtheit verrät, und jene Entspanntheit in der Anspannung, die den entscheidenden Unterschied zu den kleinbürgerlichen oder volkstümlichen Formen von Anspannung und Entspanntheit ausmacht [...]. (BOURDIEU [1982] ^{2}2005: 70)

Diese Strategien sind „unendlich steigerungsfähig" (ebd.) und müssen es auch deshalb sein, weil die aus ihnen entstehenden jeweils neuen Distinktionsmerkmale von den aufstrebenden Akteuren rezipiert und in der Folge aufgegriffen werden, ihren distinktiven Wert also wieder verlieren. Folgt man Bourdieu in diesem Punkt, muss man von einer permanenten Abwertung sprachlicher Formen ausgehen, genauer: von einer Inflation:

> Wörter, die unter die Leute kommen, verlieren ihre Trennschärfe und werden von daher tendenziell als in Wahrheit banal, gewöhnlich, als billig beziehungsweise, da ihre Verbreitung von der Zeit abhängig ist, als abgedroschen empfunden. (BOURDIEU [1982] ^{2}2005: 71)

Bourdieu verwendet an dieser Stelle den Terminus *Diffusion*, allerdings ohne Bezug auf den Terminus *Innovation*, der wohl letztendlich auch nicht ganz zu Bourdieus Modell eines „Sprachwandels von oben" passen mag. Die Struktur des sprachlichen Feldes bzw. des sprachlichen Marktes ist jedenfalls als solche auf Wandel angelegt und insofern in sich dynamisch:

> Was als Diffusionserscheinung beschrieben wird, ist nichts anderes als der aus dem Konkurrenzkampf entstehende Prozess, der jeden Akteur dazu treibt, sich über unzählige Assimilations- und Dissimilationsstrategien (in Bezug auf diejenigen, die sich im sozialen Raum und in der Zeit vor und hinter ihm befinden) ständig andere Wesensmerkmale (hier also Aussprache, Wortschatz, syntaktische Wendungen usw.) zuzulegen und dabei doch, gerade durch dieses Wettrennen, den Unterschied aufrechtzuerhalten, der der Ursprung des Rennens ist. (BOURDIEU [1982] ^{2}2005: 71 f.)

2.2.3 Kommunikative Maximen

Verschiedene Sprachwandeltheorien gehen davon aus, dass sich Sprecher grundsätzlich an gegensätzlichen Prinzipien orientieren: bei Georg von der Gabelentz „Deutlichkeitstrieb" und „Bequemlichkeitstrieb" (vgl. GABELENTZ [1891] 1984: 181 ff.) bzw. analog Expressivität und Ökonomie (vgl. GIRNTH 2000: 59 f.). Keller formuliert entsprechend „statische Maximen" („Rede so, daß Dich der andere versteht." oder „Rede so, wie Du denkst, daß der andere reden würde, wenn er an Deiner Statt wäre.", vgl. KELLER ^{3}2003: 135 ff.) und „dynamische Maximen" („Rede so, daß Du beachtet wirst." Oder „Rede amüsant, witzig etc.", vgl. KELLER ^{3}2003: 139).

> Das Bedürfnis nach Expressivität ist vor allem am Beginn von Grammatikalisierungsprozessen wirksam und hat Innovationen zur Folge. Dem Prinzip der Expressivität steht das Ökonomieprinzip gegenüber, das die phonetische und semantische Reduktion des sprachlichen Zeichens zur Folge hat. Es entfaltet seine Wirkung eher am Ende von Grammatikalisierungsprozessen, da es mit einer Routinisierung des Sprachgebrauchs einhergeht. (GIRNTH 2000: 59)

Ein Streben nach Ökonomie veranlasst Sprecher dazu zu versuchen, mit einem möglichst geringen Aufwand ein Maximum an Verständigung zu erreichen, was auch die Tendenz meint, den kognitiven Aufwand sowohl für den Produzenten wie für den Rezipienten nicht unangemessen zu erhöhen.

> Sehen wir von jenen Ausnahmefällen ab, wo ein spielerischer oder künstlerischer Sinn sich in der Formung der Rede gefällt, so gilt für die Sprache der wirthschaftliche Grundsatz, dass der Zweck mit möglichst geringem Aufwande erreicht werden soll. (GABELENTZ [1891] 1984: 182)

Sperber und Wilson formulieren als Relevanzprinzip: „Every act of ostensive communication communicates the presumption of its own optimal relevance" (SPERBER/WILSON 1986: 158). Gemäß ihrem kognitiven Ansatz definieren sie die Relevanz einer Äußerung als Quotient aus kontextuellem Effekt und kognitivem Aufwand (vgl. SPERBER/WILSON 1986: 124 f.).[12] Um verstanden zu werden, wählen Sprecher standardisierte, präzise Ausdrücke und vermeiden Ambiguitäten oder ungewöhnliche Metaphern. Das Prinzip der Expressivität verlangt hingegen von Sprechern, sich um möglichst originelle und ausdrucksstarke Formulierungen zu bemühen. Je individueller die Äußerung sein soll, desto weniger darf sie standardisiert oder topisch sein. Will ein Sprecher eine Situation als einzigartig und außergewöhnlich beschreiben, darf er dazu keine Ausdrucksmittel benutzen, die schon in unzähligen Fällen vorher zur Beschreibung gleichartiger Situationen benutzt wurden.

Obwohl sich die Prinzipien Ökonomie und Expressivität eigentlich gegenseitig ausschließen, versuchen Sprecher beiden Prinzipien gerecht zu werden und müssen dementsprechend Kompromisse finden, die mal mehr das eine und mal mehr das andere Prinzip realisieren:

> Normalerweise wählen wir unsere sprachlichen Mittel nicht nur nach genau einer Maxime. Wir versuchen beim Reden, mehrere Fliegen mit einer Klappe zu schlagen: Anpassen, Auffallen, Verstanden werden, Energie sparen. [...] Einige Maximen konfligieren miteinander; sie widersprechen sich. Wenn wir dennoch nach beiden zugleich handeln wollen, müssen wir Kompromisse eingehen. Auch dies ist nicht etwa die Ausnahme, sondern eher die Regel. Auffallen, aber doch verstanden werden wollen, ist so ein typischer Konflikt. Es ist ein Spiel zwischen Anpassung und Abgrenzung, zwischen Orthodoxie und Innovation. (KELLER ^{3}2003: 140 f.)

Sprachliche Ökonomie wird durch positive Anpassung an die Tradition, d.h. den Standard oder die Norm erreicht: Um überhaupt verstanden zu werden, muss ein Sprecher ein Mindestmaß an konventionellen Ausdrucksmitteln verwenden. Analog wird Expressivität durch negative Anpassung erreicht. Gemäß der Theorie von Groys muss eine innovative Sprechweise sowohl positiv als auch negativ angepasst sein, um valorisiert

---

12 SPERBER/WILSON (1986: 125) formulieren zwei Bedingungen für die Relevanz einer Mitteilung: 1) „[A]n assumption is relevant in a context to the extent that its contextual effects in this context are large", 2) „an assumption is relevant in a context to the extent that the effort required to process it in this context is small."

zu werden. Man sieht diese Gleichzeitigkeit von positiver und negativer Anpassung z.B. bei Anglizismen, wo ein englisches, also deutlich negativ angepasstes Wort in die Flexionsparadigmen deutscher Verben eingepasst wird (*googeln*, *du googelst*, *ihr googelt*, ...).

Geht man davon aus, dass die Erfüllung eines Expressivitätsprinzips, die Befriedigung pragmatischer Bedürfnisse mit den vorhandenen sprachlichen Mitteln schwierig sein kann, so wäre die Innovation aus Sicht der Akteure tatsächlich eine Reaktion auf ein Problem, wie es Rogers Diffusionsmodell für die erste Phase „Agenda-Setting" beschreibt.

Eine Innovation hat im Moment ihres Auftretens einen prekären Status. Da sie in jedem Fall eine Regelabweichung darstellt, ist nicht von vorneherein klar, dass sie nicht als Fehler wahrgenommen wird. Wird sie als unerwünschte oder überflüssige Abweichung bzw. Neuerung gewertet, bleibt ein pragmatischer Effekt aus und der Sprecher hat keinen Vorteil auf dem sprachlichen Markt. In einem solchen Fall wird die betreffende innovative Sprachverwendung in ähnlicher Form wahrscheinlich nicht wiederholt und verschwindet wieder. Andernfalls aber verspricht die Verwendung einen kommunikativen Mehrwert (sei es in sprachökonomischer oder in expressiver Hinsicht) und die innovative Form wird aufgegriffen und wiederholt.[13] Somit kann sie einen Diffusionsprozess durchlaufen, an dessen Ende sie ihren Status als Innovation einbüßt und zur Routine bzw. Regel wird.

Innovationen sind also mit Kosten und Risiken verbunden. Eine innovative Sprachverwendung kann je nach ihrer Komplexität und je nach dem Grad der Abweichung von routinemäßiger Sprachverwendung kognitive Kosten verursachen. Wo sprachliche Kreativität und effiziente Kommunikation in professionellen Kontexten gefragt sind (z.B. Marketing, PR, Politik, Unterhaltungsmedien), werden diese Produktionskosten auch in Geldwerte übersetzt, d.h. Profis wie z.B. Werbetexter können gegen Bezahlung kreativ von Sprachregeln abweichen (vgl. auch KELLER [3]2003: 141).

Das dabei bestehende Risiko ist die Missachtung oder gar Missbilligung durch andere Akteure. Mit Innovationen scheitern heißt in diesem Fall kommunikative Ziele nicht zu erreichen oder schlimmstenfalls als Kommunikationspartner einen Imageverlust zu erleiden. Im Erfolgsfall ist die Qualität „Innovation" allerdings an einen Gewinn geknüpft (vgl. SCHULZ u.a. 2000: 56), der Kosten und Risiken rechtfertigt.

Der Gewinn kann ein Effekt innerhalb eines spezifischen Kontextes sein, auf Sprache bezogen handelt es sich um einen stilistischen Effekt oder um Vereinfachungen bei gleicher kommunikativer Funktion (vgl. Bspp. in 2.3.1 für Assimilationen und Dissimilationen). Stilistische Effekte sind ein erhöhtes Maß an Nachdrücklichkeit (Appellfunktion), Expressivität, ästhetische Effekte (Witz, Poesie), Tabubrüche oder sozialstilistische Markierungen. Der jeweilige Effekt einer Innovation ist dabei stets abhängig von den Reaktionen der anderen Akteure und deren sozialer Sanktionierung der Regelabwei-

---

[13] Vgl. zu Kosten-Nutzen-Kalkulationen bei kommunikativen Handlungen KELLER ([3]2003: 164–167).

chung. Letztlich macht erst die positive Sanktionierung aus einer Neuerung eine Innovation im eigentlichen Sinne, anders formuliert: Innovativität ist eine Qualität, die einem Phänomen erst von den Rezipienten zugeschrieben wird. Auch eine Abweichung oder Neuerung, die vom Produzenten als Innovation intendiert war, erreicht diese Qualität erst aufgrund ihrer Rezeption als Innovation.

2.3 Strukturen und Akteure

Sprachliche Innovationen entstehen im Spannungsfeld zwischen Normbefolgung und Abweichung. Um eine Innovation überhaupt als solche wahrnehmen zu können, müssen Sprachbenutzer sie als Äußerungen in der betreffenden Sprache identifizieren. Ein erheblicher Anteil der geäußerten Formen und Muster wird also stets regelhaft sein.

Aus Sicht von Akteuren, die etwas als Innovation verbreiten bzw. verkaufen wollen, ist die Anpassung der Innovation an bereits Bekanntes ein wichtiger Faktor bei der Erreichung von Akzeptanz für das Neue. Dies ist offenbar die Perspektive von Rogers:

> Old ideas are the main mental tools that individuals utilize to assess new ideas and give them meaning. Individuals cannot deal with an innovation except on the basis of the familiar. Previous practice provides a standard against which an innovation can be interpreted, thus decreasing its uncertainty. (ROGERS [5]2003: 243)

Bei Cherubim ist eine vergleichbare Bedingung für eine erfolgreiche Innovation im sogenannten Kontinuitätsprinzip des Sprachwandels enthalten:

> Jede sprachliche Abweichung, die als sprachliche Veränderung intendiert ist oder zum Sprachwandel führt, knüpft an bestimmte Regeln oder Teile von Regeln an, die ihrerseits (zunächst) nicht in Frage gestellt werden. (CHERUBIM 1980: 128–129)

Eine Abweichung, auf die diese Beschreibung zutrifft, wird dem Produzenten kaum unbemerkt unterlaufen. Sie ist abzugrenzen von der Fülle nicht-intendierter Abweichungen, die vor allem in gesprochener Sprache sehr häufig auftreten und auf mangelnde Sprachkompetenz, Unkonzentriertheit, Sprachfehler, Erregungs- oder Trunkenheitszustände, etc. zurückführbar sind. So stellt auch Cherubim heraus:

> Schließlich können Regelabweichungen auch ‚positive' Funktionen haben, d.h. durch bestimmte Absichten oder Zwecke (z.B. Regelbestätigung, Toleranzprobe, Vertraulichkeitsanzeige, Innovationsversuch) motiviert sein und daher eine sinnvolle Alternative zur Regelbefolgung darstellen. (CHERUBIM 1980: 128)

Mit Cherubim ließe sich eine sprachliche Innovation demnach vorläufig als eine Form motivierter Abweichung definieren. Hierbei stellt sich allerdings die Frage, ob in alltagssprachlichen Diskursen tatsächlich immer ein Innovationsmotiv gegeben sein muss, damit z.B. eine witzige Abweichung im weiteren Verlauf der gemeinsamen Kommunikationsgeschichte der Status einer Innovation zukommen kann. Sprachwandeltheorien interessieren sich in der Regel vor allem für weit reichende und nachhaltige Entwicklungen einer Sprache (vgl. auch GIRNTH 2000: 53 ff.). Abweichungen in alltäglicher Kommunikation, die „über kurzfristige Effekte wie Erheiterung, Verblüffung oder Bewunderung hinaus kaum eine längerdauernde Wirkung haben" (CHERUBIM 1980: 141), werden deshalb meistens als unbedeutend ausgeklammert. Will man dagegen Motive und Effekte innovativer Akte in den Blick nehmen und geht man davon aus, dass die innovative Qualität einer Sprachverwendung in einer Zuschreibung der Rezipienten (erheiternd, verblüffend, ...) besteht, dann sind vorübergehende Moden ebenso als Teil einer Innovationstheorie zu beschreiben wie langfristige Strukturveränderungen. Innovationen können ephemer sein, sie können auf spezifische Sprechergruppen beschränkt bleiben, sie können scheitern.

Eine große Zahl von Regelabweichungen kann durch mangelhafte Kompetenz des Sprechers oder vorübergehende Beeinträchtigungen der Performanz erklärt werden. Solche Abweichungen werden als Fehler wahrgenommen und müssen von Innovationen unterschieden werden (vgl. CHERUBIM 1980: 131–132). Cherubim schlägt vor, Fehler als nicht-intendierte Abweichungen von Innovationen abzugrenzen, wobei letztere entsprechend motivierte Abweichungen darstellen, die einem pragmatischen Bedürfnis entsprechen und auf einen „kommunikativen Effekt" (vgl. CHERUBIM 1980: 137) zielen.

2.3.1 Motiviertheit von Innovationen

Hieraus ergeben sich zwei Probleme: „Sprachproduktionsfehler oder Versprecher" (CHERUBIM 1980: 138) wie bei Assimilationen (mhd. *zimber*> nhd. *Zimmer*) oder Dissimilationen (mhd. *klobelouch*> nhd. *Knoblauch*) (vgl. ebd.) müssten erstens von den intendierten Innovationen unterschieden werden, obwohl sie in gleicher Weise Sprachwandel bewirken. Zweitens sind die Intentionen hinter Sprachverwendungen im Normalfall nicht rekonstruierbar[14], auch wenn man die Intention wie Cherubim bei publizistischen, politischen, poetischen, fachsprachlichen und Werbetexten unterstellen kann (vgl. CHERUBIM 1980: 140). Dieses zweite Problem wird virulent bei Sprachspielereien in alltäglichen und privaten Kommunikationssituationen. Cherubim umreißt eine mögliche Herangehensweise folgendermaßen:

> Demgemäß wird man mit einer Skala von Intentionalitätsgraden bei nicht-lernbedingten (und nicht-pathogenen) sprachlichen Abweichungen bzw. mit Fällen von Abweichungen rechnen müssen, bei denen der Grad von Intentionalität nur schwer entscheidbar ist. (CHERUBIM 1980: 141)

Angemessener als Spekulationen über Intentionen oder Grade von Intentionalität wäre eine Unterscheidung zwischen Intendiertheit und Motiviertheit und somit letztlich der

---

14 „Natürlich ist nie genau zu entscheiden, ob die jeweilige Standardform überhaupt nicht beherrscht oder lediglich für den Moment nicht beachtet wird" (MÜLLER-LANCÉ 2004: 202).

Verzicht auf Intendiertheit als notwendiges Kriterium von Innovativität. Die von Cherubim angeführten Assimilationen und Dissimilationen sind artikulatorisch motiviert, ohne dass den Sprechern selbst diese Motivation klar sein muss. Definiert man sprachliche Innovationen als in diesem Sinne motivierte Abweichungen, ist der Innovationsbegriff auf allen linguistischen Beschreibungsebenen und nicht nur im Bereich der Lexik sinnvoll.

Die Sprachwandeltheorie bei COSERIU ([1958] 1974) konzentriert sich auf Lautwandel und morphologischen Wandel. Hier sind oft nur systemtheoretische Erklärungen möglich, weil Belege für handlungstheoretische Erklärungen fehlen. Die historische Sprachwissenschaft kann über Sprecherintentionen prinzipiell wenig sagen.

Wenn eine Abweichung artikulatorisch, grafisch oder systematisch motiviert ist, dann ist sie prinzipiell für Rezipienten akzeptierbar.[15] Jede Innovation destabilisiert im Moment ihres Auftretens das System (vgl. JOHN 2005: 59; VORDANK 2005: 33; GROYS [3]2004: 63 ff.) und macht eine „Restabilisierung" (JOHN 2005: 59) erforderlich. Für die Akzeptanz einer Innovation als Innovation ist es wichtig, dass eine Restabilisierung möglich ist und das System weiter bestehen kann – Reproduktion eines Systems muss nicht und sollte auch nicht identische Reproduktion sein (vgl. BECKER 1996: 124). Auch Groys beschreibt Innovation als Stabilität des Wandels:

> Die Relativierung der Wertgrenze an einer Stelle und die Egalisierung der kulturellen Werte und profanen Dinge in einer bestimmten Beziehung können die kulturelle Hierarchie als solche nicht aufheben. [...] Die hierarchischen Strukturen und Wertschranken bleiben stets erhalten, und deshalb bleibt auch die Innovationsmöglichkeit bestehen. (GROYS [3]2004: 58 f.)

Wenn in einem Wortfeld (z.B. *ärgern*, *quälen*) neue Ausdrücke (z.B. *dissen*, *mobben*) auftauchen, ändern sich Stellenwert und Bedeutung der bereits im System vorhandenen Ausdrücke, doch das Wortfeld als solches existiert weiter. Wenn eine Innovation das Fortbestehen des Systems in modifizierter Form ermöglicht, dann kann sie auf der Handlungsebene als eine Innovation akzeptiert und im Gegensatz zu Fehlern positiv sanktioniert werden.

Das Moment der Sanktionierung verweist auf die Rezipienten einer Sprachverwendung. Erst deren Reaktionen entscheiden über den Status einer Neuerung, die ja auch als überflüssig bewertet und bestenfalls ignoriert, schlimmstenfalls kritisiert werden könnte. Demnach unterscheidet auch Eugenio Coseriu in seiner Sprachwandeltheorie zwischen Innovation und Übernahme. Koch führt mit Bezug auf Coseriu aus:

> Ohne individuelle Innovation kann ein Sprachwandel nicht anlaufen, aber ohne Verbreitung der Innovation innerhalb einer bestimmten Sprechergruppe kann er nicht als vollzogen gelten. Die Innovationsfreudigkeit (in diesem engeren Sinne) und die Übernahmefreudigkeit von Varietäten sind also von vornherein zu unterscheiden. (KOCH 2004: 606)

---

[15] COSERIU ([1958] 1974: 74) meint, „daß eine Übernahme immer einer Ausdrucksnotwendigkeit entspricht."

Wenn, wie in Kap. 2.1 begründet, eine Innovation jedoch erst retrospektiv als solche erkennbar ist bzw. ohnehin auf kollektiver Zuschreibung beruht und nicht auf objektiven Eigenschaften, die sie von vorneherein zur Innovation machen, dann kann das Kriterium Intentionalität insgesamt vernachlässigt werden. Die Karriere der Abweichung im Diskurs, d.h. ihre Rezeption und fortgesetzte Anwendung, macht die Abweichung unabhängig von den Intentionen des ursprünglichen Verwenders (falls dieser überhaupt identifizierbar ist) zu einer Innovation. In Einzelfällen kann der ursprüngliche Autor eine Rolle spielen, wie folgende Beschreibung nahe legt:

> So ist die soziale und geistige Stellung der Neuerer, aber auch die innere Haltung, welche die Sprachgemeinschaft diesen gegenüber einnimmt, von Bedeutung: Spracheigenheiten großer, aus ihrer Gruppe herausragender Menschen und Neuerungen solcher, denen man mit Sympathie entgegentritt, finden leichter Nachahmung als die anderer. (MOSER 1967: 17)

Dies mag so sein, ist aber nur interessant, wenn man die sozio-historischen Bedingungen konkreter Innovationen in Betracht zieht. Was man über die Ausbreitung einer innovativen Form aufgrund der persönlichen Eigenschaften ihres ersten Verwenders sagen kann, lässt sich nicht auf andere innovative Formen übertragen und nicht zu Aussagen über Ausbreitungsbedingungen auf struktureller Ebene verallgemeinern.

Schließlich ist auch noch der Fall denkbar, dass jemand eine Innovation beabsichtigt, die sich in der Sprechergemeinschaft nicht durchsetzt oder gar negativ aufgenommen, d.h. als fehlerhafte oder uninteressante Abweichung rezipiert wird.

2.3.2 Effekte

So wie auch in der wirtschaftswissenschaftlichen Konzeption von Innovation sind letztlich also Effekte der Innovation bzw. deren Diffusion entscheidend, um das Phänomen angemessen zu erfassen. Demnach ist es auch nicht angemessen, wie Walter Haas zwischen Innovation und Neuerung so zu unterscheiden, dass „die Innovation eine individuelle, punktuelle Produktion einer neuen sprachlichen Form bezeichnet, die sich als ‚Material‘ für den Wandel anbietet“ und „eine Neuerung ein bereits im Sprachbesitz einer Gruppe verankertes neues Faktum, eine Einheit im wirklichen Wandelprozess“ (HAAS 1978: 10). Die Bedeutung des ursprünglichen innovativen Akts muss in Bezug auf den Gesamtprozess deutlich relativiert werden. In Übereinstimmung mit den sozialwissenschaftlichen Konzepten von Innovation kann ein innovativer Akt nur von seinem Effekt her als innovativer Akt erfasst werden.

Interessant sind deshalb die kontextuellen und stilistischen Effekte, welche durch eine konkrete Verwendung einer innovativen Form in einem Text hervorgerufen werden. Hier sind zwar ebenfalls die Intentionen des Sprechers oder Schreibers nicht objektiv rekonstruierbar, aber es lässt sich nachvollziehen, wie eine Form den Text stilistisch verändert, wie andere Sprecher bzw. Schreiber hierauf reagieren und welche Funktionen eine innovative Form dementsprechend außer ihrer referentiellen Funktion haben kann. Diese Potentiale innovativer Sprachverwendungen sollten dann Rückschlüsse erlauben auf allgemeine Motive für sprachliche Innovationen. Meine These lautet, dass mit neuen Formen prinzipiell mehr als nur „der Bedarf an Neubenennungen in einer Kommunikationsgemeinschaft befriedigt" (HERBERG ET AL. 2004: XI) wird. Die referentielle Funktion sprachlicher Zeichen dürfte im Gegenteil eine eher geringe Rolle spielen im Vergleich zu rhetorisch-stilistischen Funktionen oder, mit Bourdieu, dem Distinktionsprofit.

Cherubim sieht die Möglichkeit, innovative Akte vorzunehmen, von vorneherein eher für öffentlich auftretende Sprecher gegeben und hält diese Akte im Einzelfall für kaum rekonstruierbar, erachtet darüber hinaus jedoch als grundlegend das Problem,

> inwieweit nicht auch das sprachschöpferische Individuum in seinem Verhalten durch *soziale* Bedingungen beeinflußt wird, zumal jedes Individuum das Produkt sozialisatorische[r] Prozesse ist und sich als solches nur innerhalb sozialer Zusammenhänge verwirklichen kann. Angewandt auf das Problem individueller sprachschöpferischer Tätigkeit ist also zu fragen, ob nicht der *individuelle* Anteil von sprachlichen Innovationen allein darin besteht, *daß* Individuen solche Innovationen vornehmen, während die weiterreichenden Aspekte, *welche* Individuen das tun und *warum* bzw. *wozu* sie das tun, von den jeweils wirksamen *sozialen* Bedingungen innovatorischer Akte her erklärt werden müssen. (CHERUBIM 1980: 147–148, Herv. i. Orig.)

Dies ist ein durchaus ernst zu nehmender Einwand. Nimmt man aber die von Giddens postulierte Dualität von Struktur ernst, wird man den individuellen Anteil nicht so einfach ausblenden können. Der Wandel eines sozialen Systems ist grundsätzlich nicht auf rein struktureller Ebene erklärbar, da strukturinterne Eigenschaften eine Veränderung der Struktur nicht hinreichend motivieren. Bezogen auf sprachwissenschaftliche Fragestellungen findet man implizit das Prinzip der Dualität von Struktur beispielsweise in folgender These Haspelmaths: „Grammatik entsteht als Nebenprodukt des Sprechens in der sozialen Interaktion" (HASPELMATH 2002: 263).

Die Verbindung von Grammatik bzw. Sprache (Makroebene) mit der sozialen Interaktion (Mikroebene) ist das zentrale Thema in Rudi Kellers Sprachwandeltheorie. Er führt zur Erklärung von Wandelprozessen eine Theorie in die Sprachwissenschaft ein, die auf einer Metapher des liberalen Ökonomen Adam Smith basiert: dem Wirken einer unsichtbaren Hand (vgl. KELLER ^{3}2003: 96 f.). Das Ziel einer Invisible-hand-Theorie bestehe darin, „daß die zweite Schicht, die Makroebene der Institution, von der ersten Schicht, der Mikroebene des sozialen Handelns der Individuen, hergeleitet wird" (KELLER ^{3}2003: 98). Die Änderung einer Struktur wie der Sprache ist in diesem Modell der Effekt von Handlungen (vieler) einzelner Akteure, und zwar ein „nichtfunktionaler Effekt funktionalen Handelns" (KELLER ^{3}2003: 125). Sprecher (anders als vielleicht Mitglieder von Organisationen) verfolgen durch ihr sprachliches Handeln in der Regel[16] nicht das Ziel eines Sprachwandels (der Diffusion einer Innovation) (vgl. KELLER ^{3}2003: 129), selbst dann nicht, wenn ihre Absicht in der gegebenen Kommunikationssi-

---

[16] Ausnahmen sind z.B. sprachpolitische und sprachkritische Bemühungen, deren Erfolgsaussichten jedoch sehr unterschiedlich ausfallen können.

tuation darin besteht, etwas besonders Innovatives (Originelles, Interessantes, Neues) zu sagen. Diese Absicht bezieht sich auf die jeweilige Kommunikationssituation, in welcher der Sprecher sich erfolgreich verhalten möchte, nicht aber auf das Sprachsystem. Die Absichten und Ziele von Sprechern können abstrakt durch kommunikative Maximen (Kap. 2.2.3) beschrieben werden. Wenn viele Sprecher in ähnlichen Situationen zur Erreichung ähnlicher Ziele zu ähnlichen Mitteln[17] greifen, dann entsteht ein geteiltes Wissen über die Verwendung dieser Mittel und sie werden mit allen Konsequenzen für das Sprachsystem in dieses integriert. Dieser Prozess ist Gegenstand der Invisible-hand-Erklärung:

> Eine Invisible-hand-Erklärung erklärt ihr Explanandum, ein Phänomen der dritten Art, als kausale Konsequenz individueller intentionaler Handlungen, die mindestens partiell ähnliche Intentionen verwirklichen. (KELLER [3]2003: 101)

Als Phänomene der dritten Art bezeichnet Keller Strukturen, die weder natürliche Ursachen haben noch (direktes) Ergebnis menschlicher Aktivitäten sind, also soziale Institutionen aller Art, Sprache und insbesondere Sprachwandel. Durch diese Terminologie begegnet Keller dem Paradox, dass soziale Phänomene wie die Sprache zwar kausales Ergebnis der Handlung von Akteure sind, die Akteure aber dieses Ergebnis bei ihren Handlungen nicht intendieren.

Eine brauchbare Konzeptualisierung von Innovationen muss, wie bereits gezeigt, über den ersten innovativen Akt hinaus Effekte und Konsequenzen auf struktureller Ebene berücksichtigen. Der Effekt einer erfolgreichen Innovation ist ihre Diffusion, für die aber strukturell günstige Bedingungen gegeben sein müssen. Cherubim nennt als Bedingungen für die Diffusion von Innovationen unter anderen einen pragmatischen Bedarf (Ausdrucksbedürfnisse) und die affektive Brauchbarkeit (Verwendbarkeit als Affektträger) der Innovation (vgl. CHERUBIM 1980: 139), diese Faktoren können aber auch schon Motive für die Innovation selbst sein. Daneben nennt er auf der Systemebene die „relative Variabilität oder Offenheit des Regelzusammenhangs (z.B. zahlreiche Parallelformen, Schwankungen im Grad der Regelhaftigkeit)“ (CHERUBIM 1980: 140), was eine wichtige Voraussetzung für das erste Auftreten einer Innovation sein könnte (vgl. auch MÜLLER-LANCÉ 2004: 207). Im Rahmen der Invisible-hand-Theorie werden Faktoren für den Erfolg einer Innovation als die ökologischen Bedingungen eines Invisible-hand-Prozesses beschrieben. Kellers Darstellung ist leider nicht sehr systematisch, sondern eng an den Beispielen orientiert. Variabilität bzw. das Vorhandensein von Handlungsalternativen spielt offensichtlich eine Rolle, in Kellers Beispiel *englisch* und *engelhaft* ist dies in Form eines „Homonymen-Konfliktpotentials“ (KELLER [3]2003: 130) gegeben. Der pragmatische Bedarf bzw. Nutzen ist bei Keller durch die Kommunikationsmaximen beschrieben.

---

[17] Oder, in Kenntnis vorgängiger Kommunikationssituationen: Zu einem Mittel, das bereits erfolgreich verwendet wurde.

2.3.3 Innovationsakte und Sprechergemeinschaften

Die Bedingung der pragmatischen Brauchbarkeit ist m.E. problemlos so zu erweitern, dass sie die zweite Bedingung der Verwendbarkeit als Affektträger einschließt. Die Ausdrucksbedürfnisse eines Sprechers hören nicht damit auf, dass er seine Äußerung möglichst treffend und gut verständlich formulieren möchte (Expressivität). Sprecher bringen in ihren Äußerung ihre (soziale) Identität zum Ausdruck, geben zu verstehen, wer sie sein möchten, was Ihnen gefällt (Genussorientierung), und wovon sie sich abgrenzen (Distinktion)[18]. Man könnte all dies unter dem Begriff *pragmatische Bedürfnisse* zusammenfassen und als diejenigen Faktoren für das Zustandekommen einer Innovation verstehen, die auf Ebene der Akteure relevant werden.

Spielerische Abweichungen in alltäglicher bzw. privater Kommunikation haben nach Cherubim

> über kurzfristige Effekte wie Erheiterung, Verblüffung oder Bewunderung hinaus kaum eine längerdauernde Wirkung [...]. Etwas anders sieht es jedoch aus, wenn solche immer noch primär spielerisch entstandenen Abweichungen in Textarten auftreten, die wiederholt und über einen längeren Zeitraum hin benutzt werden (z.B. Lieder, Gedichte, Witze), oder in Situationen mit einer größeren Öffentlichkeitswirkung (z.B. Kabarett, politische Debatten, Reportagen) vorkommen; hier sind [...] die Chancen für eine raschere und größere Verbreitung besser, falls die Abweichungen bestimmten Motiven oder Bedürfnissen kommunikativ-pragmatischer, sozialer oder affektiver Art entgegenkommen. Als Stufen solcher Verbreitung lassen sich dabei die Verwendung von Abweichungen als Zitat oder in zitathafter Variation (Anspielung), dann deren Gebrauch in speziellen Zusammenhängen oder Kotexten [sic] und schließlich, wenn es soweit kommt, eine durchgehende Integration vorstellen. (CHERUBIM 1980: 141)

Cherubim beschreibt einen Prozess, der durchaus anhand entsprechender Korpora nachverfolgt werden könnte. Auch HERBERG ET AL. (2004) unterscheiden zwischen den für sie nicht interessanten Okkasionalismen und den eigentlichen Neologismen, die nacheinander die Phasen der Usualisierung und der Lexikalisierung bis zur vollständigen Integration durchlaufen (vgl. HERBERG ET AL. 2004: XII).

Wenn sprachliche Ausdrucksmittel konventionalisiert oder – in der Terminologie von Groys – valorisiert und archiviert sind, sind sie erwartbar und nicht mehr zur Erzeugung bestimmter rhetorischer Effekte geeignet. Man kann im Zusammenhang mit sprachlichen Mitteln und kontextuellen Effekten – bzw. allen Bedeutungsaspekten neben der referentiellen Funktion – von Inflation sprechen, Rudi Keller führt hierfür das Beispiel der Pejorisierung von *Frau* an (vgl. KELLER [3]2003: 107 ff.). Der Ausdruck *Frau* hat auch nach der Verbreitung von *Dame* noch einen Stellenwert innerhalb des Wortfelds und ist in manchen Zusammenhängen die unmarkierte Variante (z.B. im Kompositum *Frauenrechtlerin*, vgl. KELLER [3]2003: 108). Für bestimmte kommunikative Zwecke (Keller spricht hier von „Galanteriespiel") ist *Frau* jedoch nicht mehr zu

[18] Die Termini *Genuss* und *Distinktion* beziehen sich auf Gerhard Schulzes Konzept der Lebensstile, vgl. Schulze [2]2005: 98–111.

gebrauchen und auch *Dame* ist in vielen Fällen im Gegenwartsdeutsch der erwartbare Normalausdruck. Daraus wird mit Blick auf die Akteure deutlich, dass immer wieder ein Bedarf an Innovationen zur Befriedigung der pragmatischen Bedürfnisse im weitesten Sinne entsteht. Dieser Bedarf an Innovation besteht in verschiedenen Domänen und für verschiedene soziale Gruppen in unterschiedlichem Maß: DEPPERMANN/SCHMIDT (2001: 35) stellen beispielsweise fest, dass innerhalb jugendlicher Cliquen ein „Innovationsdruck" herrsche, der die Sprecher veranlasse, sich permanent gegenseitig mit witzigen und überraschenden Ausdrucksweisen zu überbieten.

Wenn das Zustandekommen einer Innovation auf der Ebene der Akteure also mit pragmatischen bzw. expressiven Bedürfnissen zusammenhängt, kann nun auf der strukturellen Ebene die „relative Variabilität oder Offenheit des Regelzusammenhangs" (CHERUBIM 1980: 140) geltend gemacht werden. In Rogers Modell folgt auf das „Agenda-Setting" das planvolle „Matching". Hier muss der Unterschied zwischen einer Organisation und einer Sprachgemeinschaft betont und die Möglichkeit spontaner oder nicht-intendierter Innovationen in Betracht gezogen werden. Wie bereits ausgeführt, gibt es dabei womöglich Intentionalitätsgrade zwischen einerseits öffentlicher, professioneller und privater, tendenziell spontaner Sprachverwendung andererseits. In einer Organisation sind spontane Innovationsakte zwar möglich, doch sobald ein Diffusionsprozess innerhalb der Organisation beginnt, kann die Organisation diesen Prozess und somit ihre eigene Restrukturierung steuern. Eine sprachliche sowie allgemein jede kulturelle Innovation durchläuft eine prekäre Phase, während derer Prognosen nur schwer möglich sind. Erfolg und Misserfolg entscheiden sich an der späteren positiven oder negativen Sanktionierung durch entweder Integration der Innovation oder Zurückweisung als unerwünschte Abweichung.

Dass die Möglichkeit zum Erfolg einer sprachlichen Innovation aber von strukturellen Faktoren abhängt, kann wohl ohne weiteres angenommen werden. Bei Rogers findet die wechselseitige Anpassung von Innovation und vorgängiger Struktur in Phase 3, dem „Redefining" oder „Restructuring" statt. Es kann, Cherubim folgend, davon ausgegangen werden, dass diese vorgängige Struktur (hier: das Sprachsystem) an manchen Stellen Innovationen von sich aus begünstigen kann. Anders als in Rogers Modell kann in dieser Phase allerdings nicht von Implementierung gesprochen werden, sondern eher von Ausbreitung. Allgemein gilt:

> Tatsächlich bedarf jede Sprachveränderung zuerst individueller Akte, in denen sie zum Ausdruck kommt, aber nur unter bestimmten Bedingungen führen solche Akte abweichenden Sprachhandelns wirklich zu Sprachveränderungen, wobei der Fall, daß hauptsächlich *ein* (einflußreiches) Individuum dafür verantwortlich gemacht werden kann, eher selten sein dürfte. (CHERUBIM 1980: 125)

Für sprachliche Innovationen dürfte es kaum möglich sein, ab dem Zeitpunkt, zu dem eine innovative Verwendung erstmals von Mitgliedern einer Sprechergemeinschaft aufgegriffen wird, so scharfe Phasen des weiteren Verlaufs abzugrenzen wie Rogers dies in seinem Modell tut. Seine dritte Phase „Restructuring" und die vierte, das „Clarifying", während dessen die Innovation von immer mehr Organisationsmitgliedern in ihre Strukturen eingebettet wird, sind in der Sprache nicht zu trennen. Während sich eine sprachliche Innovation in immer neuen und immer weniger aufeinander bezogenen Kontexten etablieren muss, bis sie schließlich in die Codices der Standardsprache aufgenommen wird, können sich ihre Bedeutung und ihre Gebrauchsbedingungen ständig modifizieren. Sprecher wählen Ausdrücke in dem Bewusstsein, dass diese Ausdrücke auf unterschiedlichen sprachlichen Märkten unterschiedlich funktionieren, z.B. *Drecksau* als inakzeptable Normverletzung, als prestigeträchtige und selbstbewusste Abgrenzung von der Norm, als ironisch-distanziertes Zitat (vgl. HENN-MEMMESHEIMER 2004a: 35). Verschiedene Sprechergruppen können sich die Innovation aneignen und in ihrem Sinne umdeuten, was dann gerade zu einer weiteren Verbreitung führt.

Bei Sprachen wie dem Deutschen mit einem kodifizierten Standard sind der höchste Grad der Verbreitung und somit das Ende eines Diffusionsprozesses einer sprachlichen Innovation mit der Aufnahme in die Codices erreicht. Dies entspricht dann der letzten Phase in Rogers Diffusionsmodell, dem „Routinizing", während dessen die Innovation zu einer erwartbaren Form wird.

Sprachen mit einem Standard können im Rahmen der Theorie von Groys relativ problemlos analog der bildenden Kunst beschrieben werden. Komplementär zum Standard lässt sich ein Bereich des Nonstandard abgrenzen, der alle Verwendungsweisen beinhaltet, die nicht mit dem Standard konform sind. Zwischen diesen beiden Bereichen verläuft dann eine Wertgrenze, die den Standard zum valorisierten, den Nonstandard zum profanen Raum macht. Standard soll dabei verstanden werden als diejenige Varietät einer Sprache, die vollständig in Wörterbüchern und Grammatiken kodifiziert, staatlich legitimiert (im Deutschen betrifft das die Orthografie), von Bildungsinstitutionen durchgesetzt und bei allen Sprechern als Standard anerkannt ist (vgl. HENN-MEMMESHEIMER 2004a: 26; AMMON 2005: 32 ff.). Indem der Standard in kodifizierter Form vorliegt, gilt für ihn dasselbe wie für alle kulturell wertvollen Dinge, die in Archiven aufbewahrt werden – der Standard ist das Valorisierte der Sprache.

Gemäß der Theorie von Groys kann ein Interesse am Neuen erst entstehen, wenn das Alte gesichert scheint. Sobald es einen archivierten Standard gibt und dieser Standard ex negativo einen profanen Raum des Nonstandards konstituiert, kann der Nonstandard als Material für Innovationen dienen. Regionale Varianten, Jugend- oder Szenesprachen können so von kompetenten Sprechern als Ressourcen für sprachliche Innovationen genutzt werden, soweit die nonstandardsprachlichen Ausdrücke als Marker interpretierbar sind. Dabei gelten dieselben Regeln der positiven und negativen Anpassung wie von Groys für die bildende Kunst dargestellt.

2.4 Innovation und sprachliche Differenzierung

2.4.1 Innovationen in Standard- und Nonstandardsprache

In ihrer Untersuchung sogenannter Kiez-Sprache zeigt Heike Wiese, dass den dort typischen Ausdrücken wie *Ich mach dich Messer* ein produktives grammatisches Muster zugrunde liegt (vgl. WIESE 2006). Laut Wiese folgt *Ich mach dich Messer* dem auch im Standard vorkommenden Muster eines Funktionsverbgefüges. Ein Funktionsverbgefüge besteht aus einem semantisch reduzierten Verb, das die syntaktische Integration in den Satz leistet, und einem morphosyntaktisch reduzierten Substantiv. Standarddeutsche Beispiele für Funktionsverbgefüge sind *Angst machen*, *zur Aufführung bringen* oder *Wurzeln schlagen*. *Ich mach dich Messer* ist analog gebildet und stellt eine Drohung im Sinne von ‚Ich greife dich mit einem Messer an' dar. Wieses Belege aus der Kiez-Sprache zeigen, dass dieses Muster exzessiv zu Spontanbildungen wie z.B. *Hast du U-Bahn?* (‚Nimmst du die U-Bahn?') verwendet wird. Es handelt sich um Neubildungen, für die zu klären wäre, ob der Terminus *Innovation* sinnvoll auf sie angewendet werden kann.

Kiez-Sprache hat laut Wiese die Funktion einer Lingua franca unter Jugendlichen mit unterschiedlichem sprachlichem Hintergrund, allerdings zugleich auch den Status einer Jugendsprache, die auf gruppeninternen Gebrauch beschränkt ist (vgl. WIESE 2006: 248). Sie dient so der Abgrenzung der Gruppe nach außen sowie der Integration nach innen, was daran deutlich wird, dass auch deutsche Muttersprachler sie verwenden.

Berücksichtigt man diesen jugendsprachlichen Aspekt der Kiez-Sprache, so wird es fraglich, ob diese Innovation im Rahmen der Theorie von Groys beschreibbar ist. Eine Valorisierung der Kiez-Ausdrücke kann insofern nicht angestrebt sein, als diese ja gerade gruppenintern gebraucht werden sollen. Eine kulturelle Aufwertung der Kiez-Sprache machte ihre identitätsstiftende Funktion zunichte. Wie Groys betont, muss die innovative Valorisierung einer „Nichtkultur" durch eine Ästhetisierung von außen erfolgen, also aus der Distanz. Groys nennt als Beispiel einen Schriftsteller aus der „Proletarierschicht", der in dem Moment aufhört ein Proletarier zu sein, in dem der einen „proletarischen" Roman schreibt (vgl. GROYS ^{3}2004: 144). Insoweit, wie Wieses Beschreibung der Kiez-Sprache als nicht-stilisiert zutrifft, sind Neubildungen der Kiez-Sprache keine Innovationen im Sinne von Groys.

Für das Verhältnis von Standard und Jugendsprache werden in der Forschung Destandardisierungsprozesse beschrieben (vgl. NEULAND 2003: 55 ff.). Damit können z.B. Neubildungen oder Umdeutungen gemeint sein. Aus einer standardsprachlich-normativen Perspektive können jugendsprachliche Ausdrücke keine wertvollen Innovationen sein. Jugendliche wollen ihren Sprachgebrauch nicht in den valorisierten Raum einbringen, sondern sich vielmehr in rebellisch-kritischer Weise davon distanzieren. Valorisierungen können in einem nächsten Schritt von nicht-jugendlichen Akteuren vorgenommen werden. Die Jugendspracheforschung hat hier in erster Linie Re-Standardisierungen beschrieben, z.B. von *geil* oder *krass* (vgl. NEULAND 2008: 77). Die Re-Standardisierung jugendsprachlicher Ausdrücke geht mit dem Verlust soziokultureller Konnotationen und stilistischer Gebrauchspräferenzen einher und bringt jugendsprachliche Ausdrücke z.B. in mediale Kontexte oder Werbung ein (vgl. NEULAND 2006: 231). Bei Re-Standardisierungen handelt es sich – das ist lediglich eine Paraphrasierung des Terminus – um Aufnahmen von Ausdrücken oder Mustern in den Standard, die ehemals standardsprachlich waren und zwischenzeitlich mit einer anderen Semantik (z.B. provokativer Tabubruch bei *geil* nach vorheriger Bedeutungsverengung und Tabuisierung) als Nonstandard-Form verwendet wurden. Aus Sicht der Akteure besteht im Moment der Re-Standardisierung kein relevanter Unterschied zu einer in den Standard diffundierten Innovation (Standardisierung), denn beides wird gleichermaßen als neu wahrgenommen[19]. Die tatsächliche Neuheit eines Phänomens ist aber gemäß allen hier behandelten Innovationstheorien nicht ausschlaggebend für eine innovative Qualität. Es ist jedenfalls zu unterscheiden, ob eine Innovation in Bezug auf die Standardsprache vorliegt und Jugendsprachgebrauch als (profane) Ressource verwendet wird, oder ob es sich um eine Innovation innerhalb des jugendlichen Sprachgebrauchs ohne Übernahme in den Standard handelt. Letzteres ließe sich in der Terminologie von Groys nur dann als Innovation beschreiben, wenn man den Raum der Valorisierung nicht mit der kodifizierten Standardsprache identifizierte.

Ein valorisierender Vergleich liegt vor, wenn man die von Wiese genannten stilisierten Varianten betrachtet. Stilisierte Varianten sind Inszenierungen in massenmedialen Kontexten, z.B. die im Comedy-Bereich verwendete „Kanak-Sprak“, die eine bloße Parodie der Kiez-Sprache darstellt („Was guckst du?!“). Wiese betont, dass die sogenannte „Kanak-Sprak“ bei den Sprechern der nicht-stilisierten Kiez-Sprache auf wenig Akzeptanz stößt (vgl. WIESE 2006: 252). Ähnlich stellt Groys die Rezeption der russischen Avantgarde bei den Arbeitern und Bauern dar, die diese als Verleumdung abgelehnt hätten, obwohl sie doch gerade deren Kultur repräsentieren wollte. Groys erklärt diese Reaktion damit, dass in der kulturellen Aufwertung, also im valorisierenden Vergleich, die tatsächliche Distanz zwischen der profanen „Nichtkultur“ und der valorisierten Tradition verstärkt hervorgehoben werde.

> Die Repräsentation einer bestimmten Subkultur setzt nämlich voraus, daß die tatsächliche Distanz zwischen ihr und der valorisierten Kultur, die als ihr Ideal in Erscheinung tritt, betont wird. Nur so kann die Andersartigkeit dieser Subkultur in bezug auf die valorisierte Kultur gezeigt werden. (GROYS ^{3}2004: 141)

Gleichzeitig wird dem Profanen seine außerkulturelle Kraft genommen, indem es in ein Verhältnis zu den archivierten Werten gestellt wird. Groys spricht von „Beschwörungsritualen“, die die Zerstörung der Kultur symbolisch vollziehen, um sie so letztlich ab-

---

[19] Sprecher des Gegenwartsdeutschen wissen in der Regel nicht, welche Bedeutung das Grimmsche Wörterbuch für *geil* angibt.

zuwenden (vgl. GROYS [3]2004: 102). In diesem Sinne kann die Integration jugendsprachlicher Ausdrücke auch konsolidierende Effekte für den Standard haben – weshalb eine von Erwachsenen gebrauchte „jugendliche“ Ausdrucksweise auch schnell aus dem Sprachgebrauch Jugendlicher verschwindet.

Es stellt sich nun die Frage, ob es vor diesem Hintergrund tatsächlich sinnvoll sein kann, nur solche sprachlichen Entwicklungen als Innovationen zu beschreiben, die es, in der Terminologie von Rogers, bis zum „Routinizing“ schaffen. Dies entspräche dem Vorgehen in der Erfassung von Neologismen, „neben Regionalismen vor allem rein fach- und gruppensprachliche Lexik“ (HERBERG ET AL. 2004: XIV) systematisch auszuklammern. Damit ist der zum jeweiligen Zeitpunkt geltende Standard als Untersuchungsgegenstand klar definiert, die Beschreibung findet statt aus der Perspektive der valorisierten Kultur. Das bedeutet allerdings auch, die tatsächliche Variation und Dynamik des Deutschen jenseits des schriftsprachlich orientierten Standards zu ignorieren. Für jugendsprachliche und andere gruppenspezifische Innovationen muss keineswegs immer die Standardsprache den valorisierten Orientierungspunkt darstellen. Eine dichotome Perspektive, wie sie Groys mit seiner letztlich auf Hochkultur bezogenen Innovationstheorie einnimmt, würde für die Beschreibung der deutschen Sprache zu soziolinguistisch überholten Modellierungen und präskriptiven Werturteilen führen.

2.4.2 Fazit

Für eine Analyse von Diffusionsprozessen muss zunächst immer die Frage beantwortet werden: Für wen stellt das betreffende Phänomen eine Innovation dar? Vor dem Hintergrund welchen Systems oder aus welcher Perspektive kann das Phänomen als Innovation beschrieben werden? Auf das Beispiel jugendsprachlicher Ausdrücke bezogen könnte das heißen, dass aus der Perspektive des Standards erst mit der Übernahme jugendsprachlicher Ausdrücke in standardnahe Texte ein Innovationsprozess beginnt. Innerhalb der Gruppe der jugendlichen Sprecher bzw. innerhalb des Systems Jugendsprache haben dieselben Ausdrücke zu diesem Zeitpunkt ihren Charakter als Innovationen schon längst verloren und sind routinisiert.

Demnach wären die von Wiese beschriebenen Funktionsverbgefüge der Kiez-Sprache erst dann als Innovationen im System der Standardsprache zu bewerten, wenn sie von einzelnen Sprechern aus dem Kontext der Kiez-Sprache herausgelöst und stilistisch markiert in anderen Kontexten verwendet würden. Die Konzentration auf standardsprachlich relevante Innovationen bietet dann zudem den Vorteil, dass die innovativen Formen in leichter erfassbaren öffentlichen Texten auftreten und ihre Verwendung in verschiedenen Kontexten beobachtet und verglichen werden können.

Eine Theorie sprachlicher Innovation sollte nicht auf den Bezug zur Standardvarietät angewiesen sein, da eben nicht jede domänen- oder gruppenspezifische Innovation auch Konsequenzen für den kodifizierten Standard oder die publizierte Schriftsprache (die bei korpusbasiertem Herangehen die empirische Basis für die Kodifizierung der Standardsprache darstellt) haben muss. Eine deskriptiv orientierte Sprachwissenschaft wird daran interessiert sein, auch Innovationen innerhalb und zwischen Nonstandard-Varietäten als solche zu beschreiben. Dies führt zu einer weiteren notwendigen Differenzierung: Sprache existiert und entwickelt sich in gesprochener und in geschriebener Form – systemorientierte Ansätze neigen jedoch sowohl bei Theoriebildung als auch in ihren Beschreibungen zu einer starken Privilegierung der Schriftsprache. Dabei ist mittlerweile weitgehend anerkannt, dass es jeweils spezifische Phänomene innerhalb der Mündlichkeit ebenso wie innerhalb der Schriftlichkeit und schließlich – das ist von besonderem Interesse – Beeinflussungen zwischen mündlichem und schriftlichem Sprachgebrauch gibt (vgl. HENNIG 2009: 38–49). Mit anderen Worten: Innovative Verwendungsweisen können „unter Umständen von mündlichen in schriftliche Varietäten bzw. umgekehrt von schriftlichen in mündliche Varietäten ausstrahlen" (KOCH 2004: 607).

Zusammenfassend sei festgehalten, dass für spezifische Phänomene, wenn sie als Innovationen erfasst werden sollen, zu bestimmen ist, welche Ressourcen und welche Orientierungen (im Sinne der „Anpassung" von Groys) eine Rolle spielen: Was ist für wen in welcher Hinsicht innovativ? Differenzierte Beschreibungen unter Berücksichtigung domänen-, gruppen- und varietätenspezifischer Normen, gesprochener und geschriebener Verwendung (siehe Kap. 3.2 „Schrift und Schriftlichkeit", Kap. 6.2 „Metasprachliche Kommentare" und Kap. 7.3 „Dialogizität in digitalen Texten") sowie lebensstilistischer Unterschiede (siehe Kap. 6.1 „Stilistische Differenzierung") ermöglichen die Erfassung von Phänomenen als Innovationen auch dann, wenn diese in einer aktuell nicht betroffenen Varietät (z.B. der Standardvarietät) als unerwünschte Abweichung gelten oder umgekehrt bereits etabliert sind und nicht als neuartig wahrgenommen werden.

3 Semiotik digitaler Medien

3.1 Medium und Zeichen

Abgesehen von der Alltagssprache, die mit *Medien* in der Regel die sogenannten Massenmedien (Fernsehen, Radio, Zeitung) bezeichnet, gibt es in den verschiedenen fachwissenschaftlichen Diskursen eine schwer überschaubare Vielzahl an Medienbegriffen und -definitionen. Aufgrund der unterschiedlichen Interessen und erkenntnisleitenden Perspektiven in diesen Diskursen werden die verschiedenen Medienbegriffe wohl auch künftig miteinander konkurrieren, sich überschneiden oder widersprechen (vgl. VOLLBRECHT 2005: 29).

Da hier nicht alle im weitesten Sinne medienwissenschaftlichen Aspekte und Perspektiven behandelt werden können[20], soll der Terminus *Medium* streng in Hinblick auf seine Beziehung zu und seine Relevanz für Sprache und Sprachgebrauch definiert werden, mithin also für linguistische Fragestellungen.

Sprache basiert auf der Verwendung von Zeichen, d.h. wahrnehmbaren Hervorbringungen, die in einander ähnlichen Situationen wiederholt (*token*) und somit für schematisierte Produktion und Rezeption (*type*) zur Verfügung stehen können. Allgemein formuliert können durch Zeichen Schlussfolgerungen nahegelegt werden (Produktion) bzw. Schlüsse erwartbar sein (Produktion und Rezeption). Aus Sicht der Zeichenbenutzer:

> Akteure sind koordiniert durch gemeinsames Wissen, sie akzeptieren gemeinsame Handlungsrahmen, die ihren Zeichen Konsistenz verleihen. Die Setzung und Deutung von Zeichen folgt gemeinsamen Schemata, die in konkreten Handlungen interaktiv konstituiert werden, rückgebunden sind an vorgängige Schemata und in ebenso konkreten Handlungen bestätigt oder abgelehnt werden können. (HENN-MEMMESHEIMER 2010: 178)

Von *Zeichen* muss theoretisch wie methodisch der Terminus *Medium* abgegrenzt werden:

---

[20] Systematische und ausführliche Überblicksdarstellungen liefern z.B. WEBER (^{2}2010), HEPP (^{3}2010), MIKOS/WEGENER (2005); konzise und mit dem Ziel linguistisch relevanter Begriffspräzisierungen stellt HABSCHEID (2000) die verschiedenen Lesarten von *Medium* gegenüber.

> Wenn wir Zeichen verstehen, tun wir das [...] nicht dadurch, dass wir uns an Übertragungsprozeduren irgendeiner Art beteiligen, sondern in der Regel dadurch, dass wir gegliederten Sequenzen von Lauten, graphematischen Figuren oder von Gebärden vor dem Hintergrund unseres eigenen sprachlichen Wissens Bedeutung zuweisen. (JÄGER 2005: 54)

Da Zeichen in irgendeiner Weise sinnlich wahrnehmbar sein müssen, sind sie an eine akustische (Schallwellen), haptische (z.B. Blindenschrift) oder visuelle (z.B. Farbpigmente)[21] Materialität gebunden, die wiederum ohne ein Medium nicht gegeben ist. Auf Sprache bezogen heißt das:

> Sprache kommt nie als solche, sondern immer in einer bestimmten medialen (und materiell gebundenen) Erscheinungsform, als gesprochene Rede, geschriebener Text oder in Gebärdenform vor. (DEPPERMANN/LINKE 2010: VII)

Medien können Zeichen vermitteln, doch aus Medien zieht man keine Schlüsse – es sei denn, man nimmt sie selbst als Zeichen für etwas. Auf letztere Möglichkeit sowie auf die Modifikation von kommunikativen Rahmenbedingungen aufgrund der Wahl eines spezifischen Mediums „bezieht sich die vielzitierte Formel McLuhans (‚The Medium is the Message')" (HABSCHEID 2000: 137).

In medienlinguistischen Diskursen findet sich als Definition von *Medium* oft die folgende: Ein Medium ist eine „technische Einrichtung zur Herstellung, Speicherung, Vervielfältigung und Übertragung von Zeichen" (PERRIN 2006: 41).

Diese technische Sichtweise grenzt den Medienbegriff allerdings zu stark ein. Prinzipiell ist festzuhalten, dass es „keinen prämedialen Status von Sprache" (JÄGER 2007: 16) gibt. Durch die Eingrenzung des Medienbegriffs auf technische Vorrichtungen wird die mündlich-verbale Kommunikation jedoch implizit als amedialer Naturzustand modelliert (vgl. FEHRMANN/LINZ 2009: 139). Wenn in der Medienlinguistik also nach dem Einfluss technischer Medien auf Sprachverwendung gesucht wird, tut man so, als ob es so etwas wie unmittelbare Sprache geben könne. In BEIßWENGER (2007: 13) wird explizit das Ziel formuliert, „vermittelte Kommunikation gegen die Face-to-face-Kommunikation als onto- wie phylogenetisch primärer Form menschlicher Kommunikation abzugrenzen". Einer solchen Trennung von technischen Medien und vermeintlich medienindifferenter Kommunikation ist mit Ludwig Jäger[22] entschieden zu widersprechen:

> Neutrale Inhalte bzw. Informationen, die gleichsam unversehrt (‚originaliter') zwischen verschiedenen Medien übertragen werden können, sind nicht denkbar, weil es nur *mediale* Varianten von Inhalten gibt, für die kein prämediales Original existiert. (JÄGER 2010: 314)

Das heißt, dass Art und Verfügbarkeit des Mediums konstitutiv für die jeweilige Zeichenverwendung ist. Aus Pfotenspuren im Schnee kann man auf andere Weise Schlüsse

---

[21] Olfaktorische und gustatorische (Index-) Zeichen spielen z.B. im professionellen Umgang mit Lebensmitteln (Wein) eine Rolle.

[22] Vgl. auch SCHNEIDER (2006: 73 ff. und 78) sowie SPITZMÜLLER (2010: 102), der hier von eigentlich längst überholten „Fensterscheibentheorien und Rohrpostmetaphern" spricht.

ziehen als aus solchen in feuchtem Erdboden, einen handgeschriebenen Zettel benutzt man anders als ein Textdokument im Computer. Ein naiver „Übertragungs-Begriff von ‚Medium' ist ohne Zweifel weder für technische noch für semiologische Medien und insbesondere nicht für das Medium Sprache angemessen" (JÄGER 2010: 314).[23]

Festzuhalten bleibt an dieser Stelle die terminologische Differenzierung von *Medium* und *Zeichen*, wobei die an die verwendeten Medien gekoppelte Materialität der Zeichen für deren Verwendungsmöglichkeiten und somit letztlich deren Semantik konstitutiv ist.[24] Dies gilt in besonderer Weise für die hier interessierenden Schriftzeichen. Es ist leicht nachzuvollziehen, dass sich in einer dominant literalen Kultur andere Handlungsspielräume eröffnen als in einer dominant oralen, man denke nur an Entwicklungen innerhalb der europäischen Musik (z.B. Oper) oder Literatur (z.B. Roman). Bestimmte Kulturtechniken und Gattungen sind ohne Schrift schlicht nicht möglich, Sybille Krämer nennt in ihrem Versuch einen Begriff von „operationaler Schrift" zu etablieren unter anderem das Rechnen und insbesondere die Ziffer 0 als Beispiel (vgl. KRÄMER 2010: 20 f.). Die Materialität der Zeichen und somit die medialen Bedingungen haben stets einen mehr oder weniger starken Einfluss auf die Handlungen der jeweiligen Akteure:

> Der Medienrahmen ist ein sozialer Rahmen, so wie jede Mediennutzung eine soziale Angelegenheit ist. Immer dann, wenn man sich für ein Medium entscheidet, um mit anderen in Kontakt zu treten, gehen damit Erwartungen eines medienadäquaten sozialen und kommunikativen Handelns der gemeinsam in die Mediensituation eingebundenen Handelnden einher. (HÖFLICH 2003: 39)

Aus dem gesamten Bereich digitaler Textkulturen sind Hyperlinks vielleicht das prominenteste Beispiel für eine Möglichkeit von Sprachzeichenverwendung, die in gesprochener Sprache nicht besteht.

Mit dem Ziel einer Eingrenzung des Medienbegriffs auf technische Hilfsmittel nimmt HABSCHEID (2000) die folgenden Differenzierungen vor:

> Im komplexen Phänomenbereich der *Schrift* wären [...] nur die materiellen Hilfsmittel wie Griffel und Papier als Medien zu fassen und gegen Schriftzeichen und Schriftsystem (z.B. chinesische Schrift, griechische Schrift), paralinguale Aspekte der Schriftform / Schriftgestalt (z.B. Fraktur, Blocksatz), schriftliche / geschriebene Sprache (als Varietät oder Existenzweise einer Sprache) und kulturelle Phänomene der Schriftlichkeit [...] abzugrenzen. (HABSCHEID 2000: 136)

Für linguistische Fragestellungen kann eine solche Unterscheidung, verstanden als verschiedene Ebenen der Analyse, nur unter der Voraussetzung sinnvoll und nützlich

---

23 Vgl. auch JÄGER 2007: 21: „Die semantischen Gehalte von Sprachzeichen gehen [...] ihrer Übermittlung durch Zeichenausdrücke nicht einfach voraus, sondern sie werden im medialen Modus performativer Vollzüge konstituiert."

24 Die Verwendungsmöglichkeiten sind konstitutiv für die tatsächliche Verwendung (Gebrauch) und „Die Bedeutung eines Wortes ist sein Gebrauch in der Sprache" (WITTGENSTEIN 2003: 40). Vgl. auch SCHNEIDER (2006: 81): „Sie [Medien] ermöglichen spezifische Performanzen."

sein, dass sie nicht zur Ausblendung wirksamer Interdependenzen zwischen den genannten Aspekten führt. Die Verwendung von Papier und erst recht die „kulturelle[n] Phänomene der Schriftlichkeit“ sind sicher mehr als bloße Rahmenbedingungen sprachlichen Handelns. Soziokulturelle Bedingungen und Traditionen[25] sind bei der linguistischen Analyse von Texten ebenso einzubeziehen wie die Beschreibung des verwendeten Zeichenrepertoires und dessen Variabilität.

Für das Folgende sei festgehalten, dass die Kategorie ‚Chat‘ in der hier erläuterten Lesart keine Medienkategorie ist, sondern ein Teilbereich computervermittelter Kommunikation – das vermittelnde Moment macht in diesem Zusammenhang den mit dem Internet verbundenen Computer zum Medium. Die Chatrooms, aus denen das untersuchte Korpusmaterial stammt, sind ein Rahmen für Kommunikation mit Schriftzeichen, anders als bei sogenannten Voice-Chats stehen ausschließlich grafische Zeichen auf den Computer-Bildschirmen der Nutzer zur Verfügung. Technisch gesehen gelten für ein Online-Diskussionsforum dieselben Bedingungen. Auch im Forum stehen ausschließlich die über das Internet vermittelten grafischen Zeichen der Tastatur zur Verfügung, und wären alle Teilnehmer des Forums zur selben Zeit „online“, so könnten sie genau wie im Chat ihre Beiträge unmittelbar aufeinander folgen lassen[26] – es ist im Forum einfach nicht üblich, und eben dies macht ein Forum aus und unterscheidet es vom Chat. Chat und Forum sind demnach konventionell konstituierte Kommunikationsfomen mit spezifischen Textmustern. Akteure haben ein geteiltes Wissen darüber, wie man in einem Chat bzw. einem Forum üblicherweise miteinander kommuniziert und darüber hinaus ein geteiltes Wissen über die spezifischen Konventionen innerhalb eines bestimmten Chats oder Forums (der über gemeinsame Interessen, stilistische Präferenzen etc. konstituierten Gruppe). Solche Konventionen und Unterschiede werden in der empirischen Untersuchung der beiden Teilkorpora thematisiert (insbesondere Kap. 6.2).

3.2 Schrift und Schriftlichkeit

Die sprachwissenschaftliche Beschäftigung mit computervermittelter Kommunikation, insbesondere Chat, ist bis heute sehr stark beeinflusst von einem Modell sogenannter „konzeptioneller Mündlichkeit“, das in der romanistischen Linguistik von Peter Koch und Wulf Oesterreicher in den 1980er Jahren in Anschluss an einen Theorieentwurf Ludwig Sölls entwickelt wurde. Obwohl schon vereinzelt auf die Grenzen der Brauchbarkeit dieses Modells hingewiesen wurde, liegt es vielen Arbeiten zu computervermit-

---

25 ECKKRAMMER (2010: 51) spricht von sich historisch wandelnden „Mediendispositiven“.

26 Im hier untersuchten Forum gibt es als Moderatoren eingesetzte Nutzerinnen oder Nutzer, die neue Beiträge erst freigeben müssen, wodurch sich die Veröffentlichung um wenige Minuten verzögert. Dies gehört allerdings ebenfalls zu den nicht technisch bedingten, sondern zu den von Akteuren gewollten bzw. akzeptierten Spezifika dieses Forums.

telter Kommunikation nach wie vor als Beschreibungsinstrumentarium zu Grunde. Jannis Androutsopoulos beschreibt diesen Zustand recht treffend so:

> Es gehört zu den Paradoxien der deutschsprachigen linguistischen Internetforschung, sich eines Ansatzes zu bedienen, der noch vor dem Siegeszug der Neuen Medien konzipiert wurde und diese nicht einmal am Rande berücksichtigt. (ANDROUTSOPOULOS 2007: 79)

Das Modell geht von der Prämisse aus, man könne bei der Verwendung von Sprache die materiell-medialen Eigenschaften der gewählten Sprachzeichen (akustische oder visuelle Zeichen) von der Konzeption des produzierten Textes trennen und diese unabhängig davon betrachten (vgl. KOCH/OESTERREICHER 1990: 5)[27]. Auf dieser Basis differenzieren Koch und Oesterreicher „konzeptionelle Mündlichkeit" und „konzeptionelle Schriftlichkeit" als Extrempunkte eines Kontinuums, wobei sie den beiden Polen eine Reihe prototypischer „Kommunikationsbedingungen" und „Versprachlichungsstrategien" zuordnen (vgl. ebd.: 8 ff.). Die Kommunikationsbedingungen und wohl auch einige der Versprachlichungsstrategien sind offenbar introspektiv gewonnen, jedenfalls aber heterogen und im Einzelnen nicht immer nachzuvollziehen (vgl. ÁGEL/HENNIG 2006a: 13 f.). Die Kommunikationsbedingungen werden schließlich unter den Kategorien Nähe und Distanz zusammengefasst; „konzeptionell mündliche" Texte bezeichnen Koch und Oesterreicher als „nähesprachlich", „konzeptionell schriftliche" Texte dementsprechend als „distanzsprachlich".

Gegen die Berufung auf Koch und Oesterreicher bei der Untersuchung des Sprachgebrauchs „in Neuen Medien" sind einige grundlegende Einwände vorzubringen, die bereits die Prämisse des Modells betreffen:

> Bei dem Modell wird [...] häufig übersehen, dass es durch die Entkopplung von Medium und Konzeptionsebene weniger ein Modell zur Sprachmedialität oder zu medialen Einflüssen auf Sprache, als vielmehr ein Modell über universale Varietäten von ‚Kommunikationsformen' oder ‚Redekonstellationstypen' liefert. (FEHRMANN/LINZ 2009: 124)

Wie bereits im ersten Abschnitt ausgeführt wurde, sind „[m]it ‚Stimme' und ‚Schrift' [...] prototypisch vollkommen verschiedene Konstitutionsbedingungen sprachlicher Praxis angesprochen" (DEPPERMANN/LINKE 2010: VIII). Der Medienbegriff bei Koch und Oesterreicher ist insofern also völlig unangemessen, als er die je „eigenen Produktionsbedingungen" mit „einem eigenen Formenrepertoire mit jeweiligen semiotischen Potenzialen" (DEPPERMANN/LINKE 2010: X) der verschiedenen materiellen Realisie-

---

[27] Sehr deutlich formuliert OESTERREICHER (2010: 30) die Vorstellung von der „Unabhängigkeit von Medium und Konzeption" und behauptet, „dass im Prinzip jede phonisch realisierte Äußerung graphisch und jede graphisch fixierte Äußerung phonisch wiedergegeben werden kann". Diese Behauptung ist ganz offensichtlich falsch, vgl. auch Kap. 6.2.1. Die hier untersuchten digitalen Textkulturen sind ein besonders plakatives Beispiel für die Unaussprechlichkeit mancher Schriftzeichenverwendungen (vgl. auch die sogenannte ASCII-Kunst), aber auch für die „Verschriftung" gesprochener Sprache mussten innerhalb der Linguistik erst äußerst kompexe Transkriptionskonventionen entwickelt werden. Vgl. dazu auch KOCH (2010: 161).

rungsweisen von Sprache weitgehend ignoriert. Für den Fall der „medialen Schriftlichkeit“ muss darüber hinaus gesagt werden, dass dieser Begriff sich „nur auf die grafische Realisierungsform des Zeichensystems Sprache bezieht und die Rolle technischer Medien kaum reflektiert“ (ANDROUTSOPOULOS 2007: 80). Gerade diese Rolle kann aber entscheidend für innovative Sprachverwendungen und (zumindest vermeintlich) schwierig zu fassende Abweichungen von traditionellen Textkulturen sein: „Abhängig vom Medium entstehen unterschiedliche Handlungsspielräume“ (HENN-MEMMESHEIMER 2004b: 84).

An konkreten Beispielen zeigen sich dann praktische Probleme des Modells. Als ein Beispiel für „medial schriftliche“ Texte, die dennoch „konzeptionell mündlich“ sein können, führen KOCH/OESTERREICHER (2007: 349) den Privatbrief unter Freunden an. Es stellt sich zunächst die Frage, worauf eine solche Einordnung basiert, da Koch und Oesterreicher an dieser Stelle auf Belege aus entsprechenden Brieftexten verzichten. Dieser rein introspektiv gewonnenen Kategorisierung von Privatbriefen als „konzeptionell mündlich“ ist entgegen zu halten: Wählen Menschen die Kommunikation mittels Brief in erster Linie deshalb, weil sie keine Möglichkeit zu einem mündlichen Gespräch haben? Würden sie also das mündliche Gespräch vorziehen und würden sie dieselben Themen und Inhalte lieber mündlich kommunizieren? Oder ist der Brief nicht doch eine Kommunikationsform sui generis, mit der Menschen sich zu bestimmten Themen am besten auszudrücken können glauben?[28]

Gerade weil man sich manche Dinge nicht „ins Gesicht“ sagen möchte, weil bestimmte Themen lieber mit Bedacht ausformuliert werden, ist der Privatbrief nicht einfach Ersatz für ein nicht stattfindendes Face-to-face-Gespräch. Menschen schreiben doch ganz offensichtlich Briefe (oder beteiligen sich an einem Chat-Gespräch), weil sie genau das tun wollen, und nicht, weil es nicht anders ginge.

Die Trennung von medialer und konzeptioneller Ebene unterstellt, es gäbe neutrale Inhalte, die dann je nach Wahl des Mediums mit mehr oder weniger starken Einschränkungen kommuniziert werden könnten.[29] Dabei gilt der direkte mündliche Dialog Koch und Oesterreicher offenbar als die theoretisch ideale Form der Kommunikation und methodisch als Kontrastfolie zur Beschreibung aller anderen Formen. Mit den Worten von Gisela Fehrmann und Erika Linz:

> Die Orientierung am Dialog als Archetypus mündlicher Kommunikation führt nicht nur zu einer Privilegierung dyadischer Interaktionsbeziehungen als Analysegegenstand und Basis von Kommunikationsmodellen, sondern zeigt auch die Tendenz, andersartige Kommunikationskonstellationen und Beteiligungsstatus erst aus der Perspektive technischer Medien in den Blick zu nehmen. (FEHRMANN/LINZ 2009: 128)

---

[28] Vgl. auch ÁGEL/HENNIG (2006b: 33, Fußnote 1).

[29] Vgl. auch HÖFLICH (2003: 38), der meint: „Kommunikation unter Bedingungen technischer Vermittlung ist so gesehen im Vergleich zur Kommunikation von Angesicht zu Angesicht eine restriktive Form der Kommunikation“.

Übrigens widersprechen Koch und Oesterreicher ihrer eigenen Einordnung von Privatbriefen als nahe des „Nähe-Pols" („konzeptionelle Mündlichkeit") an anderer Stelle selbst:

> Mangelnde distanzsprachliche Kompetenz führt jedoch nicht nur zu ‚Unterschreitungen' der diskurstraditionellen Anforderungen, sondern gerade auch zu Hyperkorrektionen in Richtung der Distanzsprache und der höheren Register; dies zeigen etwa Privatbriefe Halbgebildeter. (KOCH/OESTERREICHER 2007: 360)

Wenn diese Beobachtung korrekt ist, dann zeigt dies auch, dass die Akteure ein Wissen über Textmuster und Rezeptionserwartungen haben, und dass sie Sprachzeichen entsprechend auswählen möchten. Hier zeigt sich ein dem Koch/Oesterreicher-Modell inhärenter Determinismus, der dem Stand der sprachwissenschaftlichen Theorie nicht entspricht. In diesem Modell wird von gegebenen Kommunikationsbedingungen ausgegangen, die der Kommunikation vorgängig sind und zu denen unter anderem auch „Grad der Vertrautheit der Partner" und „Grad der emotionalen Beteiligung" (KOCH/OESTERREICHER 1990: 8) gehören. Aus den Kommunikationsbedingungen ergeben sich dann die Versprachlichungsstrategien, es wird betont, dass „sprachliche Kommunikation [...] stets in Abhängigkeit von nichtsprachlichen Kontexten stattfindet" (ebd.: 10).

Tatsächlich befinden sich Sprecher bzw. Schreiber in Situationen mit kontingenten Merkmalen, die sie entsprechend ihrem (Vor-) Wissen definieren und interpretieren. Dazu gehören auch die jeweiligen Möglichkeiten zur Produktion und Rezeption von Zeichen. Daraus können sich Verhaltenserwartungen ableiten lassen oder es werden stereotype Reaktionen abgerufen. Jedoch bestehen hier immer Handlungsspielräume und keine Abhängigkeit, zumal Situationen sich nicht exakt wiederholen, sondern höchstens einander ähneln. Darüber hinaus können mit Sprache Situationen auch erst geschaffen oder umdefiniert werden. Diese wechselseitigen Abhängigkeiten von Text und Kontext werden im Modell von Koch und Oesterreicher unterschlagen.[30]

Der von Koch und Oesterreicher verwendete Terminus *Versprachlichungsstrategien* ist dabei in sich schon entlarvend (vgl. BORTH 2009: 245), insofern er mit der Vorstellung verbunden ist, es gäbe außer- oder vorsprachliche Inhalte, die dann in unterschiedlicher Weise „versprachlicht" werden könnten. Die Terminologie verweist demnach auf die Affinität des Modells zu naiven Kommunikationstheorien, in denen Kommunikation wesentlich im Verpacken, Verschicken und Auspacken vorgängiger Ideen besteht (vgl. auch SPITZMÜLLER 2010: 102). Nimmt man die ausgeführten semiotischen Überlegungen ernst, ist eine Formulierung wie bei Storrer, „[d]ie als ‚Chatten' bezeichnete Form des Kommunizierens" bleibe „trotz ihrer medialen Schriftlichkeit dem Duktus des mündlichen Gesprächs verpflichtet [sic!]" (STORRER 2001: 3; vgl. auch ebd.: 6) äußerst problematisch.

---

[30] Vgl. auch ANDROUTSOPOULOS (2007: 80). OESTERREICHER (2010: 32) behauptet, dass Kommunikationsformen „ganz bestimmte einzelsprachliche Ausdrucksmittel selegieren".

Die Schwächen des in erster Linie auf die Beschreibung gesprochener romanischer Sprachen abzielenden Modells treten am stärksten dann hervor, wenn es um „medial schriftliche“ Texte geht. Mehr noch als für medial mündliche Formen der Kommunikation gehen Koch und Oesterreicher hier von idealtypischen schriftlichen Texten als ihrer Beschreibungsfolie aus, die der Varianz und den Möglichkeiten schriftsprachlicher Zeichen nicht annähernd gerecht wird.[31] Dies gilt insbesondere für die Möglichkeiten im Rahmen digitaler Textkulturen, die beim Entwurf des Modells noch nicht absehbar waren. Die Anwendung des Modells auf solche neueren Entwicklungen im Umgang mit schriftlichen Texten muss fast schon zwangsläufig zu unbefriedigenden Ergebnissen führen. Androutsopoulos schreibt hierzu:

> Durch die Rezeption des Koch/Osterreicher-Ansatzes in der linguistischen Internetforschung wird Sprache in den Neuen Medien in der Polarität zwischen Mündlichkeit und Schriftlichkeit fest gefangen. Problematisch kann dies werden, wenn ‚Schriftlichkeit‘ nicht auf das Medium bzw. Zeichensystem der Schrift mit all seinen bedeutungskonstituierenden Potenzialen bezogen, sondern als ‚normale‘ bzw. ‚korrekte Schriftsprache‘ verstanden wird, der dann Sprache in Neuen Medien als Bewegung hin zum Mündlichkeitspol gegenübergestellt wird. (ANDROUTSOPOULOS 2007: 81)

Die Verortung digital produzierter schriftlicher Texte wie z.B. der Chat-Texte in die Nähe des „Mündlichkeitspols“ ist jedoch nicht nur deskriptiv unangemessen, wie im Folgenden noch gezeigt wird, sondern beinhaltet auch eine normative Komponente, die den wissenschaftlichen Diskurs über digitale Texte nachhaltig prägt. Sprachwissenschaftler, die sich auf das Modell von Koch und Oesterreicher beziehen, sehen sich offenbar dazu veranlasst, sprachliche Handlungen im Rahmen computervermittelter Kommunikation überwiegend als Kompensationsstrategien zu beschreiben. Fehrmann und Linz bringen aus der Perspektive ihrer Gebärdensprachen-Forschungen den normativen Aspekt im Koch/Oesterreicher-Modell folgendermaßen auf den Punkt:

> Die Kopplung von Nähe, Unmittelbarkeit und dialogischer Kommunikation und ihre Kontrastierung in der Kopplung von Distanz, technischer Mediatisierung und entpersonalisierter Kommunikation bestimmt denn auch allzu häufig die Diskussionen um die Wirkungen digitaler Medien. In kulturkritischen und medientheoretischen Reflektionen der durch die digitalen Medien ausgelösten Veränderungen wird die mediatisierte Distanzkommunikation gerne als defizitäre Abweichung vom biologisch-natürlichen Face-to-face-Dialog gesehen und die Gefahr von Entfremdung und Authentizitätsverlust betont. (FEHRMANN/LINZ 2009: 139)

Vor diesem Hintergrund erklärt sich die Rede von Kompensation, wie sie sich in den linguistischen Arbeiten zur Chatkommunikation findet. Technische Charakteristika und Ablauf eines Chats werden als Beschränkung aufgefasst (vgl. THALER 2003: 21 ff.; 85; STORRER 2001: 7), sprachliche Besonderheiten auf Zeitmangel bei der Produktion zu-

[31] Vgl. auch KOCH (2004: 608), wo eigens begründet wird, dass – offenbar entgegen der sich aus der Theorie von Nähe- und Distanzsprache ergebenden Erwartungen – auch „in der geschriebenen Sprache qua Distanzsprache“ Innovationen möglich sind.

rückgeführt (vgl. THALER 2003: 51; KOCH/OESTERREICHER 2007: 359). Innovative grafische Zeichen wie die bekannten Emoticons wären in dieser Perspektive lediglich Behelfsmittel zur Kompensation der im Chat nicht vorkommenden Mimik oder Prosodie. Diese Elemente sind zweifellos in ihrer Bedeutung für gesprochene Sprache nicht zu unterschätzen, allerdings ist es keineswegs notwendig, sie als prototypisch für symbolische Kommunikation anzusehen, um sie als Erklärungs- oder Beschreibungsfolie für alle anderen Formen von Kommunikation zu benutzen. Auch methodisch sind vorschnelle Verallgemeinerungen ohnehin riskant, wenn es um die enorm kurzlebigen und variantenreichen Trends geht, die sich in den unüberschaubaren digitalen Textkulturen für Zeichenverwendungen etablieren und wieder verschwinden.[32]

> Jedenfalls ist eine eindeutige, konntextfreie [sic] Zuordnung von Formen digitaler Schriftlichkeit zu kommunikativen Funktionen kaum möglich. Ob beispielsweise eine Majuskelschreibung als Prosodie-Simulation oder graphostilistisches Mittel dient, muss stets im Kontext überprüft werden. (ANDROUTSOPOULOS 2007: 84)

Zusammenfassend bleiben die folgenden Kritikpunkte am Modell der „konzeptionellen Mündlichkeit“ festzuhalten.

- Das Modell basiert erstens auf einer unzulässigen Trennung von Medium und Konzeption des Zeichengebrauchs.
- Trotz der daraus angeblich folgenden medienindifferenten Beschreibung von Kommunikationsbedingungen und Versprachlichungsstrategien bleibt zweitens genau diese Beschreibung auf Idealtypen dialogischer mündlicher Rede einerseits und standardsprachlicher Druckerzeugnisse andererseits bezogen.
- Drittens erfolgt diese Beschreibung vor dem Hintergrund einer überholten deterministischen Auffassung sprachlichen Handelns.
- Viertens bleibt intransparent, wie und warum einzelne Texte so auf dem „Nähe-Distanz-Kontinuum“ eingeordnet werden, wie es bei Koch und Oesterreicher geschieht. Dabei werden im Fall der Chatkommunikation sogar Zeichen, die mündlich keine Entsprechung haben bzw. schlicht unaussprechlich sind, um der Konsistenz der Beschreibung willen als Merkmale „konzeptioneller Mündlichkeit“ gewertet.

Dem vierten Problem wurde in dem kritisch auf Koch und Oesterreicher Bezug nehmenden Modell des „Nähe- und Distanzsprechens“ von Vilmos Ágel und Mathilde Hennig insofern begegnet, als hier eindeutige – wenn auch im Einzelfall nicht immer restlos überzeugende – Kriterien erarbeitet wurden, die sogar eine allerdings eher metaphorisch zu lesende Prozentangabe über Grad der Nähe- bzw. Distanzsprachlichkeit erlauben (vgl. ÁGEL/HENNIG 2006b: 35). Vor- und Nachteil des „Nähe-Distanz“-Modells hinsichtlich der Klassifizierungskriterien fasst LÖTSCHER (2010: 112 f.) zusammen:

---

[32] Vgl. dazu auch HENN-MEMMESHEIMER/EGGERS (2010).

> Ágel/Hennig (2006) und ihre Mitarbeiterinnen und Mitarbeiter gehen bei ihren theoretischen und praktischen Annahmen über die sprachliche Ausformung der Nähe-Distanz-Dimension in konkreten Texten von einem Katalog universal basierter sprachlicher Kriterien aus. Danach kann aus der universalen semiotischen und strukturellen Natur eines syntaktischen Phänomens relativ direkt auf seine Nähe-/ Distanzsprachlichkeit geschlossen werden. Der Vorteil dieses Ansatzes besteht in der Operationalisierbarkeit des Verfahrens: Nach klar vorgegebenen Kriterien kann präzis ein Maß an Nähesprachlichkeit im Verhältnis zu einem prototypischen Text berechnet werden. [...] Im Tagungsexposé zur Kasseler Tagung vom März 2008 taucht aber nun die Gretchenfrage in ungefilterter Schärfe auf: ‚Woher wissen wir, dass ein Merkmal X wirklich ein Nähemerkmal ist und nicht etwa ein Textsortenmerkmal, ein regionalsprachliches Merkmal oder ein Merkmal diastratischer oder diaphasischer Variation?' Der Katalog scheint also doch nicht so eindeutig zu sein.

Die anderen drei genannten Kritikpunkte treffen ebenfalls mehr oder weniger auf das Modell von Ágel und Hennig zu. So sprechen Ágel und Hennig zwar nicht mehr von „konzeptioneller Mündlichkeit“, sondern ausschließlich von „Nähesprechen“, die Fixierung auf den mündlichen Dialog zeigt sich dann aber nicht zuletzt in dem Merkmal „phonisches Wort“ (ÁGEL/HENNIG 2006a: 19), das sie als paradigmatisch für Nähekommunikation verwenden. Für Arbeiten im Rahmen des Nähe/Distanz-Paradigmas ist es offenbar unproblematisch, „‚Nähekommunikation‘, ‚gesprochene Sprache‘ und ‚(konzeptionell) mündliche Sprache‘ synonym“ (FLEISCHER 2010: 85) zu verwenden. Auch LÖTSCHER (2010: 112) stellt fest, dass „im tatsächlichen Sprachgebrauch der wissenschaftlichen Literatur meist keine scharfe Differenzierung zwischen konzeptueller Mündlichkeit und Nähe-Sprache gemacht“ wird. Diese faktische Vermischung der theoretisch getrennten Dimensionen Medium, Konzeption und Nähe/Distanz betrifft auch die Schriftlichkeit:

> Distanzsprachlichkeit und konzeptionelle Schriftlichkeit mit jeweils diskurshistorisch gebundenen sprachlichen Ausbauformen liegen in dieser Sicht an demselben Pol des konzeptionellen Kontinuums. Diese Sichtweise ist problematisch insofern sie ausblendet, dass sprachliche Verfahren der Nähekommunikation oder genauer, der konzeptionellen Evozierung kommunikativer Nähe hochgradig funktional auch in konstellativ distanzsprachlichen Kontexten sind. Dafür liefern die Literatur (Drama und Erzählliteratur) gleichermaßen Beispiele wie das schriftliche Argumentieren. (FEILKE 2010: 211)

Was schließlich den dritten Kritikpunkt betrifft, so äußert dieser sich bei Ágel und Hennig darin, dass sie mit hierarchischen Beschreibungsebenen mit je fünf Parametern arbeiten, für die gelten soll: „Diese Parameter sind jeweils aufeinander bezogen, d.h., Parameter 1 auf Ebene II führt zu 1 auf allen anderen Ebenen“ (ÁGEL/HENNIG 2006a: 19).

Im Folgenden (Kap. 7 „Dialogizität als Strukturbedingung schriftsprachlicher Innovationen“) wird noch auf die Arbeiten von Ágel und Hennig eingegangen. Da die Rezeption von Koch/Oesterreicher allerdings (noch) die Forschungsliteratur zur Chatkommunikation dominiert, bezog sich die Kritik hauptsächlich auf deren Modell. Es soll hier erstens gezeigt werden, dass schriftliche Texte schlicht hinsichtlich ihrer je spezifischen Eigenschaften als schriftliche Texte und im Vergleich mit anderen (schriftlichen) Texten zu beschreiben sind und Modelle „konzeptioneller Mündlichkeit“ oder medienindifferenter „Nähesprachlichkeit" nicht nur theoretisch problematisch sind und Beschreibungen in nicht notwendiger Weise verkomplizieren, sondern darüber hinaus auch das empirisch Auffindbare zu verzerren drohen. In Kap. 6.2 „Metasprachliche Kommentare" soll zweitens anhand ausgewählter Korpusbelege die Perspektive der im Chat schreibenden Akteure selbst rekonstruiert und deren Umgang mit dem schriftlichen Medium dokumentiert werden.

Zu der zwar noch relativ jungen, inzwischen aber in vielen linguistischen Arbeiten beschriebenen Kommunikationsform des Chat ist allgemein zu sagen, dass ihre Besonderheiten darin bestehen, dass „die Kommunikationspartner zwar zeitgleich, aber nicht im gleichen Raum [...] und darüber hinaus in schriftlichem Medium kommunizieren" (ÁGEL/HENNIG 2007: 206). Offenbar war und ist das Chatten eine solch unerhörte Umgangsweise mit Schriftsprache, dass die Vorstellungskraft über die Möglichkeiten schriftlicher Zeichen hier an Grenzen stieß und somit „das Besondere der Chat-Kommunikation häufig durch die Bezeichnung ‚konzeptionelle Mündlichkeit' zu erfassen versucht" (ebd.) wurde. Diese Perspektive auf Chat hat sich solchermaßen etabliert, dass man in der entsprechenden Forschungsliteratur die bizarre Bezeichnung „geschriebene Mündlichkeit in computervermittelter Kommunikation" (KILIAN 2001: 56) finden kann.[33] Sehr viel umsichtiger formuliert STEIN (2005: 339), „dass Elemente in diesem Medium [Internet] auftauchen, denen in gesprochener und geschriebener Sprache der Effekt von ‚Nähe' zugesprochen wird".

Bei Koch und Oesterreicher werden vor diesem Hintergrund dezidiert an Schriftsprachlichkeit gebundene Zeichenverwendungen sogar explizit als bloße Zugeständnisse an die technischen Bedingungen und den mutmaßlich geltenden Zwang zum schnellen Tippen abgetan:

> Der *Chat* ist sogar eines der schönsten Beispiele dafür, daß im graphischen Medium eine relative, natürlich immer limitierte Annäherung an dialogische, spontane Nähesprachlichkeit möglich ist. Was die innovativen, rein graphischen Verfahren, also Abkürzungen und Emoticons wie z.B. *hdl* oder ☺ angeht, so sind diese konzeptionell allenfalls im Blick auf die spontaneitätsfördernde Schreibgeschwindigkeit von Belang. Dennoch ist mit Ágel/Hennig (2007, 202, 206–214) festzuhalten, daß das graphische Medium selbst hier eine nicht zu unterschätzende ‚bremsende' Wirkung bezüglich der Nähesprachlichkeit hat. (KOCH/OESTERREICHER 2007: 359)

Das Zitat enthält auch die bereits erwähnte (vgl. 1.2) Tendenz, Schriftzeichen als defizitär gegenüber dialogisch-mündlicher Kommunikation zu beschreiben. Dies führt letztlich dazu, dass die bei der Begründung des Modells so stark hervorgehobene Trennung zwischen Medialität und Konzeption insofern wieder aufgeweicht wird, als prototypische Nähesprachlichkeit offenbar per se nur mündlich möglich sein soll. Tatsächlich

[33] Auf die Frage, ob „Chat-Kommunikation, weil sie den synchronen Austausch zwischen mehreren Kommunikationsteilnehmern ermöglicht, als eine neuartige Form der mündlichen Kommunikation zu sehen [ist], die verwendete Sprache also als gesprochene Sprache" (SCHÖNFELDT 2001: 26), kann vor dem Hintergrund der bisherigen Ausführungen nicht mehr ernsthaft eingegangen werden.

stellen auch Ágel und Hennig fest, dass der „signifikante Unterschied [zwischen prototypischen medial mündlichen Diskursarten und Chat] u.E. auf die (bei der Etikettierung des Chat als ‚konzeptionell mündlich' vielfach unterschätzte) mediale Schriftlichkeit [...] zurückzuführen [ist]" (ÁGEL/HENNIG 2007: 209). Es stellt sich nun die Frage, was mit dem Konzept „Nähesprachlichkeit" bzw. „konzeptionelle Mündlichkeit" überhaupt erreicht wird, wenn Analysen auf Basis des entsprechenden Modells zu Aussagen wie der folgenden führen: „Eine nähere Betrachtung derselben lässt erkennen, dass die CK [Chatkommunikation] sowohl konzeptionell mündliche als auch konzeptionell schriftliche Elemente enthält" (THALER 2003: 32). Dies wird sich dann in ähnlicher Weise von nahezu jedem authentischen mündlichen oder schriftlichen Text feststellen lassen.[34]

Das Fazit der exemplarischen Analyse eines einzelnen Chat-Textes bei Ágel und Hennig geht in dieselbe Richtung:

> Zusammenfassend lässt sich feststellen, dass der Chat eine Diskursart ist, die für eine medial schriftliche Diskursart sehr nähesprachlich ist, aber auf Grund der hier besprochenen trägermedialen Besonderheiten, der Nichtraumgleichheit und der medialen Schriftlichkeit bei weitem nicht so nähesprachlich sein kann wie eine medial mündliche Diskursart. Wir haben auf diese Weise ansatzweise nachweisen können, dass sich keineswegs alle Besonderheiten, die das Phänomen des Chat ausmachen, durch Nähesprachlichkeit erklären lassen. (ÁGEL/HENNIG 2007: 210)

Nichtsdestoweniger sind Analysen, die dem Koch/Oesterreicher-Paradigma folgen, sehr konsequent darin, bestimmte Verwendungsweisen von Schriftzeichen als Merkmale „konzeptioneller Mündlichkeit" einzuordnen, so z.B. die durchgehende Klein- oder Großschreibung von Ausdrücken oder Syntagmen (vgl. RICHLING 2008: 49; KILIAN 2001: 64). Manchen Verfahren wird kurzerhand eine spezifische Funktion zugeschrieben, die sie allenfalls in einem metaphorischen Sinne haben können:

> Graphemiterationen simulieren in der medialen Schriftlichkeit häufig eine gedehnte Aussprache. [...] Unterdes bleibt es in der Literatur unbestritten, dass es sich dabei um ein Merkmal konzeptioneller Mündlichkeit handelt. (RICHLING 2008: 50)

Selbst wenn Chatter – in einer sehr reflektierten und oft auch (selbst-) ironischen Weise – mit der Extension von Verba dicendi experimentieren (vgl. Kap. 6.2.1) und im mündlichen Sprachgebrauch Übliches erstmals in die Schriftlichkeit bringen, ändert dies doch nichts daran, dass es sich um Grapheme handelt, und zwar um Grapheme, von denen nicht erwartet wird, dass sie in die Mündlichkeit transponiert werden oder dass sie für einen vorgängigen mündlichen Gebrauch konzipiert wurden.

Ähnlich kurzschlüssig ist die Einordnung von Emoticons und Asterisk-Ausdrücken als „Merkmale für Emotionalität und Informalität", die „in einem sehr schriftlich konzipierten Beitrage undenkbar wären" (RICHLING 2008: 52). Bereits das obige Zitat von

---

[34] Vgl. dazu auch HENNIG (2006: 95), wo herausgestellt wird, dass typische Merkmale gesprochener (hier: Aggregation) und geschriebener (hier: Integration) Sprache in einem Text prinzipiell gemischt auftreten.

Koch und Oesterreicher enthält das Zugeständnis, dass es sich bei Emoticons um rein grafische Zeichen handelt – dennoch werden sie, wohl zum Zweck einer schlüssigen Argumentation, nicht als in und für die Schrift konzipiert bezeichnet und bewertet. Sofern sie nicht einfach auf einer verzerrten Beschreibung zu Gunsten des Modells beruht, kann eine solche Bewertung nur dadurch erklärt werden, dass von einem starren Idealtypus schriftlicher Kommunikation ausgegangen wird, der mit Emotionalität, Informalität und Dialogizität nicht vereinbar ist. In Extremfällen werden aus einer gesprächsanalytischen Perspektive grafische Zeichen (hier: *aha*) auch als „die Verschriftung tonaler Zeichen" (SCHÖNFELDT 2001: 42) erklärt. Sprachwandelprozesse bzw. innovative Entwicklungen in der Schriftsprachlichkeit können so von vorneherein nicht adäquat erfasst und beschrieben werden.

Sprachwandelprozesse vollziehen sich übrigens in der Regel in gesprochener Sprache früher und schneller als in der Schrift, ohne dass man deshalb immer gleich die schriftlichen Phänomene als Imitation oder Simulation (vgl. RICHLING 2008: 50) des mündlichen Sprachgebrauchs beschreiben müsste. Die Dialogizität der schriftlichen Chat-Texte verleitet jedoch offenbar zu diesem Schluss:

> Die Missachtung orthographischer Normen hat jedoch nicht allein zeitökonomische Gründe. Ein zweiter für die Entstehung normwidriger Schreibungen verantwortlicher Faktor ist die Freude am Imitieren gesprochener Sprache. (THALER 2003: 54)

Allerdings gibt es auch Autoren, die abweichende Schreibweisen im Chat nicht ausschließlich auf Zeitdruck und Imitation von Mündlichkeit zurückführen, sondern einen spezifischen Stil der Chat-Texte anerkennen. Verena Thaler verweist auf Gelléri Péter[35], der den „bewusste[n], einen spezifischen Stil hervorbringende[n] Regelverstoß" (THALER 2003: 55) als ursächlich für viele Schreibungen ansehe. Dies bezeichnet Thaler völlig zurecht als plausibel, da sich nur so die Formen erklären ließen, „die offensichtlich nicht die kürzestmögliche Schreibweise darstellen und somit nicht auf zeitökonomische Gründe zurückgeführt werden können" (THALER 2003: 55).

Angelika Storrer weist außerdem – nachdem sie Chat ebenfalls als defizitär gegenüber mündlicher Kommunikation beschrieben hat – auf „positive Seiteneffekte" (STORRER 2001: 8) der Schriftlichkeit im Chat hin. So sei es im Chat möglich, parallel an mehreren Gesprächssträngen teilzunehmen und es bestehe prinzipiell die Möglichkeit, Chatprotokolle zu speichern, auszudrucken und für Anschlusskommunikation zu nutzen (vgl. ebd.).

Obwohl also anerkannt wird, dass Zeitdruck und andere vermeintliche Zwänge aufgrund der Eigenschaften des Mediums die Zeichenverwendungen im Chat nur partiell erklären können, werden alternative Beschreibungen und Erklärungsansätze kaum ernsthaft in Erwägung gezogen. Im Chat wird mit Schriftzeichen in dialogischer Weise kommuniziert – doch dialogisches sprachliches Handeln wird offenbar vor dem Hintergrund mündlicher Kommunikation und die para- und nonverbalen Zeichen dabei als Mög-

---

35 http://gelleri.weebly.com/the-irc-vernacular.html <21. Juni 2010>

lichkeitsbedingung gelingender Dialoge gesehen. Thaler geht davon aus, dass „für das Funktionieren dialogischer Kommunikation“ nonverbale Informationen „vielfach sogar unabdingbar“ (THALER 2003: 85) sind. Daraus zieht sie für die Kommunikation im Chat folgenden Schluss:

> Die CK hat somit ein interessantes Repertoire an Symbol- und Äußerungskonventionen hervorgebracht, welche eine (zumindest partielle) Kompensation der fehlenden nonverbalen nonvokalen und paraverbalen Signale erlauben. (THALER 2003: 85)

Die Auffassung von Schriftzeichengebrauch als Kompensation wurde bereits kritisiert. Für manche außergewöhnliche Situationen oder bspw. für Chats in Lehr-Lern-Kontexten mögen solche Beschreibung bis zu einem gewissen Grad akzeptabel sein, für das Gros von Freizeit-Chats können sie wenig erklären. Hätten die Akteure das Gefühl etwas kompensieren zu müssen, könnten sie auch telefonieren. Im Chat haben sie ganz neue Möglichkeiten mit grafischen Zeichen umzugehen, die sie kreativ nutzen – eben darin besteht offensichtlich ein Reiz bei dieser (noch relativ jungen) Form der Kommunikation. „Die Schreiber konstituieren eine Nische der Schriftlichkeit als einen Freiraum mit eigenständigen und veränderbaren Konventionen“ (HENN-MEMMESHEIMER 2010: 188).

Letztlich muss eine adäquate Beschreibung von Chat-Texten der Tatsache Rechnung tragen, dass es sich um ein Medium der Schriftlichkeit handelt und diese Schriftlichkeit konstitutiv für sprachliche Innovationen im Rahmen dieser Textkultur ist (vgl. auch THALER 2003: 104). Verena Thaler zieht in Bezug auf wortinitiale Tilgungen, Akronyme und ähnliche Chat-typische Phänomene ein interessantes Fazit, das die Problematik des Modells von Koch und Oesterreicher explizit anspricht:

> All diese Elemente sind insofern als typisch schriftliche Phänomene zu bezeichnen, als sie in der gesprochenen, d.h. konzeptionell mündlichen Sprache nicht vorkommen, wenngleich sie andererseits von außersprachlichen Faktoren bedingt sind, die zu den typischen Kommunikationsbedingungen der Nähesprache zählen. Hier zeigen sich die Grenzen des Nähe/Distanz-Modells von Koch/Oesterreicher (1985 und 1990), welches Phänomene dieser Art nicht mehr vollständig zu erklären vermag, oder vielmehr der medienhistorisch revolutionäre Charakter der Kommunikationsform des Chat, welcher sich selbst durch ein äußerst differenziertes theoretisches Konzept wie jenes von Koch/Oesterreicher nicht mehr zufriedenstellend beschreiben lässt. (THALER 2003: 105)

Eine alternative Herangehensweise könnte darin bestehen, die Unterschiede zwischen Mündlichkeit und Schriftlichkeit eben doch nicht auf einer konzeptuellen Ebene als Endpunkte eines Kontinuums zu modellieren, sondern von zwei kategorial verschiedenen Möglichkeiten der Zeichenkonstitution mit je eigenen Paradigmen auszugehen.[36] Damit ist keineswegs ausgeschlossen, dass Akteure, die in unterschiedlichen Medien und Situationen mal schriftlich und mal mündlich kommunizieren, mündlich unauffäl-

---

[36] Für das Nähe-/Distanzmodell hieße das, unter Nähe (bzw. Distanz) in schriftlichen Texten etwas anderes zu verstehen und dafür andere Kriterien anzulegen als unter Nähe (bzw. Distanz) in mündlichen Texten. Dies ist freilich von den Arbeiten in diesem Bereich gerade nicht gewollt.

lige Formen für schriftlichen Sprachgebrauch etablieren und umgekehrt. Letzteres ist der Fall, wenn schriftsprachlich entwickelte Formen wie *lol* (Akronym zu *laughing out loud*) von Jugendlichen in die Mündlichkeit übernommen werden. Den erstgenannten Fall beschreibt HENN-MEMMESHEIMER (2010) für dialektale Verbmorpheme:

> Die Selektion von Verbmorphemen in Chattexten folgt einer Logik, die nicht die für schriftliche Texte übliche ist: Die Schreiber verwenden beispielsweise mit *hab*, *hePPP*, *hosch*, *hoscht*, *hott*, *ham* dialektale Verbmorpheme, die – abgesehen von Textsorten, in denen sie inszeniert werden wie in Mundartliteratur oder in Mundartglossen regionaler Zeitungen – sonst nur in gesprochener Sprache vorkommen. Zusammen mit einer im zitierten Chatkorpus häufig formulierten antikonventionellen Haltung wird deutlich, dass Dialekt hier eine andere Funktion hat als bei eingesessenen Sprechern, die ihren Dialekt trotz Schule und Medien lebenslang beibehalten in einem nahezu alternativlosen, unbefragten Festhalten an einer gelernten Sprache, die verknüpft ist mit einer familien-, orts- und dadurch ordnungsbezogenen Lebenshaltung. (HENN-MEMMESHEIMER 2010: 182)

Schließlich können schriftliche Formen auch in andere Domänen oder Textsorten übertragen werden, die ebenfalls schriftlich sind. Im Chat etablierte Sprachverwendungen können als markierte Formen in einem Forum vorkommen, oder handschriftliche Texte können Phänomene aufweisen, „die ihren Ursprung dem Schreiben mit der Tastatur verdanken" (KILIAN 2001: 65).

Innovative Formen sind dann als Elemente des Stils einer – mündlichen oder schriftlichen – Textkultur zu interpretieren, mit denen Akteure spezifische, in dem jeweiligen Medium besonders gut realisierbare Interessen verfolgen. „Das neue Medium bietet einen Freiraum jenseits der in der Schule und in offiziellen Situationen geforderten Sprech- und Schreibweisen" (HENN-MEMMESHEIMER 2010: 183). Dies wird offenbar von den Nutzern der Chats genossen und so lange ausgenutzt, wie es als spannend und interessant wahrgenommen wird.

Die schriftsprachliche Kommunikation über Mobilfunk- oder Internetdienste ist selbstverständlich nicht der Normalfall schriftlichen Sprachgebrauchs (wenn es denn einen solchen Normalfall überhaupt gibt). Sie ist aber aufgrund ihrer großen gesellschaftlichen Verbreitung und aufgrund der Beteiligung gerade auch nicht professionell schreibender Akteure von besonderem sprachwissenschaftlichem Interesse und von gesellschaftlicher Relevanz. Wenn behauptet wird,

> [d]ie vergleichsweise ‚freie' Entwicklung nähesprachlicher [gemeint ist: gesprochensprachlicher] Varietäten auf Grund der relativ ungehinderten Verbreitung von Innovationen steht nun in krassem Gegensatz zu einer unverkennbaren Übernahme*feindlich*keit distanzsprachlicher [gemeint ist: geschriebener] Varietäten (KOCH 2004: 612),

so ist dies nur vor dem Hintergrund nicht mehr zeitgemäßer Vorstellungen über Art und Verbreitung (privaten) Schriftsprachgebrauchs zu verstehen.

4 Das Korpus

Den Untersuchungen liegt ein Korpus von Chatprotokollen des Anbieters SpinChat aus den Jahren 2002, 2004, 2007 und 2009 zugrunde. Diese Protokolle enthalten jeweils die Chattexte, die eine Woche lang während je 2 Stunden am Abend (19:00 Uhr bis 21:00 Uhr) sowie während eines ganzen Tages (00:00 Uhr bis 24:00 Uhr) entstanden sind. Dabei handelt es sich um Texte aus verschiedenen Chatrooms bzw. sogenannten Channels, die teilweise regional differenzierende Namen tragen. Konkret wurden die Texte aus den Chatrooms „Bayern", „Berlin-Brandenburg", „Einfach nur Chatten" / „30-40-50-Chat-Set"[37], „Hessennetz" und „Pälzer unner sich" untersucht. Es handelt sich um knapp 300 000 Zeilen gechatteten Text, wobei die durch das Chatprogramm automatisch generierten Zeilen mit den Mitteilungen *entered* bzw. *left*[38] nicht mitgezählt sind. Insgesamt enthält dieses Korpus über 2 Mio. Token.

Als Vergleichskorpus dient eine Stichprobe aus Forums-Diskussionen auf der Homepage der Online-Partnervermittlung ElitePartner. Es wurden Diskussionsstränge („Threads") der Jahre 2008 bis 2010 aus den thematischen Rubriken „Beziehung", „Sexualität", „Single" und „Trennung" untersucht. Hierfür wurden die jeweils 25 ersten Threads, die in einem Jahr begonnen wurden, in ihrem Umfang zum Zeitpunkt der Stichprobe in das Korpus aufgenommen. Auf diese Weise wurde auch aus der täglich anwachsenden Menge der Forumsbeiträge ein konstantes Untersuchungskorpus mit insgesamt über 366 000 Token isoliert.

Aus beiden Korpora wurden mit Hilfe des Konkordanzprogramms AntConc alle Vorkommen der untersuchten Verben extrahiert und anschließend „manuell" kategorisiert. Dieses Vorgehen war zwar aufwändig, aber deshalb notwendig, weil es sich (auch) um Nonstandard-Verwendungen handelt und sich die Kategorien bzw. die Kategorisierungskriterien teilweise erst aus dem Material selbst ergaben.

Für die quantitative Analyse des Modalverbgebrauchs (Kap. 5) wurden die relativen Häufigkeiten der Verwendungsmuster in den Vergleichskorpora miteinander verglichen. Auf Basis der jeweiligen Rohdaten wurde mit Hilfe der Software GraphPad Prism

---

37 Hier wurde das Material aus „30-40-50-Chat-Set" um Material aus dem vergleichbaren Chatroom „Einfach nur Chatten" ergänzt, weil von ersterem kein Material von 2002 vorliegt.

38 Diese erscheinen, wenn ein Nutzer den Chatroom „betritt" bzw. „verlässt".

der Chi-Square-Signifikanztest durchgeführt. Die Unterschiede zwischen zwei Gruppen wurden als signifikant betrachtet bei $p<0,05$.

Für die qualitativen Untersuchungen (Kap. 6) wurden zusätzlich zu der definierten Stichprobe weitere Diskussionen der öffentlich einsehbaren ElitePartner-Foren unter www.elitepartner.de verwendet. Zur Analyse stilistischer Präferenzen ist insbesondere die nicht im Korpus enthaltene Rubrik „ElitePartner" aufschlussreich, wo es die Praxis des sogenannten Profil-Checks gibt. Dabei veröffentlichen Mitglieder im Forum die Chiffre ihres Mitgliedsprofils, sodass dieses für andere angemeldete Mitglieder einsehbar ist, und erhalten dann Rückmeldungen und Verbesserungsvorschläge, die sehr häufig auch die sprachlich-formale Ebene betreffen (vgl. die Belege in Kap. 6.2).

In ausführlichen Korpusbelegen wurden Namen generell ersetzt, auch wenn es sich nur um Nicknames handelt. In den Chat-Ausschnitten wurden Beiträge entfernt, die sich nicht auf den zur Diskussion stehenden Dialog beziehen. Jedem Chat-Beitrag sind Datum und Uhrzeit vorangestellt, so wie sie im Chatroom erscheinen.

Weder zu den Teilnehmerinnen und Teilnehmern der Chats noch zu jenen der Forums-Diskussionen liegen demographische Daten vor, sodass allenfalls Selbstaussagen über Alter oder Tätigkeit der schreibenden Personen bekannt sind. Dieser Umstand wird hier als methodischer Vorteil angesehen, da auf diese Weise die Frage nach dem Verhältnis zwischen den empirischen Akteuren einerseits und deren Inszenierung einer möglicherweise fiktionalen Figur im anonymen Chat bzw. Forum andererseits aus der Untersuchung ausgeklammert werden kann. Es wird vorausgesetzt, dass sich Akteure generell in mehr oder weniger stark divergierenden Rollen inszenieren (vgl. GOFFMANN ^{4}1983), je nach Situation und anderer beteiligter Akteure. Geht man wie Bernard Lahire von pluralen Akteuren (vgl. PETER 2004: 304 ff.) mit einem „zusammengebastelten Stil" (vgl. SCHULZE ^{2}2005: 157; HENN-MEMMESHEIMER 2004a: 31) oder auch von in unterschiedliche Diskurse eingebundenen Subjekten (im Sinne der Diskurstheorie, vgl. SPITZMÜLLER/WARNKE 2011: 136 f.) aus, stellt sich die Frage nach dem Wesenskern einer Person oder nach dem hinter den handelnden Subjekten stehenden einzigartigen Individuum nicht mehr. Hier stellt sie sich schon aufgrund der Datenlage nicht.

Untersuchungsgegenstand sind somit einzig die vorliegenden Texte, genauer die Nutzung von verschiedenen Sprachverwendungsweisen zur Differenzierung von Kommunikationsformen und zur rein schriftsprachlichen Inszenierung[39] von Figuren und Lebensstilen, die Fragestellung ist mithin eine genuin sprachwissenschaftliche.

---

[39] Es ist eine wichtige Besonderheit der hier untersuchten Praktiken des Chattens und des Diskutierens in einem Online-Forum, dass die Beteiligten ausschließlich durch Schriftzeichen kommunizieren, während ihnen in anderen medialen Zusammenhängen in der Regel weitere semiotische Ressourcen offenstehen. So können sich Akteure in einer Face-to-face-Situation außer durch Sprache beispielsweise durch Kleidung, Frisur oder Verhaltensweisen im weitesten Sinne in einer bestimmten Rolle inszenieren.

5 Gebrauch der modalen Verben in Chat und Forum

5.1 Das Modalverbparadigma des Deutschen

5.1.1 Allgemeine Charakterisierung

Die deutsche Sprache verfügt über ein komplexes System zur verbalen Modalisierung von Handlungen und Überzeugungen, dessen Herausbildung bereits im Althochdeutschen begonnen hat und das sich in seiner Differenziertheit von den Paradigmen modaler Verben im Niederländischen, Dänischen oder Englischen unterscheidet (vgl. LEISS 2009: 3; REDDER 2009: 88). Die sogenannten Modalverben bilden synchron ein relativ geschlossenes und stabiles Paradigma, die Duden-Grammatik zählt hierzu *dürfen*, *können*, *mögen*, *müssen*, *sollen* und *wollen*, außerdem *brauchen*, das „seiner Verwendung nach den Modalverben zuzurechnen" (DUDEN 2005: 562) sei. Ältere Auflagen des Duden sowie andere Grammatiken sehen *brauchen* (noch) nicht als dem Modalverb-Paradigma zugehörig an (vgl. u.a. HELBIG/BUSCHA 2001: 114; HENTSCHEL/WEYDT [3]2003: 73), WEINRICH ([2]2003: 300 f.) bezeichnet *brauchen* hingegen trotz der Verwendung mit *zu* als ein Modalverb.

In der folgenden vergleichenden Untersuchung des Chat- und des Forum-Korpus geht es um die syntaktischen Muster, in denen die modalen Verben vorkommen. Es werden die unstrittig zum Paradigma gehörigen Verben *dürfen*, *können*, *mögen*, *müssen*, *sollen* und *wollen* betrachtet, anschließend die Verwendung von *brauchen*, dessen Status als Modalverb unterschiedlich bewertet wird. Andere Verben, die mit einer modalen Semantik verwendet werden können, werden hier nicht als Modalverben angesehen (vgl. Kap. 5.1.4) und bleiben unberücksichtigt.

Es werden in Kap. 5.2 alle Vorkommen dieser Verben betrachtet und zwar zunächst unabhängig von der Frage, ob es sich im Einzelfall um einen Modalverbgebrauch im strengen Sinn handelt oder um andere Verwendungsweisen derselben Verben. Es wird von modalen Verben die Rede sein, wenn das gesamte Paradigma inklusive der Vollverbverwendungen der enthaltenen Verben gemeint ist. Die folgende Tabelle gibt einen Überblick über die – den gängigen Grammatiken zufolge – in schriftlicher Standardsprache üblichen Muster mit einem modalen Verb. Für jedes Verb wird angegeben, welche Komplemente es standardschriftsprachlich direkt regieren kann. Alle in der

Tabelle aufgeführten Phrasen können zwar in Syntagmen mit modalen Verben auftreten, wenn sie von einem Infinitiv regiert werden, der seinerseits von dem modalen Verb regiert wird (das ist der prototypische Modalverbgebrauch). In Tabelle 1 geht es aber ausschließlich um die vom modalen Verb direkt regierten Komplemente.

	zu-Infinitiv	reiner Infinitiv	NP (nicht pronominal)	Präp.-Phr. oder Adj.-Phr. (Richtung)	*dass*-Komplement	Präp.-Phr., Adj.-Phr. oder Adv.-Phr.
brauchen	+	-	+	-	-	-
dürfen	-	+	-	+	-	-
können	-	+	+	+	-	-
mögen	-	+	+	+	+	-
müssen	-	+	-	+	-	-
sollen	-	+	-	+	-	-
wollen	-	+	+	+	+	-

Tab. 1: Übersicht über die modalen Verben und ihre in schriftlicher Standardsprache zulässigen Komplemente (unmarkierte Verwendung). Die Kategorie NP (Nominalphrase) schließt Pronominalisierungen von Verbalphrasen aus, welche ohnehin immer als Komplement möglich sind. Präp.-Phr. (Präpositionalphrasen) und Adj.-Phr. (Adjektivphrasen) sind nur möglich, wenn sie eine Richtungssemantik haben, alle anderen Phrasenformen, die als Adverbiale fungieren können, stehen in der letzten Spalte und sind im schriftlichen Standard nicht möglich.

Das Charakteristikum der modalen Verben besteht in der Möglichkeit ihrer Verwendung zusammen mit einem Vollverb im Infinitiv. Der von dem Vollverb ausgedrückte Sachverhalt wird dabei durch das Modalverb hinsichtlich seiner „bestimmten Geltungsbedingungen" (HENTSCHEL/WEYDT [3]2003: 76), d.h. hinsichtlich seiner Möglichkeit, Notwendigkeit, Erwünschtheit oder Faktizität modifiziert.

Aus dem modal unmarkierten Satz

(1) Christian liest ein Buch.

kann demnach beispielsweise geformt werden:

(2) Christian muss ein Buch lesen.

Durch den solcherart modalisierten Satz wird nicht die Handlung des Lesens selbst ausgedrückt, sondern (zusätzlich) die Notwendigkeit dieser Handlung. Eine übliche Art der Paraphrasierung verdeutlicht die Bedeutung von *müssen* im gegebenen Beispiel folgendermaßen:

(3) Es ist notwendig, dass Christian ein Buch liest.

Ohne weiteren Kontext wird allerdings noch nicht ersichtlich, woher die Notwendigkeit zum Lesen Christians kommt und in welcher Hinsicht sie besteht. Die Besonderheit der Modalverben liegt darin, dass sie jeweils zwei Lesarten zulassen (vgl. LEISS 2009: 6). Der Beispielsatz lässt sich einmal so fortsetzen, dass *müssen* die Notwendigkeit der im Vollverb genannten Handlung Christians aus dessen eigener Perspektive ausdrückt:

(4) Christian muss ein Buch lesen – sein Lehrer hat es ihm aufgegeben.

Die Quelle der Notwendigkeit ist in diesem Fall – wie meistens bei *müssen* (vgl. DUDEN 2005: 564) – eine äußere, d.h. Christian erfährt einen Zwang durch eine dritte Person oder durch äußere Umstände. Die Satzbedeutung lässt sich jetzt so präzisieren, dass für Christian aufgrund eines äußeren Zwangs die Notwendigkeit besteht, die im Vollverb ausgedrückte Handlung auszuführen.

Die zweite Möglichkeit der Fortsetzung illustriert das nächste Beispiel:

(5) Christian muss ein Buch lesen – sein Fernseher ist nicht zu hören.

Hier bezieht sich *müssen* nun nicht mehr auf die Handlung des Satzsubjekts, sondern auf die gesamte Proposition inklusive des Satzsubjekts. Das Modalverb stellt in dieser Lesart eine Beziehung her zwischen dem Sprecher einerseits und dessen Behauptung andererseits, indem es expliziert, wie der Sprecher die Faktizität seiner eigenen Behauptung bewertet. Im konkreten Fall lautet die ausführlichere Paraphrase:

(6) Es ist unter Berücksichtung der verfügbaren Informationen notwendig anzunehmen, dass Christian liest.

Beide Lesarten haben gemeinsam, dass der modalisierte Satz einen höheren Komplexitätsgrad aufweist als der entsprechende nicht-modalisierte Satz. Es wird jeweils nicht nur ein Sachverhalt ausgedrückt, sondern der Sachverhalt mit einer zweiten Ebene der Möglichkeit oder Notwendigkeit in Beziehung gesetzt.

5.1.2 Syntagmen mit modalen Verben

Um die Modalverben als eigene Klasse mit spezifischen syntaktischen und semantischen Eigenschaften gegen andere Verben abgrenzen zu können, geht man von der prototypischen Verwendungsweise mit Rektion eines reinen Infinitivs aus. So formulieren ZIFONUN ET AL. (1997: 1253) als erstes Kriterium zur „Ausgrenzung des Kernbereichs der Modalverben“: „Sie regieren den reinen Infinitiv, dann jedoch außerdem kein akkusativisches Termkomplement" – im Gegensatz zu den infinitivregierenden Verben *hören*, *sehen*, etc. (Verba sentiendi).

Allerdings lassen sich „[d]ie meisten Modalverben [...] auch als Vollverben verwenden" (DUDEN 2005: § 815). Die Duden-Grammatik nennt kurzerhand die Verwendungsweise mit reinem Infinitiv die „charakteristische" (ebd.). ZIFONUN ET AL. (1997) stellen dagegen die prinzipielle Offenheit der Klasse heraus. Es wird zunächst festgestellt: „Die Modalverben können auch ohne regierten Infinitiv gebraucht werden. Sie fungieren dann nicht als Infinitoperatoren" (ZIFONUN ET AL. 1997: 1255). Die übrigen Kriterien für Modalverben sollen jedoch auch für Verwendungsweisen ohne Infinitiv gelten. Insbesondere gelte auch dann, dass die betreffenden Verben „dazu verwendet [werden], Sachverhaltsentwürfe auf der Folie von Redehintergründen, z.B. situativen Umständen, Normen oder Wissensvoraussetzungen, einzuordnen" (ZIFONUN ET AL. 1997: 1253). Problematisch wird bei Verwendungsweisen ohne Infinitiv die Frage nach dem Valenzrahmen, da das Modalverb dann nicht mehr ohne weiteres den Valenzrahmen „des Verbs, auf dem sie operieren, weiter[transportieren]" (ebd.) können. Dieses Problem bleibt offen, die Gemeinsamkeiten der Verwendungsweisen mit und ohne Infinitiv fallen letztlich stärker ins Gewicht: „Wegen dieser Nähe setzen wir keine Homonyme an, sondern rechnen mit einem fließenden Übergang zum Vollverbcharakter" (ZIFONUN ET AL. 1997: 1255).

DIEWALD (1999) vertritt hier eine andere Position und setzt das Kriterium der Infinitivrektion absolut. Wenn bei *können*, *mögen* und *wollen* in bestimmten Satztypen kein Infinitiv steht, dann „ist das Modalverb das einzige verbale Element und damit das strukturelle Zentrum des Satzes; es wird als Hauptverb verwendet" (DIEWALD 1999: 31). Für Diewald ist der Gebrauch ohne Infinitiv offenbar nicht interessant, wie sie an anderer Stelle klarstellt:

> Ebenso wie bei *wollen, mögen, möchten* gibt es auch bei *können* einen Übergangsbereich zwischen nichtmodaler Zustandsbedeutung und modaler, aus der Kombination zweier gerichteter Relationen bestehender Bedeutung. Für die Frage der Grammatikalisierung der deiktischen Variante ist dies jedoch kein Problem: die Verwendungen mit nominalem Objekt (ob anaphorisch oder nicht) sind nicht die grammatikalisierungsrelevante Struktur. Alle Verwendungen mit Infinitiv dagegen sind grammatikalisierungsrelevant, ob sie nun im jeweiligen Fall semantisch stark von der ‚Vollverbverwendung' abweichen oder nicht. (DIEWALD 1999: 162)

Damit kann Diewald auf eine Auseinandersetzung mit den infinitivlosen Strukturen verzichten, da sie den Grammatikalisierungspfad von „nichtdeiktischen" (deontischen, volitiven, dispositionellen) zu „deiktischen" (epistemischen, quotativen) Verwendungsweisen beschreibt. Es ist allerdings unklar, wieso eine Zustandsbedeutung, z.B. bei *können*, generell nicht modal sein kann. Auch das Beispiel für dieses Muster bei ZIFONUN ET AL. (1997: 1256) (*Ich kann einen Trick.*) bezeichnet eindeutig eine Disposition. Des weiteren schließt die Relevanz der infinitivregierenden Verwendungsweise für den Grammatikalisierungspfad von „nichtdeiktischen" zu „deiktischen" Varianten nicht aus, dass es parallel dazu Entwicklungen gibt, für welche die Struktur ohne Infinitiv relevant ist.

Im Folgenden werden die Verwendungen ohne Infinitiv kurz der IdS-Grammatik folgend dargestellt (vgl. auch Tab. 1).

Für alle Modalverben gilt, dass sie eine Richtungsadverbiale regieren können (ZIFONUN ET AL. 1997: 1255 f.).

(7) Ich will fort / weg.

(8) Ich muß nach Hause.

(9) Ich kann in die Stadt.

Für die Charakterisierung der Modalverben stellen diese Verwendungen traditionell ein Problem dar:

> Diese Konstruktion wird oft über die Ellipse eines in der Situation einschlägigen Bewegungsverbs erklärt. Sie ist jedoch vollständig grammatikalisiert und keineswegs wie sonst bei Ellipsen eine von einzelnen situativen Verwendungen abhängige Prozedur. Wir werden daher eher sagen: Wann immer *A will nach Hause* (o.ä.) zutrifft, dann trifft auch *A will nach Hause X-en* zu, wo *X* das passende Bewegungsverb ist. Dem Valenzrahmen dieses assoziierten Bewegungsverbs gemäß wird hier auch das Modalverb verwendet. Insofern als dann das Modalverb eigene, wenn auch über Assoziation zu erklärende Valenz hat, ist Kriterium [4] außer Kraft gesetzt. (ZIFONUN ET AL. 1997: 1256)

Kriterium [4] besagt, dass Modalverben den Valenzrahmen des von ihnen regierten Vollverbs weitertransportieren. Die Erklärung changiert: einerseits soll bei Rektion einer Richtungsadverbiale keine Ellipse angenommen werden, andererseits ergibt sich der Valenzrahmen aus einem nicht realisierten Bewegungsverb bzw. einer nicht näher bestimmten Assoziation mit einer passenden Bewegung.

ÖHLSCHLÄGER (1989) formuliert für dieses Muster explizit eine „Ellipseregel“:

> Wenn es sich beim obersten Verb der eingebetteten IP bzw. CP um ein Verb mit dem semantischen Merkmal [+ Bewegung] handelt und es mit einer Direktivbestimmung konstruiert ist, kann dieses Verb weggelassen werden. (ÖHLSCHLÄGER 1989: 248)

Nur für drei modale Verben (*wollen*, *können*, *mögen*/*möchte*) besteht im Standard die Möglichkeit, dass sie eine Akkusativ-Nominalphrase regieren (vgl. ZIFONUN ET AL. 1997: 1256).

(10) Ich kann einen Trick.

(11) Ich will/mag ein Stück Kuchen.

(12) Ich mochte sie sehr.

Dieser Gebrauch wird als Vollverbgebrauch eingeordnet. „Allerdings besteht eine enge Beziehung zwischen intrasubjektivem (auf Fähigkeiten oder Intentionen des Subjektdenotates bezogenem [...]) Infinitoperator und Vollverb“ (ZIFONUN ET AL. 1997: 1256). Wiederum soll nicht von einer Ellipse ausgegangen werden (*können*, *mögen*/*möchte* und *wollen* sind hier Vollverb), jedoch sei „ein assoziiertes Vollverb in der Regel zu jedem Modalverb kontextfrei spezifizierbar“ (ZIFONUN ET AL. 1997: 1256).

Für die übrigen Verben *dürfen*, *müssen* und *sollen* (und *brauchen*) stimmen die Grammatiken darin überein, dass sie nicht durch ein Akkusativobjekt ergänzt werden. Allerdings finden sich Hinweise auf einen solchen Gebrauch, z.B.

(13) Darf ich noch einen Kuchen? (JENSEN 1987: 197)

Solche Verwendungen seien „wohl der Kindersprache zuzurechnen. Entsprechendes gilt für *müssen* in beiden Varianten [und] für *sollen*" (JENSEN 1987: 198).

Schließlich kommen unter bestimmten Bedingungen bei *wollen* und *mögen/möchte* die Rektion eines Subjunktorsatzes vor (vgl. ZIFONUN ET AL. 1997: 1256).

(14) Ich will, dass du kommst.

Nicht als Rektionsphänomen wird die Substitution des regierten Infinitivs mit einer Anapher oder Anadeixis behandelt (ZIFONUN ET AL. 1997: 1257):

(15) Willst du arbeiten? Ja, das will ich schon.

5.1.3 Polyfunktionalität der Modalverben

Der Beitrag, den die infinitivregierenden Modalverben zur Bedeutung einer Äußerung leisten, wird oft unter Rückgriff auf die Begriffe der logischen Modalitäten Möglichkeit und Notwendigkeit expliziert. Es ist allerdings zu beachten, dass Möglichkeit und Notwendigkeit in der Logik als „Modalitäten des Urteils" (TUGENDHAT/WOLF 1983: 245) verstanden werden. Möglichkeitsausdrücke, „die einem Gegenstand ein Vermögen oder eine Fähigkeit zuschreiben" (ebd.: 244), werden von der Logik nicht berücksichtigt. Modalität im logischen Sinne betrifft also streng genommen nur die zweite hier vorgestellte Lesart zum Ausdruck verschiedener Grade von Faktizität. Auch LYONS (1995: 253 f. und 329) weist auf einen Unterschied zwischen logischen Modalitäten einerseits und der Modalität in Äußerungen der natürlichen Sprache andererseits hin. Zur Unterscheidung zweier grundlegender Arten von Modalität hat die Sprachwissenschaft die Termini *deontisch* und *epistemisch* der Modallogik entliehen („borrowed from modal logic", LYONS 1995: 254).

In der germanistischen Sprachwissenschaft sind nach wie vor die geläufigsten Termini zur Unterscheidung von Modalverb-Lesarten die der deontischen Modalität und der epistemischen Modalität (vgl. DIEWALD 1999: 13). Diewald vertritt in ihrer ausführlichen Studie allerdings die Ansicht, dass der entscheidende Unterschied zwischen den Gebrauchsweisen in ihrer unterschiedlichen Deiktizität besteht. Die erste Lesart bezeichnet sie als den „lexikalischen, weniger grammatikalisierten oder nichtdeiktischen Gebrauch", die zweite entsprechend als den „grammatischen, grammatikalisierten oder deiktischen Gebrauch" (DIEWALD 1999: 13).

> Der Unterschied zwischen beiden Gebrauchsweisen ist also primär ein semiotisch-funktionaler: der nichtdeiktische Gebrauch stellt (typischerweise) einen Zustand des Satzsubjekts dar, wobei das Modalverb Bestandteil der dargestellten Szene ist [...]. Im deiktischen Gebrauch dagegen

bringt das Modalverb eine sprecherbasierte Faktizitätsbewertung zum Ausdruck; es ist nicht Bestandteil des dargestellten Sachverhalts, sondern repräsentiert, wie es für die Zeichenklasse der Deiktika (‚Zeigewörter') typisch ist, die Beziehung zwischen dem sprachlich Dargestellten und dem Sprecher. (DIEWALD 1999: 14).

Folgt man DIEWALD (1999: 210) in ihrer Betonung der Sprecherabhängigkeit der epistemischen Lesart, so muss die entsprechende Paraphrase des zu Beginn verwendeten Beispielsatzes präziser lauten:

(16) Der Sprecher hält es unter Berücksichtigung der ihm verfügbaren Informationen für notwendig anzunehmen, dass Christian liest.

Wenn man diese Modalverbverwendung als deiktisch anerkennt, dann kann aufgrund der Definition des deiktischen Prozesses mit dieser Verwendung kein anderer Ausgangspunkt (und keine Begründung) als der Sprecher gegeben sein. (DIEWALD 1999: 211)

Zifonun et al. haben zur Beschreibung der spezifischen Funktion der Modalverben das Konzept des Redehintergrunds entwickelt (ZIFONUN ET AL. 1997: 1882). Diese semantische Beschreibung dürfte an die meisten theoretischen Ansätze anschlussfähig sein und soll deshalb kurz referiert werden. In der zweiten Lesart des hier besprochenen Beispiels orientiert sich der Sprecher an dem ihm zur Verfügung stehenden Wissen, hier sprechen ZIFONUN ET AL. (1997) von einem epistemischen Redehintergrund. Ein Spezialfall des epistemischen Redehintergrunds liegt vor, wenn ein Sprecher nicht sein Wissen über die konkreten Umstände des aktuell thematisierten Sachverhalts heranzieht, sondern sein allgemeines Weltwissen. In diesem Fall sprechen ZIFONUN ET AL. (1997) vom stereotypischen Redehintergrund.

In der ersten (und einfacheren) Lesart des Beispiels bezieht sich das Modalverb auf die ausgedrückte Handlung des Lesens. Der Sprecher bezieht sich hier auf „soziale[...] Normen oder Verpflichtungen im Zusammenhang mit dem anstehenden Sachverhaltsentwurf (Normativer Redehintergrund)" (ZIFONUN ET AL. 1997: 1882). Möglich sind bei dieser Lesart außerdem ein teleologischer Redehintergrund wie in

(17) Um die Garzeit zu verkürzen, kann man den Backofen vorheizen. (ZIFONUN ET AL. 1997: 1883)

oder ein volitiver Redehintergrund bei „individuellen Einstellungen, Interessen, Neigungen und Wünschen" (ZIFONUN ET AL. 1997: 1882). Schließlich unterscheiden Zifonun et al. noch den „circumstantielle[n] Redehintergrund, bei dem nicht von dem gesamten Wissen, sondern speziellen Umständen und Gegebenheiten ausgegangen wird" (ZIFONUN ET AL. 1997: 1883). Hier gibt es die Untertypen des extrasubjektiv-circumstantiellen und des intrasubjektiv-circumstantiellen Redehintergrunds, mit denen äußere Umstände und individuelle Zustände des Subjekts differenziert werden sollen.

Mit dem Konzept der Redehintergründe ist die semantische Funktion der Modalverben allgemein umrissen. Allerdings vertritt beispielsweise FRITZ (1997: 16) die Ansicht, „[d]er Begriff der modalen Semantik ist weitgehend ungeklärt". Er spricht von „Prototypen der Verwendung" und weist zu Recht darauf hin, daß man über die Verwendungsweisen reden muß und nicht über die Verben als solche, denn die meisten Verben haben unterschiedliche Verwendungsweisen, darunter solche, die man vielleicht überhaupt nicht als ‚modal' bezeichnen möchte. (FRITZ 1997: 16)

Die Rede von Verwendungsweisen ist deshalb attraktiv, weil sie grundsätzlich auf Akteure in Verwendungssituationen mit spezifischen Kontexten hinweist. Die morphosyntaktischen Ausdifferenzierungen der Verben im Laufe ihrer Entwicklung legen zwar die eine oder die andere Lesart (zum Teil sehr deutlich) nahe, dennoch können idiosynkratische Verwendungsweisen und situativ begründbare Interpretationsspielräume nie letztgültig ausgeschlossen werden.

5.1.4 Stellung der Modalverben im Verbsystem des Deutschen

„Modalverben [...] gibt es außerhalb der Germania nicht" (ABRAHAM 2008: 183). Die Herausbildung des deutschen Modalverbsystems begann im Althochdeutschen mit den Lexemen *mugan* / *magan* (‚vermögen, können'), *kunnan* (‚können' als Möglichkeit) und *muoz(z)an* (‚können/dürfen/mögen/müssen') (vgl. ABRAHAM 2008: 184). Eine mögliche Erklärung für diese spezifische Entwicklung innerhalb der germanischen Sprachen (vgl. auch abermals REDDER 2009: 88) ist deren Verlust ihrer Aspektsysteme:

Sprachen, die ihr Aspektsystem erhalten, benötigen keine Modalverben bzw. entwickeln in beschränktem Maße nur solche ohne jene Polyfunktionalität, welche für die germanischen MV typisch ist. (ABRAHAM 2008: 185)

Die althochdeutschen Modalverben sind deshalb noch auf die grundmodale Lesart und auf perfektive Konstruktionen beschränkt. Epistemische Modalität war beispielsweise im Gotischen zwar vorhanden, aber durch andere Verben ausgedrückt (vgl. ABRAHAM 2008: 202). Die für das heutige Deutsch entscheidende Entwicklungsphase beginnt im Mittelhochdeutschen:

Mit dem Verfall der Aspektsystematik im Mhd. löste sich die syntaktische Perfektivbindung der MV. Die von Aspektkontingenz befreite Klasse der MV trat syntaktisch als solche hervor und zwar mit dem einzigartigen Kennzeichen der *zu*-losen syntaktischen Bindung von untergeordneten Prädikaten. Die Bedingung der *zu*-losen Syntax ist von den Grundmodalen kategoriell auf alle Lesarten verallgemeinert worden. (ABRAHAM 2008: 202)

FRITZ (1997: 14) weist auf althochdeutsche Belege für *mögen* hin, die bereits epistemisch interpretiert werden könnten. Die übrigen Modalverben beginnen aber auch laut FRITZ (1997) ihre Grammatikalisierung im Mittelhochdeutschen, *dürfen* evtl. erst im Frühneuhochdeutschen. Entscheidend für einen Grammatikalisierungsprozess sind Lesartenambiguitäten, die sich durch jeweils unterschiedliche syntaktische Analysen auflösen lassen:

Was zur Auslösung der Grammatikalisierung erforderlich ist, ist ein Kontext, der aufgrund semantischer und formaler Mehrdeutigkeiten eine ausgeprägte Lesartambiguität aufweist, so

> daß mehrere Lesarten mit jeweils unterschiedlichen morpho-syntaktischen Analyseoptionen zur Verfügung stehen. (DIEWALD 1999: 368)

Im Wesentlichen erfolgt eine systematische Skopusausweitung der Modalverben, die im Regelfall mit epistemischer Lesart korreliert, parallel dazu eine Bedeutungserweiterung der Modalverben um eben diese epistemische Lesart. Beides ist für die heutigen Modalverben charakteristisch, es gilt aber für die diachrone Entwicklung zu präzisieren:

> Die zur Grammatikalisierung notwendige strukturell erkennbare Skopusausweitung [...] ist [...] unabhängig von semantischem Wandel: semantischer Wandel (z.B. von deontischer zu ‚epistemischer' Bedeutung) und Reanalyse der syntaktischen Struktur (von engem Skopus zu weitem Skopus) hängen zwar eng zusammen, doch handelt es sich um zwei eigenständige und nicht in vollständiger Synchronisation verlaufende Prozesse. Erstens ist festzuhalten, daß Lesarten mit weitem Skopus sich unter verschiedenen Bedingungen einstellen können. Zweitens ist zu bemerken, daß weiter Skopus sich auch bei der alten, z.B. deontischen Bedeutung des Modalverbs einstellen kann. (DIEWALD 1999: 366)

Es kann hier erneut festgestellt werden, dass auch synchron Lesartenübergänge möglich sind und wohl auch deshalb nach wie vor keine Einigkeit über die syntaktische und semantische Einordnung der Modalverben besteht. Weder gibt es einen Konsens darüber, welche Verben synchron in die Klasse der Modalverben gehören (obwohl es einen unbestrittenen Kernbereich gibt; vgl. auch GIRNTH 2000: 119), noch ist abschließend geklärt, wie diese Klasse genau gegen andere Bereiche des deutschen Verbsystems abzugrenzen ist und ob überhaupt von einer eigenen Klasse die Rede sein kann.

> Das Verfahren einer extensionalen Bestimmung der Verbgruppe läßt sich für eine synchronische Untersuchung gut rechtfertigen. In einer entwicklungsgeschichtlichen Untersuchung spielt aber die Offenheit der Kategorie eine grundlegendere Rolle. Historisch ist gerade von Interesse, wie sich einzelne Verben dieser Gruppe nähern bzw. von dieser Gruppe entfernen, wie sich Untergruppen bilden und wie sich Systemansätze entwickeln. (FRITZ 1997: 14)

Vor dem Hintergrund ihrer Entwicklungsgeschichte ist es wenig erstaunlich, dass es sich bei den Modalverben um „keine wohldefinierte Kategorie" (FRITZ 1997: 14) handelt: „Keines der üblichen Abgrenzungskriterien erlaubt es, genau die Menge der Verben auszusondern, die man normalerweise zu dieser Gruppe rechnet" (ebd.). FRITZ (1997: 14) nennt als die drei wichtigsten Kriterien:

- Konstruktion mit dem reinen Infinitiv
- Bildung der 3. Pers. Sg. ohne Endung
- Vokalwechsel zwischen Singular Präsens Indikativ und Plural Präsens Indikativ

Bekanntlich gibt es weitere Verben, die einen reinen Infinitiv regieren, z.B. *lassen*, welches außer von WELLMANN (2008: 144) jedoch nicht zu den Modalverben gezählt wird. Gegen diese Extension von *Modalverb* könnte sprechen, dass die 3. Pers. Sg. von *lassen* mit der Konjugationsendung *–t* gebildet wird. Andererseits sind sowohl deontische als auch epistemische (im Sinne von ‚angenommen, dass') Verwendungen von *lassen* möglich, vgl.:

(18) Er lässt sein Auto einmal im Monat waschen.

(19) lass es mal friere, dann sin die all kaputt[40]

Das Verb *lassen* wird in der hier vorliegenden Untersuchung nicht als modales Verb berücksichtigt, die Frage nach seiner Nähe oder gar Zugehörigkeit zum Modalverbparadigma bleibt damit weiter offen.

Bezüglich des zweiten Kriteriums gibt es ebenfalls Beispiele für Nicht-Modalverben, die diese morphologische Besonderheit aufweisen. Auch *wissen* wird in der 3. Pers. Sg. endungslos realisiert und kann modal verwendet werden, dann allerdings nicht mit einem reinen Infinitiv:

(20) Er weiß sich zu wehren.

Das dritte Kriterium, Vokalwechsel zwischen Singular Präsens Indikativ und Plural Präsens Indikativ erfasst nicht einmal alle Verben, die unbestritten zur Kategorie der Modalverben gehören, es gilt nämlich nicht für *sollen.*

Trotz dieser Schwierigkeiten gibt es so viele Gemeinsamkeiten, dass man gemeinhin eine Kategorie ‚Modalverb' ansetzt und die gängigen Grammatiken auch allesamt den Modalverben einen eigenen Abschnitt widmen.

> Das homogene Bild entsteht dadurch, daß die Modalverben ein auffälliges, differenziertes morphologisch-syntaktisches Verhalten aufweisen, epistemisch gebraucht werden können und dazu eine diachronische Entwicklung zur Gruppe der Modalverben aufweisen. (GEVORGYAN-NINNESS 2005: 63)

Der Versuch, dieses „homogene Bild" – diesen Eindruck – mit belastbaren syntaktischen und semantischen Kriterien zu rechtfertigen und zu begründen, beschäftigt die germanistische Linguistik spätestens seit der Arbeit von Gunnar Bech „Grundzüge der semantischen Entwicklungsgeschichte der hochdeutschen Modalverba" (Kopenhagen, 1951).

Dabei lohnt es sich, einen methodischen Grundsatz in Erinnerung zu behalten, der in Wittgensteins Philosophischen Untersuchungen formuliert ist:

> Sag nicht: „Es *muß* ihnen etwas gemeinsam sein, sonst hießen sie nicht ‚Spiele' [oder Modalverben]" – sondern *schau*, ob ihnen allen etwas gemeinsam ist. – Denn, wenn du sie anschaust, wirst du zwar nicht etwas sehen, was *allen* gemeinsam wäre, aber du wirst Ähnlichkeiten, Verwandtschaften, sehen, und zwar eine ganze Reihe. (WITTGENSTEIN 2003: 56 f.; Hervorh. i. Orig.)

Die Grammatik von ZIFONUN ET AL. (1997) bietet eine Lösung, die m.E. mit der Wittgensteinschen Idee von Familienähnlichkeiten und der diachronen Dynamik und Offenheit der fraglichen Kategorie der Modalverben in angemessener Weise vereinbar ist. ZIFONUN ET AL. (1997: 1253) nehmen eine „komplexe Bestimmung" aus insgesamt 5 Kriterien vor, die beim „Kernbereich" der Modalverben vollständig erfüllt sind. Neben

[40] Hörbeleg.

dem Kernbereich gibt es periphere Verwendungsweisen wie z.B. jene von *wollen* ohne einen Infinitiv (vgl. Kap. 5.1.2), für die einzelne Kriterien nicht mehr zutreffen.

Die Grammatik von ZIFONUN ET AL. (1997) zählt zu den Abgrenzungskriterien für Modalverben:

1. Sie regieren den reinen Infinitiv, dann jedoch außerdem kein akkusativisches Termkomplement.
2. Sie werden nicht im Imperativ gebraucht.
3. Sie haben ein volles Paradigma der Tempusformen.
4. Sie haben keinen eigenen Valenzrahmen, sondern transportieren den des Verbs, auf dem sie operieren, weiter.
5. Sie werden dazu verwendet, Sachverhaltsentwürfe auf der Folie von Redehintergründen, z.B. situativen Umständen, Normen oder Wissensvoraussetzungen, einzuordnen. (ZIFONUN ET AL. 1997: 1253)

Diese Kriterien enthalten „Parallelen und Divergenzen zu den Hilfsverben, den anderen verbalen Infinitoperatoren" (ZIFONUN ET AL. 1997: 1253), keines der Kriterien kann alleine die Abgrenzung der Modalverben gegen alle anderen infinitivregierenden Verben leisten; vgl. auch EISENBERG (1999: 91): „Die verbale Ergänzung ist ein notwendiges, nicht jedoch ein hinreichendes Kriterium zur syntaktischen Abgrenzung der Modalverben". Die Besonderheit der Rektion eines reinen Infinitivs grenzt die Modalverben gegen eine große Zahl von infinitivregierenden Verben ab, kann aber in anderer Hinsicht auch als zu ausschließlich gewertet werden:

> Andererseits gehört nach diesem Kriterium das Verb *brauchen* nur bedingt in diese Gruppe, je nachdem, ob man den umgangssprachlichen Gebrauch zugrundelegt – in der negierten Form seit dem 19. Jahrhundert mit reinem Infinitiv – oder den schriftsprachlichen Gebrauch (Infinitiv mit *zu*). (FRITZ 1997: 15)

Die verschiedenen Kriterien sind nur in Kombination geeignet, ein Verb – oder genauer: Gebrauchsmuster eines Verbs – dem Paradigma der Modalverben zuzuordnen. Das insofern übergeordnete, als das alle Muster einschließende Kriterium soll Kriterium [5] sein (vgl. ZIFONUN ET AL. 1997: 1254).

Während in der Grammatik von ZIFONUN ET AL. (1997) die Abgrenzung der Modalverben gegen die „anderen verbalen Infinitoperatoren" (ZIFONUN ET AL. 1997: 1253), also gegen andere Hilfsverben, im Vordergrund steht, ist in der Forschungstradition überhaupt der Status der Modalverben zwischen Hilfs- und Vollverben umstritten.

> Die Modalverben entziehen sich einer Kategorisierung in Vollverben oder in Hilfsverben. [...] Die Interkategorialität der Modalverben ist ein Reflex der Divergenz zweier unterschiedlich stark grammatikalisierter Funktionen und betrifft nicht nur syntaktische, sondern auch semantische Fragen. (DIEWALD 1999: 91)

Bei ZIFONUN ET AL. (1997) sind die Modalverben durch die Kriterien [1] und [4] eindeutig als Nicht-Vollverben klassifiziert, wobei Kriterium [4] einen unsicheren Status hat (vgl. Kap. 5.1.2). Häufig liest sich die grammatische Beschreibung so, dass die Modalverben, die eigentlich Nicht-Vollverben seien, als Vollverben gebraucht werden bzw. in geeigneten Kontexten als Vollverben fungieren könnten: „Im Dialog kann es vorkommen, dass sie auch allein für den komplexen Ausdruck stehen und dann als Vollverb fungieren: [...] *Kannst du kommen? Ich kann nicht.*“ (WELLMANN 2008: 144; vgl. auch ZIFONUN ET AL. 1997: 1256). Diese Darstellung ist verkürzt, und die Formulierung, das Modalverb stehe für einen komplexen Ausdruck, mindestens problematisch. Das Modalverb im Beispiel ist eine anaphorische Wiederaufnahme, der regierte Infinitiv ist vorerwähnt – und soll hier im Gegensatz zu *können* nicht negiert werden. Dennoch ist der Hinweis interessant, dass dialogische Strukturen Konsequenzen für syntaktische Muster bzw. deren Frequenz haben (vgl. Kap. 7 „Dialogizität als Strukturbedingung schriftsprachlicher Innovationen“).

Die grundlegende Studie „Zur Syntax und Semantik der Modalverben des Deutschen“ (ÖHLSCHLÄGER 1989) kommt im Rahmen einer generativen Syntaxtheorie zu einer anderen Auffassung. Das Fazit der Auseinandersetzung mit allen – synchron standardschriftsprachlichen – Vorkommensmöglichkeiten der Modalverben lautet: „Alles in allem sprechen die syntaktischen Eigenschaften der Modalverben m.E. dafür, sie als Vollverben zu behandeln“ (ÖHLSCHLÄGER 1989: 251).

> Syntaktisch bilden die Modalverben keine homogene Klasse: z.T. sind sie Hebungsverben, z.T. sind sie Kontrollverben, *können* und *mögen* verfügen darüber hinaus noch über die Möglichkeit der Konstruktion mit einer akkusativischen Nominalphrase. [...] Semantisch spricht im Grunde noch weniger für eine Kategorie ‚Modalverb‘: eine einheitliche Bestimmung des semantischen Beitrags der Modalverben [...] ist m.E. nicht möglich. (ÖHLSCHLÄGER 1989: 251 f.)

Das allgemeine Kriterium des alleinigen Vorkommens in zusammengesetzten Verbformen charakterisiert nach ÖHLSCHLÄGER (1989: 56) ausschließlich *haben*, *werden* und *sein* als Hilfsverben. Diesem Kriterium stellt ÖHLSCHLÄGER (1989) die bekannten Verwendungsmuster ohne ein weiteres Verb gegenüber:

> *Karl darf/kann ... in die Stadt.*
> *Karl darf/kann ... es.*
> *Karl kann/darf ... das.*
> *Was darf/kann ... Karl?*
> *Karl darf/kann ... allerlei.*
> *Karl möchte/will ein Bier.*
> *Karl möchte/will, daß Fritz ihn besucht.*
> *Karl kann Englisch.*
> *Karl kann das Gedicht.*
> *Karl mag Paula.* (ÖHLSCHLÄGER 1989: 60)

Die verbreitete Erklärung dieser Muster über die Annahme eines elliptischen Infinitivs kritisiert Öhlschläger:

> Es ist nicht möglich [...] einerseits zwar zuzugestehen, daß es nichtelliptische Vorkommen ohne einen Infinitiv gebe, daß die Modalverben also auch mit anderen Komplementen als einem Infinitiv bzw. einer Infinitivkonstruktion auftreten könnten, und ihnen in diesen Fällen

> Vollverbstatus zuzuschreiben, andererseits aber daran festzuhalten, daß sie Nichtvollverben seien, da sie obligatorisch mit dem Infinitiv stünden.
> Dies wäre nur dann möglich, wenn man bei den Modalverben jeweils zwei homonyme Verben bzw. zwei verschiedene Bedeutungen eines Verbs ansetzen könnte, wie dies etwa bei *haben* plausibel ist. (ÖHLSCHLÄGER 1989: 62)

Eine Differenzierung einzelner Modalverben in ein infinitivregierendes Verb und ein homonymes Vollverb hält ÖHLSCHLÄGER (1989: 62) für unangemessen, da er keinen Bedeutungsunterschied sieht. Sein Vorschlag lautet demzufolge:

> Wenn man Ellipsen als unvollständige Äußerungen versteht, als Äußerungen, bei denen bestimmte Teile ausgelassen, erspart wurden, die zum Verständnis der jeweiligen Äußerungsbedeutung aber aus dem Kontext, der Äußerungssituation, aufgrund des grammatischen oder des Weltwissens erschlossen und ergänzt werden müssen, dann sind nicht alle Vorkommen von Modalverben ohne einen Infinitiv elliptisch erklärbar. Dies gilt zum einen für alle Fälle, bei denen ein Modalverb mit einem Pronomen wie *es*, *das*, *was*, *allerlei*, *alles*, *nichts* usw. kombiniert ist, zum anderen bei *können* und *mögen* mit einer akkusativischen Nominalphrase sowie *wollen* und *möchte* mit einem *daß*-Satz. [Es] folgt daraus, daß die Modalverben nach dem Kriterium des obligatorischen Vorkommens mit einem infiniten Verb keine Nichtvollverben, sondern Vollverben sind: Ihre Kombinationsmöglichkeiten rechtfertigen es nicht, sie als von (normalen) Vollverben sich unterscheidende Verben zu klassifizieren. (ÖHLSCHLÄGER 1989: 73)

Versucht man vor diesem Hintergrund eine möglichst theorieneutrale Zusammenfassung, so muss man zunächst schlicht feststellen, dass Modalverben weder Hilfs- noch Vollverben sind, sondern eben Modalverben. Diese Klasse ist nicht nach rein syntaktischen Kriterien abgrenzbar, allerdings durch ein gemeinsames semantisches Spezifikum (die Kombination eines Sachverhaltsentwurfs mit einem Redehintergrund) bestimmt. Die Modalverben sind grundsätzlich polyfunktional und treten in unterschiedlichen syntaktischen Mustern auf. Das prototypische syntaktische Muster ist durch die Kriterien [1] bis [4] nach ZIFONUN ET AL. (1997: 1253) beschrieben, in der stärker grammatikalisierten (epistemischen oder deiktischen) Lesart sind diese Kriterien obligatorisch. Allerdings sind insbesondere *können*, *mögen* und *wollen* nicht auf dieses syntaktische Muster beschränkt, die „Offenheit der Kategorie" (FRITZ 1997: 14) schlägt sich in syntaktisch verschiedenen, synchron nebeneinander bestehenden Verwendungsweisen nieder.

Die Untersuchung des Chat- und Forum-Materials soll das Variationsspektrum der Verwendungsweisen in nicht normgebundener Schriftsprache zeigen. Die syntaktischen Muster des Modalverbgebrauchs werden stilistisch voneinander unterschieden und vor den theoretischen Hintergrund innovativer Schriftsprachverwendung gestellt.

5.1.5 Semantische Differenzierung der Modalverben

Innerhalb der beiden grundlegenden Lesarten sind weitere semantische Differenzierungen möglich, die im Folgenden aber nur kurz dargestellt werden, da sich in dieser Hinsicht keine Auffälligkeiten in den untersuchten Korpora ergeben haben. Der Unterschied der Grundmodalen zur epistemischen Modalität besteht darin, dass alle Modalverben in der Grundmodalität einen Beitrag zur Bedeutung der vom Satz ausgedrückten Proposition leisten. DIEWALD (1999: 18) fasst dies so zusammen:

> Das gemeinsame Merkmal des nichtdeiktischen Gebrauchs besteht in der nennenden (referentiellen) Funktion der Modalverben [...]: das Modalverb prädiziert einen Zustand des Subjekts, der sich auf das Infinitivkomplement bezieht und der von einer im Satz nicht genannten Quelle, einem Ausgangspunkt, bedingt ist. (DIEWALD 1999: 18)

Vor dem Hintergrund einer differenzierten Semantik ist die Bezeichnung „deontische Lesart" als Überbegriff für die Modalverben in der Grundmodalität problematisch (vgl. DIEWALD 1999: 74). ABRAHAM (2008: 184, Fußnote 3) weist auf die Etymologie von *deontisch* hin und erklärt, dass dieser Ausdruck „vom altgriechischen Präsenspartizip *deont-* [abgeleitet ist], zu dem der Präsensinfinitiv *dein* ‚fehlen, mangeln' lautet". Damit ist nur eine Subklasse der Grundmodalverben bezeichnet, „nämlich die der Nezessität bzw. Obligatorik" (ebd.). Für die Bezeichnung der Subklassen gibt es keine einheitliche Terminologie. ABRAHAM (2008) unterscheidet zwischen deontischer, permissiver und boulomaischer (ABRAHAM 2008: 184, Fußnote 3), aber auch zwischen deontischer, boulomaischer und alethischer Lesart (ABRAHAM 2008: 185) sowie zwischen Deontik, Voluntativität, Abilität und Permissivität (ABRAHAM 2008: 199).

Einfacher ist eine Unterscheidung von drei Paaren mit den Kategorien ‚Möglichkeit' (*können*, *dürfen*), ‚Notwendigkeit' (*müssen*, *sollen*) und ‚Wille'/‚Wunsch' (*wollen*, *mögen*) (vgl. HENTSCHEL/WEYDT ^{3}2003: 80). Die weitere Differenzierung erfolgt aufgrund distinktiver Merkmale.

Manche Modalverben (*dürfen*, *sollen*) implizieren das Vorhandensein einer vom Satzsubjekt verschiedenen Quelle der ausgedrückten Modalität, also eine – nicht unbedingt genannte – dritte Instanz. Um schließlich noch *mögen* und *wollen* voneinander zu unterscheiden, gehen HENTSCHEL/WEYDT (^{3}2003: 80) von einem unmarkierten und einem hohen Grad an Intensität aus, wobei *wollen* einen intensiveren Wunsch oder Wille ausdrückt als *mögen*. Die semantischen Unterschiede der sechs Modalverben des Standards lassen sich dann in einer Tabelle darstellen (vgl. Tab. 2).

		+ dritte Instanz	+ Intensität
Möglichkeit	*können*	*dürfen*	
Notwendigkeit		*sollen*	*müssen*
Wille	*mögen*		*wollen*

Tab. 2 nach HENTSCHEL/WEYDT ([3]2003: 80)

DIEWALD (1999) unterscheidet ebenfalls drei Kategorien, nämlich deontische (*dürfen* und *sollen*), volitive (*mögen* und *wollen*) und dispositionelle Modalität (*können* und *müssen*) (vgl. DIEWALD 1999: 74 ff.). Für alle diese Gebrauchsweisen gibt sie dieselbe abstrakte Bedeutungsparaphrase an: „Bedingt durch die Einwirkung einer modalen Quelle befindet sich das Satzsubjekt in einem modalen Zustand bezüglich des Infinitivkomplements" (DIEWALD 1999: 76).

Statt der zwei Merkmale [dritte Instanz] und [Intensität] bei HENTSCHEL/WEYDT ([3]2003: 80) zieht DIEWALD (1999) vier Merkmale zur Differenzierung der beiden jeweils zusammengefassten Verben heran. Das Merkmal [+/- Origo] ist bei allen nichtdeiktischen Verwendungen als [- Origo] realisiert. Bezüglich des modalen Zustands des Satzsubjekts bedeutet dies, dass eine „Verlagerung des modalen Ausgangspunktes von beliebigen Entitäten auf die deiktische Origo" (DIEWALD 1999: 99) möglich ist. Die deiktische Origo, i.e. der Sprecher, muss für den behaupteten modalen Zustand nicht verantwortlich sein. DIEWALD (1999) sieht hierin den entscheidenden Unterschied zwischen den beiden Lesarten: Die deiktischen Verwendungen haben generell das Merkmal [+ Origo], womit angezeigt wird, dass das Modalverb „der Darstellung einer sprecherbasierten Bewertung der Faktizität des dargestellten Sachverhalts dient" (DIEWALD 1999: 99).

Mit dem Merkmal [+ intern] bezeichnet Diewald die Besonderheit der volitiven Modalverben, dass die zukünftige Handlung des Satzsubjekts von diesem selbst gewünscht wird.

> Volitive Modalität ist markierter als die deontische Modalität, da das Subjekt einen hochgradig markierten Zusammenfall von drei positionalen Rollen aufweist. Es ist Ausgangspunkt und Ziel der vorausgesetzten Direktive und gleichzeitig Ausgangspunkt der intendierten Handlung. Volitive Modalität kann paraphrasiert werden als ‚Von-sich-selbst-eine-Direktive-bekommen-Haben'. (DIEWALD 1999: 149)

DIEWALD (1999) geht weiter davon aus, dass es bei *wollen* und *mögen* auch eine assoziierte Vollverbbedeutung gibt, mit der „innere Befindlichkeiten" (DIEWALD 1999: 144) ausgedrückt werden. Allerdings kann diese Bedeutung auch dann vorliegen, wenn das Modalverb einen reinen Infinitiv regiert. Syntaktisch sind beide Bedeutungen also nicht immer differenziert, entscheidend ist die Semantik des regierten Infinitivs: „Wenn der Infinitiv keine Handlungssemantik aufweist und somit kaum als Inhalt einer an sich selbst gerichteten Direktive aufgefaßt werden kann, ergeben sich gradiente Bedeutungen“ (DIEWALD 1999: 144). Dies ist der Fall bei stativen Verben wie *sein*, *sehen* oder *wissen* sowie bei passivierten Infinitiven (vgl. ebd.). Aus dieser Situation ergibt sich, dass – „wie bei Grammatikalisierung im Verlauf nicht anders zu erwarten“ (DIEWALD 1999: 144) – Übergangsfälle mit unklarer Semantik auftreten. Letztlich bedeutet das, dass die Modalverben *wollen* und *mögen* nicht scharf von den Vollverben *wollen* und *mögen* abgegrenzt sind:

> Die zweite Bedeutung der Verben *wollen* und *mögen* (‚einen Wunsch verspüren‘, ‚gern haben‘ etc.) ist die eines primären Experiencerverbs [...]. Diese Bedeutung ist nicht modal und weitgehend mit der Vollverbbedeutung von *wollen* und *mögen/möchte* assoziiert. (DIEWALD 1999: 149)

Verwendungen innerhalb des Übergangsbereichs erklärt DIEWALD (1999: 144) mit Ellipsen: „Auch bei eindeutig elliptischen Infinitiven ergibt sich oft eine gradiente Bedeutung zwischen primärem Experiencerverb und volitivem Modalverb“. Hierbei ist die Ellipse eines Bewegungsverbs sowie die Ellipse von *haben* relevant, die Beispiele aus ihrem Korpus entstammen beide der gesprochenen Sprache und lauten:

(21) und meine Frau möchte auch gern in die KK.

(22) die Privatversicherungen die wollen immer die Originale.

Die dispositionellen Modalverben *können* und *müssen* sind hinsichtlich des Merkmals [+/- intern] nicht bestimmt, sie unterscheiden sich dementsprechend auch von den anderen vier Verben durch die Diffusheit der modalen Quelle. Dazu passt die Vielzahl der in ZIFONUN ET AL. (1997: 1888 ff.) angenommenen Redehintergründe für *können* und *müssen*: die beiden dispositionellen Modalverben können intrasubjektiv-circumstantiell, extrasubjektiv-circumstantiell, normativ, teleologisch oder extrasubjektiv-volitiv verwendet werden. In diesem Zusammenhang ist der Hinweis wichtig, dass „generell [...] nicht anzunehmen [ist], daß Redehintergründe in Interaktionen präzise abgegrenzt und disjunkt voneinander hergestellt werden“ (ZIFONUN ET AL. 1997: 1883).

> Häufig kann auch mit Mischformen von einer wechselseitigen Überlagerung oder Vieldeutigkeit von Redehintergründen gerechnet werden. Dies gilt insbesondere für benachbarte Redehintergründe wie normative und volitive (fremde und eigene Wertsetzungen), volitive und teleologische (eigene und äußere Zielsetzungen). Daher bewegt sich auch die Interpretation, sei es durch die Interaktionsbeteiligten, sei es durch wissenschaftliche Analyse, in einem Vagheitsspielraum. (ZIFONUN ET AL. 1997: 1883)

Nach DIEWALD (1999: 159 ff.) besteht der Unterschied zwischen *können* und *müssen* darin, dass *müssen* nicht-reaktiv sei, *können* hingegen eine Reaktion der Modalquelle ausdrücke. Für diese Annahme spreche das Negationsverhalten der Verben.

> Ein Verbot enkodiert die Verweigerung einer reaktiven Direktive. Analog bringt negiertes *können* zum Ausdruck, daß die diffuse Modalquelle nicht so beschaffen ist, nicht so ‚reagiert‘, wie es vom prospektiven modalen Ziel angeregt ist. (DIEWALD 1999: 160)

Von den deontischen (nicht-deiktischen) Verwendungsweisen grundsätzlich unterschieden sind die epistemischen (deiktischen) Verwendungsweisen. Nach Diewald ist die Deiktizität der epistemischen Verwendung das entscheidende Abgrenzungskriterium; in der epistemischen bzw. deiktischen Verwendung haben demnach alle Verben das Merkmal [+ Origo]. Diewalds allgemeine Paraphrase für den deiktischen Gebrauch lautet:

> Durch die modale Quelle (den Sprecher als die deiktische Origo) ist der Proposition im Skopus des Modalverbs ein durch das Modalverb ausgedrückter, unsicherer Faktizitätswert zugewiesen. (DIEWALD 1999: 78)

Das Ziel der epistemisch-modalen Relation ist nicht als ein Bestandteil der modifizierten Proposition enkodiert, sie ist vielmehr diese Proposition selbst:

> Die drei nichtdeiktischen Modalitäten haben wie ausgeführt prototypischerweise engen Skopus, d.h. das Modalverb ist eine Prädikation über das Subjekt (d.h. das Satzsubjekt ist das Ziel der Modalrelation). Sie sind am weniger grammatikalisierten Pol der Grammatikalisierungsskala angesiedelt. Der deiktische Gebrauch dagegen hat immer weiten Skopus (die Proposition ist das Ziel der Modalrelation), und die Modalquelle ist mit der deiktischen Origo besetzt. Er repräsentiert die am stärksten grammatikalisierte Gebrauchsweise der Modalverben. (DIEWALD 1999: 77)

Allerdings ist es nicht „angemessen [...], alle sechs grammatischen Modalverben nur als Ausdruck verschiedener Wahrscheinlichkeitsgrade zu betrachten" (DIEWALD 1999: 23). Bei den deiktisch gebrauchten Modalverben *können* und *müssen* steht das Merkmal [+/- nichtfaktisch] im Vordergrund. Es besteht in der Forschung Einigkeit darüber, dass die Faktizität von mit *müssen* modifizierten Propositionen vom Sprecher als relativ hoch eingeschätzt wird. Der Unterschied zwischen *können* und *müssen* ist demnach eine Tendenz von *können* zum Wert [+ nichtfaktisch], bei *müssen* hingegen eine Tendenz zum Wert [- nichtfaktisch] (vgl. DIEWALD 1999: 215).

Die beiden Verben *sollen* und *wollen* sind hinsichtlich des Merkmals [+/- nichtfaktisch] unbestimmt. Sie haben eine referierende Funktion (vgl. DUDEN 2005: 566 f.), d.h. der Sprecher gibt die Darstellung einer von ihm verschiedenen Quelle an. Diewald nennt diese beiden referierenden Modalverben Quotative. Einerseits wird mitgeteilt, „daß der nichtgenannte zitierte Sprecher [einer Proposition] den Wert [-nichtfaktisch] zugewiesen hat" (DIEWALD 1999: 227). Andererseits ergibt sich aus diesem Verweis auf eine vom Sprecher verschiedene Quelle zwangsläufig eine Distanzierung, denn der Sprecher weist selbst der Proposition keinen Faktizitätswert zu, was einen markierten Fall darstellt.

Der Unterschied zwischen den beiden „Quotativen" ergibt sich aus einer Besonderheit von *wollen*: „Es hat die gleiche quotative Funktion, jedoch ist die ursprüngliche Quelle der Faktizitätsbewertung, der zitierte Sprecher, mit dem Satzsubjekt identisch" (DIEWALD 1999: 227).

Trotz syntaktischer und semantischer Unterschiede zwischen den Verwendungsweisen der Modalverben kann es zweideutige Kontexte und Verwendungen mit mehr oder weniger großem Interpretationsspielraum geben. Daneben gibt es die jeweils prototypischen Kontexte „für die nichtdeiktische Lesart (z.B. belebtes Subjekt, Handlungssemantik des Hauptverbs) und prototypische Kontexte für die deiktische Lesart (z.B. expletives *es* oder unbelebtes Subjekt, statives Hauptverb)" (DIEWALD 1999: 39). Eine uneindeutige Verwendung führt im kommunikativen Kontext dazu, „daß die Interpretation nichtprototypischer Kontextualisierungen durch pragmatische Inferenzen gesteuert wird, d.h. es werden konversationelle Implikaturen im Griceschen Sinn wirksam" (DIEWALD 1999: 39).

Insgesamt kann man davon ausgehen, dass alle relevanten Pfade im Grammatikalisierungsprozess der Verben *dürfen, können, mögen, müssen, sollen* und *wollen* von den Vollverbverwendungen über die Grundmodalverbverwendungen bis hin zu den deiktischen / epistemischen Verwendungen synchron noch vorhanden sind. Zwar ist der Vollverbgebrauch von *dürfen, müssen* und *sollen* (standardschriftsprachlich) stark eingeschränkt nur mit anaphorischen Pronominalisierungen vorerwähnter Verbkomplexe möglich (und wird daher in der Regel nicht behandelt bzw. nicht als Vollverbgebrauch berücksichtigt), betrachtet man aber das Paradigma als ganzes, so sind darin parallel alle Verwendungsweisen mindestens als Potential enthalten.

5.2 Die modalen Verben in Chat und Forum

5.2.1 *dürfen*

Innerhalb der Normen der Standardschriftsprache gilt für *dürfen*, dass es nicht ohne einen reinen Infinitiv verwendet werden kann. Eine Ergänzung in Form einer Nominalphrase ist nur dann möglich, wenn die NP eine Verbalphrase pronominalisiert:

(23) Ich muss nicht fahren, ich darf Wein trinken.

(24) Ich muss nicht fahren, ich darf das.

ÖHLSCHLÄGER (1989: 68) schließt andere Ergänzungen bei *dürfen* aus:

> Abgesehen von den gerade untersuchten Pronomina sind Nominalphrasen im Akkusativ – ohne einen Infinitiv – nur bei *wollen, möchte, können* und *mögen* möglich, *daß*-Sätze nur bei *möchte* und *wollen*.

Ebenfalls akzeptabel, allerdings eher in informellen Texten, ist eine Ergänzung in Form einer Präpositionalphrase, wenn diese eine Richtungsangabe darstellt (vgl. die Restriktionen für *können*)[41]:

---

[41] Es liegt nahe, ähnliche Restriktionen für *dürfen* und *können* anzunehmen, da *können* in bestimmten Kontexten „im Sinne von *dürfen* verwendet" (DUDEN 2007: 250) wird.

(25) Er darf jetzt nach Hause.

(26) Verdammt, ich darf heute wieder nicht ins Kino![42]

Einen Überblick über die Häufigkeiten der Verwendungsweisen von *dürfen* mit einem Infinitiv sowie *dürfen* mit einem phrasalen Komplement (Nominal-, Präpositional-, oder Adjektivphrase) in Chat und Forum gibt Tabelle 3. Dabei ist *dürfen* im Chat insgesamt 687mal belegt, im Forum 213mal.

	dürfen + Infinitiv	p-Wert	*dürfen* + Komplement	p-Wert
Chat	71%	p<0,0001	13%	p<0,0001
Forum	96%	p<0,0001	3%	p<0,0001

Tab. 3: Anteil der Verwendungsweisen von *dürfen* mit Infinitiv und mit Komplement an der jeweiligen Gesamtzahl der *dürfen*-Belege im Chat und im Forum.

Die Verwendungsweise mit einem Infinitiv macht in jeder Rubrik des ElitePartner-Forums über 90% aus, während der höchste Anteil dieses Musters in einem einzelnen Chatroom bei 84% liegt. Für diesen Unterschied lassen sich eine strukturelle und eine stilistische Erklärung geltend machen. Die Verwendungsweise mit dem Infinitiv ist die stilistisch unmarkierte bzw. im Schriftstandard erwartbare. Das Interesse der Akteure im ElitePartner-Forum an einer „guten“, wahrscheinlich auch „elitären“ Sprache lässt sich bei einer qualitativen Betrachtung des Korpus leicht belegen und auch an der Benennung der zum Forum gehörigen Online-Partnervermittlung festmachen.

Ein textstruktureller Grund für die häufigere Verwendung des Musters *dürfen* + NP (mit einer Pronominalisierung als NP) im Chat liegt in den wesentlich kürzeren und (räumlich) dicht aufeinander folgenden Beiträgen in einem Chatroom im Vergleich zu den umfangreicheren und mit längerem zeitlichen Abstand zueinander verfassten Forumsbeiträgen. Dadurch entstehen im Chat dialogische Strukturen mit häufigeren Wiederaufnahmen und anaphorischen Verweisen, wobei sich aufgrund der Textstruktur das jeweilige Antezedens in relativer Nähe befindet.

Allerdings gibt es im Chat unter den Verwendungen ohne Infinitiv nicht nur diese standardkonformen. Es finden sich Ergänzungen von *dürfen* in Form „echter“, d.h. referentieller Nominalphrasen:

(27) aber ohne haut, die darfst du nicht*g (30-40-50-Chatset, 2007/01/09)

(28) darf ich webca[m] denn mach ich datt (30-40-50-Chatset, 2007/01/11)

[42] Beispiel nach WEINRICH (^{2}2003: 302), der für die Verwendung ohne Infinitiv einen „eindeutig determinierende[n] Kontext“ als Voraussetzung sieht.

(29) kommen vom fussballtraining jetzt dürfen se noch tv dann hab ich frei (30-40-50-Chatset, 2009/01/19)

Des Weiteren kommen als standardkonforme Ergänzung von *dürfen* Präpositionalphrasen mit einer Richtungssemantik vor:

(30) darf ich kurz zu dir? (30-40-50-Chatset, 2007/01/09)

(31) darf jetzt in die arbeit (Bayern, 2009/01/20)

Die Belege für das Muster *dürfen* + Präpositionalphrase entsprechen allesamt der Restriktion, dass die PP eine Richtungssemantik haben muss.

Schließlich gibt es noch zwei Belege für eine Adjektivphrase als (adverbiale) Ergänzung von *dürfen*, beide entstammen derselben Sequenz zwischen zwei Schreibenden im „Berlin-Brandenburg"-Chatroom:

(32) Wie lange darfste denn noch ? (Berlin-Brandenburg, 2002/04/05)

(33) vielleicht darf ich aba auch jetzt noch länger?! ma gucken (Berlin-Brandenburg, 2002/04/05)

Strukturell handelt es sich bei (32) und (33) insofern nicht um Ellipsen, als ein in der fraglichen Äußerung ausgespartes Vollverb im vorgängigen Kontext nicht vorhanden ist. Will man diese Verwendungen als elliptisch auffassen, dann muss damit eine empraktische Ellipse im Sinne Karl Bühlers (vgl. BÜHLER ^{3}1999: 155 ff.) gemeint sein.

Interessant sind also als abweichende Verwendungen die Belege (27) bis (29), standardsprachliche Grammatiken schließen solche Äußerungen aus (vgl. ÖHLSCHLÄGER 1989: 68–73). ÖHLSCHLÄGER (1989: 243) schlägt folgende Differenzierung vor: „Nur bei *können* und *mögen* habe ich [...] zwei syntaktische Einträge angesetzt: als Hebungsverben und als Verben mit einer akkusativischen Nominalphrase". Dabei kann die NP nicht von einem elliptischen Infinitiv abhängen, wie die Beispiele zeigen (vgl. ÖHLSCHLÄGER 1989: 71):

(34) Karl kann Englisch (sprechen).

(35) *Karl kann Englisch (singen).

(36) Karl kann die Tonleiter (singen).

Bei Ellipsen wären jeweils nur spezifische Verben weglassbar, weshalb ÖHLSCHLÄGER (1989: 71) annimmt, „daß die akkusativische Nominalphrase hier in der Tat als Akkusativ-Objekt zu *können* fungiert". Für diese Objekte gelten die bereits erwähnten semantischen Restriktionen, weshalb z.B.

(37) *Karl kann tröstende Worte (sprechen). (ÖHLSCHLÄGER 1989: 71)

nicht möglich ist. Die Chat-Belege (27) bis (29) entsprechen nun genau diesem Muster, allerdings mit dem standardschriftsprachlich überhaupt nicht objektfähigen *dürfen*.

Diese Verwendungen sind auf Basis derselben Argumentation wie für *können* nicht als Ellipsen beschreibbar. Wie für die Beispiele mit *können* gilt auch für (27) bis (29):

> Anders als bei *wollen* und *möchte* scheint es hier eher so zu sein, daß man den Infinitiv nicht ergänzen muß, um die Äußerung zu verstehen, sondern daß man die Äußerung erst verstanden haben muß, um den Infinitiv ergänzen zu können. (ÖHLSCHLÄGER 1989: 71)

Eine Äußerung wie (27) ist ohne den Kontext überhaupt nicht interpretierbar. Gemeint ist die nicht kalorienarme Haut eines Hähnchens, die gesamte Sequenz lautet[43]:

(38) 2007/01/09-20:23:29 [30-40-50 Chat-Set] Bob: Sandy: wat gibbet denn?
2007/01/09-20:25:01 [30-40-50 Chat-Set] Sandy: Bob: nur hähnchen
2007/01/09-20:25:22 [30-40-50 Chat-Set] Bob: Sandy: mmmmmhhh, passt nicht in mein diätprogramm.
2007/01/09-20:25:39 [30-40-50 Chat-Set] Sandy: doch Bob ist doch gegrillt
2007/01/09-20:26:00 [30-40-50 Chat-Set] Bob: meinste, dass ist kalorienarm?
2007/01/09-20:26:10 [30-40-50 Chat-Set] Bob: Sandy: meinste, dass ist kalorienarm?
2007/01/09-20:26:32 [30-40-50 Chat-Set] Sandy: jep Bob , aber ohne haut, die darfst du nicht*g

Der im Rahmen der generativen Syntaxtheorie entwickelte Vorschlag zur Beschreibung solcher Modalverbverwendungen von VAN RIEMSDIJK (2002) passt ebenfalls nicht auf das hier vorliegende Material. Dieser Vorschlag geht davon aus, dass Modalverben Auxiliare sind und Komplemente von einem (elliptischen) Vollverb spezifiziert werden müssen, die Modalverben selbst also keine Komplemente spezifizieren können. Zur Beschreibung der Vorkommen ohne einen Infinitiv schlägt VAN RIEMSDIJK (2002) die Annahme eines leeren Vollverbs vor, des „empty verb GO“ mit der phonetischen Form [Ø], einer direktionalen Semantik und der Lizensierung durch ein Modalverb (VAN RIEMSDIJK 2002: 152). Man kann hierin ein Beispiel für die von FEILKE/KAPPEST/KNOBLOCH (2001: 5) angesprochene Ellipsophilie vieler Grammatiker sehen. Zu den kindersprachlichen Verwendungen *Ich kann das*, *ich will ein Eis*, *ich muss mal* oder *du sollst das nicht* stellen FEILKE/KAPPEST/KNOBLOCH (2001: 5) fest, dass sie „früher als die auxiliare Verwendung“ auftreten und bemerken, dass diese – die auxiliare Verwendung – „für den ‚ellipsophilen‘ Grammatiker freilich schon immer im Hintergrund lauert“ (*Ich will das haben, du sollst das nicht machen*) (vgl. zu diesem Problem auch BUSLER/SCHLOBINSKI (1997)).

Die These des „empty verb GO“ (mit ihrem universellen Anspruch für alle kontinentalen westgermanischen Sprachen) ist in mindestens zwei Aspekten problematisch. Die semantische Charakterisierung von GOING als „motion verb“ (VAN RIEMSDIJK 2002: 144; 152) des Inhalts [+DIR] ist bereits sehr abstrakt, dennoch erfasst sie nicht die Belege aus dem Chat-Korpus. In den Belegen (27) bis (29) ließe sich kein Bewegungsverb ergänzen, ebenso wenig in (39) und (40):

---

[43] Die Nicknames der Chattenden wurden geändert.

(39) hausaufgabe muss ich auch noch (Bayern, 2009/01/19)

(40) unehrlichkeit kann ich gar nicht. (30-40-50 Chat-Set, 2007/01/12)

Es wird zugestanden, dass es außer dem Nullverb GO mindestens noch ein weiteres Nullverb BECOME geben könnte (vgl. VAN RIEMSDIJK 2002: 144), doch auch damit wären die genannten Beispiele und viele weitere Fälle immer noch nicht beschreibbar. Die Annahme beliebiger weiterer Nullverben wäre sicher nicht sinnvoll.

Ein zweiter Aspekt ist die Lizensierung des Nullverbs durch das Modalverb. In diesem Fall ist das Komplement von dem leeren Vollverb abhängig, zwischen dem Modalverb und der Nominalphrase besteht keine direkte syntaktische Beziehung. Betrachtet man jedoch die Beispiele (28) und (29), liegt die Annahme nahe, dass die Semantik der Nominalphrase (*webcam*, *tv*) durchaus eine Rolle für die Möglichkeit (oder Unmöglichkeit) des Gebrauchs ohne Infinitiv spielt. Hierfür gälte es dann entsprechend den Regeln für den Gebrauch von *können* ohne Infinitiv (vgl. WEINRICH ²2003: 299) semantische Restriktionen zu beschreiben. Innerhalb der Normen des Chats gelten im Vergleich zum schriftsprachlichen Standard (und zwar in einem höheren Maße als im Forum) demnach zum einen weniger eng gefasste Restriktionen für den Gebrauch von *können* ohne Infinitiv, zum anderen gibt es bei noch präziser zu beschreibenden Restriktionen auch die Möglichkeit zum Gebrauch von *dürfen* (und *müssen*) mit einem Komplement in Form einer Nominalphrase.

Eine für schriftsprachliche Texte überraschende Verwendungsweise ist die Kombination von *dürfen* mit einem Adverb in Syntagmen, die kein weiteres Verb (keinen Infinitiv) mehr enthalten. Ein Beispiel für dieses Muster ist (41):

(41) und ich darf net weg hab mir den knöchel verstaucht (Bayern, 2002/04/02)

Dieses Muster ist im Chat 19mal belegt, das entspricht 2,8% aller Vorkommen von *dürfen*. Ein Überblick über die Belege zeigt, dass es immer um eine Bewegungsrichtung geht:

(42) und irgendwann darf ich dann heut nochmal rein, fragt sich nur wann (Bayern, 2002/04/05)

(43) ick darf da nur rein^^ (Berlin-Brandenburg, 2009/01/26)

(44) ja natürlich darfst mit (Einfach nur chatten, 2002/04/03)

Die Adverbien stehen offenbar nicht an Stelle einer Präpositionalphrase, die ebenfalls eine Bewegungsrichtung ausdrückt, wie (45) zeigt:

(45) aber ich darf erst aus dem sandkasten raus bevor er abgedeckt wird oder? (30-40-50 Chat-Set, 2009/01/25)

Die Präpositionalphrase ist hier nicht die Ergänzung des Modalverbs, sondern hängt von dem Adverb *raus* ab. Sicher könnte man auch hier die Ellipse eines Bewegungsverbs vermuten, der Vergleich mit den Gebrauchsweisen der übrigen Modalverben zeigt jedoch, dass diese Beschreibung nicht angemessen ist.

Im Forum kommt die Kombination von *dürfen* mit einem Adverb nur in einem Beleg vor:

(46) toll, wenn man weiß, daß eben nicht jeder rauf darf und das Fallen aller Grenzen etwas besonderes ist (EP-Forum, Rubrik Sexualität, 2009)

Betrachtet man abschließend die Verteilung aller Verwendungsmuster mit *dürfen*, zeigen sich auch in dieser Hinsicht deutliche Unterschiede zwischen Chat und Forum (vgl. Tab. 4).

Neben den bereits behandelten Unterschieden fällt im Gesamtvergleich noch der höhere Anteil anaphorischer Verwendungen im Chat gegenüber dem völligen Fehlen anaphorischer *dürfen*-Belege im Forum auf.

	Chat	Forum	p-Wert
dürfen + Infinitiv	71,32%	96,24%	p<0,0001
dürfen + NP	9,75%	3,29%	0,0027
dürfen + PP	2,91%	0	--
dürfen + Adverb	2,77%	0,47%	0,0470
dürfen + Adjektiv	0,29%	0	--
Anaphern	12,95%	0	--

Tab. 4: Anteil der unterschiedlichen Verwendungsweisen von *dürfen* an der jeweiligen Gesamtzahl der Belege in Chat (687 Belege) und Forum (213 Belege).

5.2.2 *können*

Mit *können* wird eine Disposition oder eine Faktizitätsbewertung der Möglichkeit und Unsicherheit ausgedrückt. Die beiden Lesarten gehen hier (wie auch bei *müssen*) leicht ineinander über, in vielen Fällen sind zwei Interpretationen möglich (vgl. DIEWALD 1999: 216). DIEWALD (1999) kommt mit ihrem Korpus zu folgendem Befund:

> Allerdings ist der prozentuale Anteil der klar deiktischen Fälle von *können* und *müssen* bezogen auf die Gesamtfrequenz der jeweiligen Lexeme nicht, wie man vielleicht erwarten würde, höher als der der anderen Modalverben, sondern er liegt vergleichsweise niedrig. (DIEWALD 1999: 216 f.)

Im Chat-Korpus ist *können* insgesamt 5014mal belegt, wovon 8,6% der Belege der epistemischen (deiktischen) Lesart zugeordnet werden können. Das Forum-Korpus enthält 2937 Belege für *können*, 6,9% davon sind epistemische Verwendungen. In den von DIEWALD (1999) untersuchten Korpora werden 7,2% der 319 *können*-Belege der epistemischen bzw. deiktischen Lesart zugeordnet (vgl. DIEWALD 1999: 217). Obwohl DIEWALD (1999) eine deutlich geringere Gesamtzahl an Belegen untersucht, kann der ungefähre proportionale Anteil der epistemischen Lesart also bestätigt werden.

Die epistemische Lesart ist dominant, wenn das Vollverb im Perfekt steht oder wenn *sein* als Vollverb erscheint (vgl. DIEWALD 1999: 218), allerdings kann dieses Muster in Diewalds Korpus nicht belegt werden:

> Die Seltenheit von nichtnegiertem indikativischem *können* mit Infinitiv Perfekt ist ein ausgesprochen überraschender Befund, zumal in fast allen Arbeiten konstruierte Beispiele wie *Er kann es getan haben* als Standardfälle für deiktisches *können* aufgeführt werden. (DIEWALD 1999: 218).

DIEWALD (1999: 219) folgert daraus, dass Negation und (in nichtnegierten Sätzen) ein Vollverb im Konjunktiv die bevorzugten Konstruktionen für die epistemische Lesart sind. Diese Folgerung wird vom Gebrauch in Chat und Forum nur teilweise bestätigt, wo nichtnegierte Indikative sehr wohl belegt sind und sogar jeweils den größten Anteil an den epistemischen Verwendungen (jeweils über 40%) ausmachen.

(47) es kann für meine Band der erfolg bedeuten (Bayern, 2002/04/05)

(48) kann auch am ungewöhnlichen Wetter liegen (30-40-50-Chat-Set, 2007/01/11)

(49) lach, naja, kann ja auch der nick neu sein, sowas gibts ja....g (30-40-50 Chat-Set, 2009/01/20)

(50) Ich kann mich selbstverständlich irren, aber [...] (EP, Rubrik Beziehung, 2009)

(51) das kann wenns schief läuft zum ende führen (EP, Rubrik Sexualität, 2010)

Sehr häufig sind Varianten von *kann sein* als Antwort auf die Äußerung eines anderen Chatters. Die Verbindung mit einem Infinitiv Perfekt findet sich allerdings auch im Chat-Korpus nicht. Im EP-Forum findet sich ein einziger Beleg für dieses Muster:

(52) Wenn ein Mann meint zu früh zu kommen, kann das genauso lang gedauert haben wie bei einem, [...] (EP, Rubrik Sexualität, 2008)

Die genaue Verteilung der syntaktischen Muster bei epistemischer Lesart zeigt Tabelle 5. Die Gesamtzahl der Belege mit epistemischer Lesart beträgt im Chat-Korpus 429, im Forum-Korpus 202.

	Chat	Forum	p-Wert
Negation	24,71%	17,33%	0,0378
Konjunktiv	28,90%	27,23%	0,6629
Indikativ, nicht negiert	40,56%	41,58%	0,8070
periphrastisch	5,83%	13,86%	0,0007

Tab. 5: Anteil der verschiedenen Formen von epistemisch gebrauchtem *können* an einer Grundgesamtheit von 429 Belegen im Chat-Korpus und 202 Belegen im Forum-Korpus.

Auffällig ist hier das häufigere Vorkommen von Periphrasen im ElitePartner-Forum, also Syntagmen nach dem Muster *es kann sein, dass* .... Periphrastische Konstruktionen sind ein manifestes Merkmal des hypotaktischeren Stils in den Textbeiträgen des Forums.

Für die dispositionelle Lesart gilt im Standard in intrasubjektiver Verwendung das Muster *können* + Infinitiv als üblich (vgl. ZIFONUN ET AL. 1997: 1255), allerdings kann der Infinitiv bei „Ausdrücken, die eine Bewegungsrichtung oder eine intellektuelle Fähigkeit eindeutig bezeichnen" (WEINRICH ^{2}2003: 299), fehlen. Die Verwendung ohne Infinitiv bei Richtungsangaben ist auch mundartlich belegt, wo eine enge syntaktische Bindung zwischen Pronominaladverb oder Adverb und *können* möglich ist:

(53) und da ist es [das Wasser] so flach gewesen, daß man hat hineingekonnt (Standard: und da war es so flach, daß man hineingehen konnte) (BAUER 1961: 18)

In den untersuchten Korpora ist dieses Muster für *können* selten, aber sowohl für Chat als auch Forum belegt:

(54) habsch immer bogen gefahren , weil du rauskannst gg (30-40-50 Chat-Set, 2009/01/26)

(55) [...] dass er bereits liiert ist und nicht wegkann, so wie er gerne will (EP, Rubrik Single, 2010)

Interessant ist in diesen Belegen die Univerbierung von Adverb und modalem Verb, darauf wird in der Beschreibung von *müssen* vor dem Hintergrund weiterer Belege noch näher eingegangen.

Auch schon in älteren Dialektbeschreibungen wird das Muster *können* + Richtungsangabe erwähnt, die Erklärung geht von elliptischen Bewegungsverben aus:

> Wenn ein Hilfszeitwort dabei [bei *sein, wollen, können*] steht, so kann der Infinitiv und das Part. Prät. der intransitiven Zeitwörter der Bewegung wegbleiben, z.B. *gester bin i naux Fort, morin wil i af Laf* gestern bin ich nach Fürth (gegangen, gefahren, geritten usw.), morgen will ich nach Lauf (gehen, fahren, reiten usw.), *i kho niturx des en lux* ich kann nicht durch dieses enge Loch (schlüpfen). (GEBHARDT/BREMER 1907: 302 f.)

Die Ergänzungen (z.B. *schlüpfen*) sind teilweise semantisch so spezifisch, dass sie eigentlich einen ebenso spezifischen Verwendungskontext voraussetzen würden. Das Problem der Auffüllung (vermeintlich) elliptischer Strukturen wird in Kap. 5.3.1 thematisiert.

Das Muster *können* + NP wird besonders häufig verwendet, wenn es um Sprachkenntnisse, die Beherrschung eines Spiels, Musikinstruments oder ähnlichem geht, und ist so auch in den Korpora belegt:

(56) ich kann jetzt prost auf chinesisch, japanisch, finnisch.. (Bayern, 2002/04/14)

(57) ich kann den Slang och ^^ (Berlin-Brandenburg, 2007/01/08)

(58) kannst schach? (Einfach nur chatten, 2002/04/14)

Allerdings gibt es auch Kombinationen von *können* mit Nominalphrasen, die nicht im Rahmen der Restriktionsbedingungen für den Standardgebrauch liegen. Im Folgenden werden einige dieser Belege in ihrem Zusammenhang wiedergegeben, dafür wurden die Nicknames der Akteure geändert und solche Beiträge entfernt, die zwar im selben Zeitraum erscheinen, inhaltlich aber in einem anderen Zusammenhang stehen.

(59) 2007/01/11-04:19:17 CET : [30-40-50 Chat-Set] Susanna: ich wart mal ab, es waren zuviele sachen die hinternander kamen Jasmin
2007/01/11-04:19:31 CET : [30-40-50 Chat-Set] Susanna: lange net gelesen Jasmin
2007/01/11-04:19:44 CET : [30-40-50 Chat-Set] Jasmin: Susanna: äh......äh
2007/01/11-04:20:08 CET : [30-40-50 Chat-Set] Susanna: morgen erst noch zum hno doc muss Jasmin
2007/01/11-04:21:03 CET : [30-40-50 Chat-Set] Jasmin: Susanna: hä
2007/01/11-04:21:22 CET : [30-40-50 Chat-Set] Susanna: was häh Jasmin
2007/01/11-04:21:29 CET : [30-40-50 Chat-Set] Jasmin: Susanna: kannste mal ebenklar text

Die Frage *kannste mal eben klartext* ist als indirekte Aufforderung zu verstehen. Damit diese Verwendung zu den Beschreibungen der Standardgrammatiken passte, müsste man Klartext als eine intellektuelle Fähigkeit (wie Weinrich) oder intrasubjektive Disposition (wie Zifonun et al.) auffassen.

(60) 2009/01/22-21:42:29 CET : [30-40-50 Chat-Set] Nina: ich kann nicht kochen, Robert ;)
2009/01/22-21:42:40 CET : [30-40-50 Chat-Set] Nina: nicht um diese zeit *erklär
2009/01/22-21:43:01 CET : [30-40-50 Chat-Set] Nina: da kann ich nur canapés..*g
2009/01/22-21:44:10 CET : [30-40-50 Chat-Set] Robert: das hatten wir heute schon Nina im mom kann ich nur noch tiefkühlkost [...]

Tiefkühlkost würde man kontextfrei sicher noch weniger als eine Fähigkeit oder Disposition eines Agens interpretieren als *Klartext*. Der innovative Gebrauch des modalen Verbs *können* ermöglicht jedoch, dass etwas unter dem Aspekt von Fähigkeit betrachtet wird. Es wird ein Handlungs-Frame eröffnet und die Fähigkeit oder Unfähigkeit zur Durchführung einer durch die Nominalphrase implizierten Handlung wird thematisiert, wobei diese Handlung hier ebenso der Kauf wie die Zubereitung von Tiefkühlkost sein könnte. Analog funktioniert das folgende Beispiel:

(61) 2009/01/25-21:10:51 CET : [30-40-50 Chat-Set] Linda: guten abend Baldur , na , heute schon wieder herzen gebrochen?*g
2009/01/25-21:11:07 CET : [30-40-50 Chat-Set] Baldur: bestenfalls welche aus Lebkuchen Linda :-)
2009/01/25-21:11:25 CET : [30-40-50 Chat-Set] Linda: Baldur: aha, ein schleckermäulchen bist du auch anoch?*g
2009/01/25-21:12:10 CET : [30-40-50 Chat-Set] Baldur: kannst du Vanillepudding mit Himbeersoße Linda ?? :-)

Weiterhin finden sich schließlich sogar noch einige Belege für die Kombination von *können* mit einer Adjektivphrase.

(62) 2007/01/13-20:18:12 CET : [30-40-50 Chat-Set] Marga: muss mal eben farben verteilen....falls jmd. gekickt wird, war ich es und ein versehen *lach
2007/01/13-20:18:26 CET : [30-40-50 Chat-Set] Blaze: will ned ocker*g
2007/01/13-20:18:30 CET : [30-40-50 Chat-Set] Chrissi: will lila, Marga.
2007/01/13-20:18:38 CET : [30-40-50 Chat-Set] Vlad: sonderwünsche Chrissi ?
2007/01/13-20:18:44 CET : [30-40-50 Chat-Set] Chrissi: immer, Vlad
2007/01/13-20:18:55 CET : [30-40-50 Chat-Set] Vlad: geht nicht Chrissi , Marga kann nur einheitlich*g

(63) 2007/01/11-09:34:38 CET : [30-40-50 Chat-Set] Nemo: soll ich die vorspeise machen Alex *grins
2007/01/11-09:34:50 CET : [30-40-50 Chat-Set] Alex: eher den nachtisch bitte Nemo
2007/01/11-09:35:07 CET : [30-40-50 Chat-Set] Nemo: ööööh Alex ich kann süß nicht so gut *schäm

(64) 2007/01/11-14:12:01 CET : [30-40-50 Chat-Set] Ms Bighead: grinst frech.
2007/01/11-14:12:01 CET : [30-40-50 Chat-Set] Phil: mal langsam bitte
2007/01/11-14:12:05 CET : [30-40-50 Chat-Set] Phil: kann nimmer folgen
2007/01/11-14:12:08 CET : [30-40-50 Chat-Set] Ms Bighead: l a n g s a m für Phil
2007/01/11-14:12:19 CET : [30-40-50 Chat-Set] Phil: bitt gaaaaaaaaaanz langsam
2007/01/11-14:12:22 CET : [30-40-50 Chat-Set] Rocko: hihi Ms Bighead also Phil mag es nicht schnell*gggg
2007/01/11-14:12:30 CET : [30-40-50 Chat-Set] Ms Bighead: hey Rocko .... kannst du mal für Phil langsam und so ????

(65) 2007/01/11-04:31:05 CET : [Berlin-Brandenburg] Boris: is des normal, dass die platte die da ran soll, als master laufen muss?
2007/01/11-04:31:10 CET : [Berlin-Brandenburg] Mirko: jap
2007/01/11-04:31:15 CET : [Berlin-Brandenburg] Boris: mom
2007/01/11-04:31:16 CET : [Berlin-Brandenburg] Mirko: muss auf master gejumpert sein
2007/01/11-04:31:26 CET : [Berlin-Brandenburg] Boris: aber trotzdem kann man 4, wenn man vier anschluesse hat oda?

Aus der Dialektsyntax gibt es Belege für *können* + Adverb, allerdings wird dieses Muster auch wieder als Ellipse interpretiert:

> Nach *können*, *müssen*, *sollen* werden häufig Infinitive wie *sein*, *werden* u. ä. weggelassen: *dat kann ni anners* etwa = das kann nicht anders gemacht werden;*he se, dat muss so* er sagte, es müsse so sein. Anders liegt natürlich die Sache, wenn aus dem Vorhergehenden ein Infinitiv zu ergänzen ist. (BERNHARD 1903: 20)

Im Forums-Korpus sind die meisten Nominalphrasen, die *können* ergänzen, eine Pronominalisierung. Für Kombinationen, durch welche die Restriktionsbedingungen der Standardgrammatiken nicht erfüllt sind, gibt es insgesamt nur zwei Beispiele.

(66) Ein Besuch im Swingerclub - gerade als Paar - bedeutet noch lange nicht, wahllos Sex mit zig anderen Personen zu haben. Ganz viele Paare haben dort, wenn überhaupt, nur miteinander Sex. Es ist einfach die Atmosphäre [...]. Wirklichen Sex kann man dann durchaus auch erst zu Hause.
(EP-Forum, Rubrik Sexualität, 2010)

Diese Verwendung ist deshalb interessant, weil hier nicht (nur) eine intrasubjektiv-dispositionelle Interpretation möglich ist, sondern *können* auf einen normativen Redehintergrund verweist.

Der zweite Beleg entstammt einem Text, der in einem für das ElitePartner-Forum ungewöhnlich parataktischen Stil geschrieben ist und starke emotionale Involviertheit signalisiert. Der Beitrag wird hier ungekürzt zitiert:

(67) Plötzliche Trennung, er spricht von Zusammenziehen, Anschaffungen, Renovierungen, Gemeinsamkeiten, ich verlass dich nicht...........ich hatte Angst, fünf Monate und als ich endlich glaubte, was er mir sagte........war Schluss, von heute auf morgen.........aber er will unbedingt mein Freund bleiben...und es ist ihm nicht egal, dass es mir dreckig geht...aber wenn ich es ihm sage, bricht er längere Zeit den Kontakt wieder ab, mit der Begründung, ich bräuchte ja Abstand! Hat keine Neue, kann keine Nähe...ich bin ratlos und fürchterlich unglücklich, weil es für mich der Richtige war.
(EP-Forum, Rubrik Trennung, 2010)

Wenn Modalverben eine akkusativische Nominalphrase regieren, ist laut ZIFONUN ET AL. (1997: 1256) „ein assoziiertes Vollverb in der Regel zu jedem Modalverb kontextfrei spezifizierbar“. Für das Beispiel *kann keine Nähe* ist allerdings äußerst fraglich, welches Verb hier zu spezifizieren und ob dies überhaupt eine angemessene Operation wäre. Auch bei dem Beitrag *kann nur einheitlich* kann trotz gegebenem Kontext jede Ergänzung um ein Vollverb lediglich eine plausible Paraphrase sein. Eine solche Paraphrase muss aber keineswegs korrekter oder vollständiger sein als das ursprüngliche Syntagma (vgl. BÜHLER ³1999: 157 f.).

Bei der Unterscheidung von prototypischem, infinitivregierendem *können* und der Verwendung von *können* mit einer NP ergibt sich in der Schriftlichkeit noch eine Besonderheit. Die Schrift erlaubt mittels Groß- und Kleinschreibung die Differenzierung von Infinitiven und deverbal gebildeten Substantiven. In Chat-Texten wird tendenziell auf Großschreibung verzichtet, im Forum schreiben die Akteure stärker normorientiert. Das folgende Beispiel aus dem Forums-Korpus illustriert die strukturelle Ambiguität, die eine Einordnung in die syntaktischen Kategorien problematisch macht.

(68) Darf ich auch mitmachen? Ich kann beides phantastisch Küssen und Rollen :-)
(EP, Rubrik Sexualität, 2008)

Im folgenden Beispiel aus dem Chat wird die Kategorisierung des Komplements hingegen nicht durch Großschreibung, sondern durch Univerbierung problematisch:

(69) na nun möchte ich gerne gedankenlesen können (30-40-50 Chat-Set, 2007/01/11)

Möchte man kein Verb *gedankenlesen* annehmen, müsste man auch hier die Struktur so analysieren, dass *können* durch eine Nominalphrase ergänzt wird. Die Univerbierung deutet zumindest darauf hin, dass der Chatter oder die Chatterin *können* durch ein einziges Element ergänzt, statt standardgemäß ein von dem Modalverb regiertes Vollverb durch eine Nominalphrase zu ergänzen.[44]

Ebenfalls schwierig ist die Analyse der folgenden beiden Belege:

(70) kannst du mal dia (Berlin-Brandenburg, 2009/01/26)

(71) können auch dia [Nickname] ? (30-40-50 Chat-Set, 2009/01/25)

Mit *dia* ist eine Funktion des Chat-Programms bezeichnet, die es den Akteuren ermöglicht, sich außerhalb des eigentlichen und allgemein sichtbaren Chatverlaufs nur für einander sichtbar etwas zu schreiben. Die zitierten Belege sind also im weitesten Sinne als Aufforderungen interpretierbar, diese Funktion zu starten bzw. für den Partner zu öffnen. Insbesondere im ersten Beispiel ist allerdings unklar, ob *dia* als eine akkusativische Nominalphrase oder eine Richtungsadverbiale (mit ausgelassener Präposition) fungiert. Es handelt sich hier zweifellos um einen domänenspezifischen Gebrauch, der in der gegebenen Situation unmissverständlich ist.

Die Kombination von *können* mit einer Nominalphrase setzt sich offenbar immer mehr durch und findet sich inzwischen auch vereinzelt in publizierten Texten. In literarischen Texten ist die Normabweichung legitimes ästhetisches Prinzip, eine Nonstandard-Verwendung von *können* also nicht sehr überraschend. Man findet ein Beispiel in dem 2010 veröffentlichten und unter anderem für den Deutschen Buchpreis nominierten Roman „Dinge, die wir heute sagten“ von Judith Zander:

(72) Wahrscheinlich können sie nur den Eisbecher Sansi-Bar. (ZANDER 2010: 171)

Dieser Roman wurde von der Literaturkritikerin Iris Radisch scharf für seine „niedrige literarische Flughöhe“ kritisiert:

> Diese Mündlichkeit – eigentlich von den Brüdern Grimm bis zu Kempowski eine Quelle literarischer Erneuerung – wirkt eher kleinlaut. Das Alltagssprachliche soll in diesen Beispielen Lebendigkeit nachstellen, die originale Tonspur der Wirklichkeit wiedergeben, und hat doch die gegenteilige Wirkung. Es verlässt sich auf die allzu bekannte Schrumpfform der Gegenwart. (Iris Radisch in: DIE ZEIT, 30. 09. 2010: 57)[45]

Die Charakterisierung des kritisierten Stils als literarische Nachahmung gesprochener Alltagssprache verdeutlicht die wahrgenommene Differenz zwischen Zanders Formulie-

---

44 Vgl. zu substantivierten Infinitiven und deren Funktionen in Texten EICHINGER (2000: 22 f. und 39 f.).

45 Den Hinweis auf diese Kritik verdanke ich Christa Dürscheid: Jugendliche und informelle Schriftlichkeit. Vortrag auf der 6. Internationalen Konferenz zur Jugendsprache 2011 „Jugendsprachen. Dynamiken und kulturelle Kontexte“ in Freiburg, 31. 03.–02. 04. 2011.

rung und der schriftsprachlichen Norm. Eine Entwicklung innerhalb der Schriftsprache wird nicht für möglich gehalten. Allerdings kann man diese Verwendungsweise von *können* 2011 auch in Zeitungstexten finden. Gleich zweimal verwendet der Autor Marten Rolff in einem Artikel über Kate Middleton, die damalige Verlobte des englischen Prinzen William, das Muster *können* + NP:

(73) Hält sie den Druck aus, kann sie Königin? (SÜDDEUTSCHE ZEITUNG, 09. 03. 2011: 10)

(74) Die Botschaft: Großbürgerin kann Prinzessin. (SÜDDEUTSCHE ZEITUNG, 09. 03. 2011: 10)

Der Gebrauch von *können* ohne einen Infinitiv legt den Lesern in diesem Kontext nahe, die Ausdrücke *Königin* und *Prinzessin* nicht als Bezeichnungen für eine Rolle oder eine Person zu interpretieren, sondern als Bezeichnungen für eine Tätigkeit, die spezifische Fähigkeiten oder Dispositionen erfordert.

Wenig später taucht das Muster in einem Bericht über aktuelle Fahrrad-Modelle auf:

(75) BMW kann nicht nur Autos: der M Bike Carbon Racer, ein 7,4 Kilo leichter Luxus-Renner. (ADAC MOTORWELT, Heft 5 / Mai 2011: 26)

Damit lässt sich für das nicht-restringierte Muster *können* + NP eine charakteristische Verbreitung (Diffusion) von innovativen und potentiell stigmatisierten Verwendungen (Jugendsprache, Slang, Chat) über die Ästhetisierung dieser Verwendungsweise bis hin zur Routinisierung oder Standardisierung (Verwendung in einer an Ordnung und Einfachheit orientierten Publikation wie der ADAC MOTORWELT) verfolgen (vgl. ALBERT/HENN-MEMMESHEIMER 2010: 23 ff.; vgl. auch NEULAND 2006: 230 f., die hier von Stilbildung und Stilverbreitung spricht). Während in der Standardschriftsprache also nur Nominalphrasen als Ergänzungen von *können* möglich sein sollen, die ohnehin eine Fähigkeit oder Disposition bezeichnen, erlaubt es der innovative Gebrauch von *können*, mit beliebigen Nominalphrasen auf einen dispositionellen Aspekt hinzuweisen, wobei konkrete Zusammenhänge der Interpretation durch die Rezipienten überlassen bleiben. Somit könnte diese Verwendungsweise von *können* auch als eine Handlungsanweisung beschrieben werden, nach Zusammenhängen zwischen einem Thema und damit verbundenen Fähigkeiten oder Dispositionen zu suchen.

Zu Beginn des Jahres 2012 ist diese Verwendungsweise von *können* offenbar etabliert, wie der folgende Zeitungsbeleg demonstriert:

(76) Christian Wulff kann sie nicht, die Rolle, für die er ausgewählt wurde, die des Staatsmanns […]. (FRANKFURTER ALLGEMEINE ZEITUNG, 03. 01. 2012: 27)

Einen Überblick über die Verteilung aller syntaktischen Muster mit *können* in den Chat- und Forums-Texten gibt Tabelle 6.

	Chat	Forum	p-Wert
können + Infinitiv	86,16%	96,46%	p<0,0001
können + NP	5,40%	1,94%	p<0,0001
können + PP	0,40%	0	--
können + Adjektiv	0,22%	0	--
können + Adverb	0,78%	0,24%	p=0,0022
Anaphern	6,86%	0,51%	p<0,0001

Tab. 6: Anteil der unterschiedlichen Verwendungsweisen von *können* an der jeweiligen Gesamtzahl der Belege in Chat (5014 Belege) und Forum (2937 Belege).

Außer den bereits genannten Besonderheiten fällt im Vergleich noch der deutliche Unterschied in der Frequenz anaphorischer Gebrauchsweisen auf. Die einzelnen Threads im Forum sind so strukturiert, dass zunächst ein Problem geschildert oder eine Frage formuliert wird. Die folgenden Beiträge beziehen sich entweder auf diesen Anfangsbeitrag oder aufeinander. Im direkten Bezug auf eine zu Beginn gestellte Frage treten anaphorische Formulierungen wie (77) auf:

(77) Ja, kann man - mit Einschränkungen allerdings. (EP, Rubrik Single, 2010)

Solche Strukturen machen aber, wie die quantitative Analyse zeigt, nur einen geringen Teil der Verwendungen im Forum aus. Die relativ ausführlichen Beiträge sind vielmehr intern komplex strukturiert und greifen in einem einleitenden Teil die Frage auf, reformulieren sie gegebenenfalls, oder formulieren das eigene Interesse an der Fragestellung. Formal anaphorische Bezüge auf andere Beiträge sind daher weniger häufig als im Chat. Im Chat dagegen fehlt eine Makrostruktur wie bei den Threads des Forums, hier entwickeln sich spontan dialogische Mikrostrukturen (vgl. SCHÖNFELD 2001). Da in der Regel mehrere, voneinander unabhängige Dialogstrukturen parallel entwickelt und fortgesetzt werden, kommt es zu der charakteristischen, dichten, und für unerfahrene Nutzer schwer überschaubaren Abfolge scheinbar unzusammenhängender Repliken. Diese Struktur hängt unmittelbar zusammen mit einer häufigen, expliziten Nennung des Adressaten innerhalb einer Mitteilung und der hohen Frequenz formaler Anaphorik.

5.2.3 *mögen*

Das Flexionsparadigma von *mögen* weist morphologisch auffällig verschiedene Formen auf, deren Zusammenhang in der Forschung unterschiedlich bewertet wird:

> Das Modalverb *mögen* wird heute in erster Linie intrasubjektiv-willensbezogen, als Ausdruck eines Wunsches des Subjektaktanten, verwendet. [...] Als Gegenwartsform wird in dieser Ver-

> wendung meistens nicht die Präsensform (des Indikativs) *ich/man mag* [...], sondern die Konjunktiv-II-Form *möchte* verwendet. Die Konjunktiv-II-Form hat sich in dieser Bedeutung so weit verselbstständigt, dass dazu manchmal eine eigene Infinitivform *möchten* angesetzt wird. (DUDEN 2005: 566)

In dieser Arbeit werden diese Formen nicht einzeln, sondern als Formen eines Lexems *mögen* betrachtet, ich folge hierin DIEWALD (1999: 50, Fußnote 2):

> *Möchten* wird vielfach aufgrund seiner semantischen Entwicklung als eigenständiges Modalverb betrachtet [...]. Diese Trennung von *mögen* und *möchten* in zwei voneinander unabhängige Lexeme wird hier nicht übernommen, da sie die historischen Fakten und auch die synchron noch feststellbare Zusammengehörigkeit übergeht. Stattdessen wird von einer funktionalen Aufspaltung der Flexionsformen gesprochen.

Aufgrund der formalen Spaltung gibt es bei *mögen* anders als bei *können* oder *müssen* keine Lesarten-Übergänge, sondern eine klare Trennung von volitiven und epistemischen (deiktischen) Verwendungen (vgl. DIEWALD 1999: 288).

> Im mündlichen Teilkorpus tritt ausschließlich *möchte* auf (20 Belege), der deiktische Gebrauch ist dort nicht belegt. Im schriftlichen Teilkorpus treten insgesamt 28 Formen des Lexems *mögen* auf, davon entfallen 7 Belege auf das deiktische *mag*; von den 21 nichtdeiktischen Belegen haben 14 die Form *möchte*, 5 mal ist *mag* als Vollverb mit Objekt verwendet, einmal tritt es im Konjunktiv I zum Ausdruck illokutionsbezogener Modalität auf. (DIEWALD 1999: 288)

Der epistemische (deiktische) Gebrauch ist auch laut DUDEN (2005: 567) „vorwiegend in der Schriftsprache“ üblich, ein Beispiel zeigt (78):

(78) woran mag das liegen? (Berlin-Brandenburg, 2004/05/09)

Formen von *mögen* sind im Chat-Korpus insgesamt 1550mal belegt, 626mal im Forums-Korpus. Vergleicht man zunächst einmal die Anteile von volitiver und epistemischer Verwendung bei Rektion eines Infinitivs am Gesamtvorkommen von *mögen*, ergibt sich das Bild in Tabelle 7.

	Chat	Forum	p-Wert
mögen volitiv	35,35%	50,00%	P<0,0001
mögen epistemisch	3,30%	8,15%	p<0,0001

Tab. 7: Anteil der Lesarten von *mögen* + Infinitiv am Gesamtvorkommen von *mögen.*

Die häufigere Verwendung von epistemischem *mögen* im Forum spricht für die stärkere Orientierung an der standardsprachlichen Norm für schriftliche Texte. Der nachweisbare, aber weniger häufige Gebrauch von epistemischem *mögen* im Chat dagegen entspricht weder den Strukturen prototypischer mündlicher Kommunikation noch den Erwartungen an „elaborierte“ (vgl. STORRER 2001: 22) Standard-Schriftsprache.

Auch im Vergleich der morphologischen Varianten beim volitiven Gebrauch (Rektion eines Infinitivs) zeigen sich Unterschiede, vgl. Tabelle 8.

	Chat	Forum	p-Wert
Indikativ (*mag*)	39,23%	7,99%	$p<0,0001$
Konjunktiv II (*möchte*)	60,77%	92,01%	$p<0,0001$

Tab. 8: Verteilung der morphologischen Varianten beim volitiven Gebrauch von *mögen* mit einem Infinitiv. Als Grundgesamtheit werden hier alle Fälle von volitiv gebrauchtem *mögen*, 548 im Chat-Korpus und 313 im Forum-Korpus, angenommen.

Die Verwendung des Konjunktivs gilt als besonders höfliche Form des Ausdrucks von Wünschen (vgl. DUDEN 2007: 632; WEINRICH [2]2003: 308 f.), es ist die distanziertere und formellere Variante. Im Chat nehmen die Akteure eine ironische Haltung gegenüber Normen eines höflich-formellen Umgangs ein, was eine Ursache für den geringeren Anteil der Konjunktiv-Formen im Vergleich mit den Forums-Texten sein könnte. Der folgende Auszug aus dem „Hessennetz"-Chatroom illustriert den Umgang der Chatter mit traditionell hochgewerteten Umgangsformen:

(79) 2009/01/26-21:53:21 CET : [Hessennetz] Bobby: Cool will auch nen Käfer
2009/01/26-21:53:27 CET : [Hessennetz] Silvio: ich möchte bitte....
2009/01/26-21:53:32 CET : [Hessennetz] Silvio: ICH MÖCHTE
2009/01/26-21:53:42 CET : [Hessennetz] Silvio: man sagt net "will"
2009/01/26-21:53:56 CET : [Hessennetz] Bobby: Silvio bist Lehrer oder sowas?
2009/01/26-21:54:01 CET : [Hessennetz] Bobby: ;-)
2009/01/26-21:54:14 CET : [Hessennetz] Silvio: nein, aber mir hat man wenigstens den anstand noch reingeprügelt
2009/01/26-21:54:24 CET : [Hessennetz] Bobby: LOl
2009/01/26-21:54:29 CET : [Hessennetz] Silvio: ich schrei auch gern kleine kinder im kaufhaus an die sagen " ich will ein eis "

Der Auszug enthält interessanterweise keinen Infinitiv, *mögen* und *wollen* sind als Vollverben gebraucht. Semantisch gibt es für die Kombination von *mögen* mit einer Nominalphrase keine Restriktionen, die Verwendungen mit und ohne Infinitiv liegen demnach nahe beieinander:

> Die psychophysische Zustandsbedeutung des primären Experiencerverbs ist jedoch nicht vollständig an die ‚Vollverbverwendung' gebunden (obwohl dies der prototypische und frequenteste Fall ist). Bei *mögen* tritt die Bedeutung ‚lieben', ‚gern haben', ‚Lust haben' gelegentlich auch dann auf, wenn ein Infinitivkomplement angeschlossen ist, und zwar vor allem bei Negation oder mit dem Adverb *gerne*. (DIEWALD 1999: 143)

DIEWALD (1999: 144) geht auch davon aus, dass es sich bei semantisch ähnlichen Verwendungsweisen um Ellipsen handelt: „Auch bei eindeutig elliptischen Infinitiven ergibt sich oft eine gradiente Bedeutung zwischen primärem Experiencerverb und volitivem Modalverb". Bei den betreffenden Verwendungen soll ein elliptisches Bewegungsverb oder eine Ellipse von *haben* vorliegen, „die volitive Bedeutung [ist] mit der Konjunktiv

II-Form verbunden“ (DIEWALD 1999: 145). Auch schon BERNHARD (1903: 17) ergänzt seine Beispiele in den Paraphrasen mit infiniten Vollverben bzw. ersetzt die *mögen*-Variante durch ein (anderes) Vollverb:

(80) ick mach keen win (ich trinke nicht gern Wein)

(81) ick mach ni meer (ich habe keine Lust mehr (zu arbeiten, zu spielen usw.), ich bin satt)

In beiden Korpora lassen sich Verwendungen von *möchte* in volitiver Lesart ohne einen Infinitiv belegen, allerdings ist es nicht immer offensichtlich, von der Ellipse eines Bewegungsverbs oder von *haben* auszugehen. Die folgenden Beispiele wären zwar nach Ergänzung von *haben* interpretierbar, doch andere Paraphrasen wären näher liegend.

(82) möchte heut noch ne guten8sms *G* (Berlin-Brandenburg, 2002/04/14)

(83) wer möchte nen smalltalk? (Berlin-Brandenburg, 2004/05/09)

(84) nein ich möchte keinen privaten dialog (30-40-50 Chat-Set, 2007/01/11)

Anstelle von *haben* ließen sich beispielsweise *bekommen* und *führen* ergänzen. Grundsätzlich ist aber zu fragen, wieso in den aufgeführten Beispielen überhaupt etwas ergänzt werden sollte. Die Analyse als Ellipse ist hier keineswegs zwingend.

In Tabelle 9 sind die Vorkommen der syntaktischen Muster mit *mögen* in den beiden Korpora gegenüber gestellt.

	Chat	Forum	p-Wert
mögen + Infinitiv	38,64%	58,31%	p<0,0001
mögen + NP	54,71%	36,58%	p<0,0001
mögen + Adverb	0,39%	0,48%	0,7681
mögen + PP	0,84%	0	--
mögen + Adjektiv	0,32%	0,32%	0,9908
Anaphern	5,10%	1,76%	0,0004

Tab. 9: Anteil der unterschiedlichen Verwendungsweisen von *mögen* an der jeweiligen Gesamtzahl der Belege in Chat (1550 Belege) und Forum (626 Belege).

5.2.4 *müssen*

Wie für *können*, so gilt auch für *müssen*, dass die möglichen Lesarten leicht ineinander übergehen (vgl. DIEWALD 1999: 216). Die deiktische (epistemische) Verwendung ist bei DIEWALD (1999) wenig belegt, allerdings findet sie Unterschiede zu *können*:

> Das bevorzugte Auftreten von deiktischem *können* mit Negation oder mit dem Konjunktiv II des Modalverbs steht in markantem Kontrast zu deiktischem *müssen*: keiner der 9 deiktischen Belege von *müssen* enthält ein Negationselement oder den Konjunktiv II des Modalverbs. (DIEWALD 1999: 219)

Dieser Befund muss durch die untersuchten Korpora relativiert werden. Epistemische Verwendungen mit Konjunktiv II von *müssen* sind im Chat 28mal belegt.

(85) denke mal die jüngernen müssten des kennen (Bayern, 2009/01/25)

(86) müsste gleich da sein (Einfach nur chatten, 2002/04/02)

(87) nur für dich, [Nickname] müsste es verstanden haben (30-40-50 Chat-Set, 2004/05/09)

(88) er müsste jetzt 14 sein (Hessennetz, 2002/09/17)

Im Forum gibt es 8 Belege für Konjunktiv II von *müssen* bei einer epistemischen Lesart.

(89) Ihr seid ja so ziemlich zu jedem Thema hier d'accord, dass ihr eigentlich sensationell zusammen passen müsstet. ;) (EP, Rubrik Sexualität, 2009)

(90) spätestens da müsste ihm doch aufgefallen sein, dass er die falsche Nummer erwischt hat, nicht wahr??? (EP, Rubrik Single, 2010)

Belege mit Negationselement sind ebenfalls vorhanden, allerdings ist bei diesen die epistemische Interpretation nicht immer eindeutig.

(91) sehr lange kann auch gewohnheitsmäßig sein, muss ned unbedingt positiv sein (30-40-50 Chat-Set, 2007/01/12)

(92) alter hat nicht zwangsläufig was mit sexueller erfahrung zu tun bzw. muss er deshalb nicht grad der feinfühligste sein. (EP, Rubrik Sexualität, 2009)

(93) das muss nicht zwangsläufig ihre schuld sein (EP, Rubrik Trennung, 2009)

Die unterschiedliche Verteilung der Formvarianten bei epistemischer Lesart zeigt Tabelle 10.

	Chat	Forum	p-Wert
Indikativ mit Negation	5,19%	34,21%	p<0,0001
Indikativ ohne Negation	74,07%	44,74%	0,0006
Konjunktiv II	20,74%	21,05%	0,9666

Tab. 10: Formvarianten der epistemischen Verwendungen von *müssen* bei einer Grundgesamtheit von 135 epistemischen *müssen*-Belegen im Chat-Korpus und 38 im Forums-Korpus.

Der Anteil der epistemischen Verwendungen am Gesamtvorkommen von *müssen* ist ebenso wie in den von DIEWALD (1999) untersuchten Korpora ziemlich gering. Im

Chat-Korpus können 135 (5,12%) der 2638 *müssen*-Belege epistemisch interpretiert werden, im Forums-Korpus sind es 38 (3,94%) von insgesamt 965 Belegen. Diese Zahlen sind eher zu hoch, da auch Verwendungen mit Interpretationsspielraum berücksichtigt wurden, allerdings kommt DIEWALD (1999: 217) auf den durchaus vergleichbaren Anteil von 4,9% epistemischer Verwendungen an ihren 182 Vorkommen von *müssen*.

Für deontisches *müssen* gilt wie bei *dürfen*, dass es standardschriftsprachlich abgesehen von Pronomina und Richtungsangaben nur Infinitive regiert (vgl. ÖHLSCHLÄGER 1989: 68). In den Chat-Texten finden sich zwei Verwendungen mit einer referentiellen Nominalphrase, darüber hinaus noch 13 Belege für die Kombination von *müssen* mit einer Pronominalisierung.

(94) hausaufgabe muss ich auch noch (Bayern, 2009/01/19)

(95) so leute muss mal schnell mit mein hund gassi bis dann (Berlin-Brandenburg, 2002/04/14)

Im EP-Forum dagegen gibt es solche Nonstandard-Verwendungen nicht, auch die Kombination *müssen* + Pronomen ist im Forums-Korpus nicht belegt.

Die belegten Präpositionalphrasen, die als Ergänzung zu *müssen* fungieren, weisen allesamt eine Richtungssemantik auf. Im Chat kommt dieses Muster 82mal vor, im Forum gibt es nur einen Beleg:

(96) Ich würde mich gerne beruflich verändern und müsste dazu in eine neue Stadt (EP, Rubrik Beziehung, 2008)

Die Rektion einer Richtungsadverbiale lässt sich auch für die Mundarten vielfach belegen, KARCH (1975: 144 f.) merkt zu seinen Beispielen an: „Ellipse der Inf. ‚gehen, fahren, kommen‘ und der ähnlicher Verben ist bei der Verwendung von Modalverben häufig nachgewiesen“. Belege aus der gesprochenen Sprache sind:

(97) Er ist hinten zum Fenster hinabgesprungen und hat mit seinen Kollegen gemußt, weil er keinen Scheißer nicht machen hat wollen. Standard: Er ist hinten zum Fenster hinausgesprungen und hat mit seinen Kollegen gehen müssen, weil er kein Angsthase sein wollte. (STEGER 1961: 38)

(98) […] da haben wir erst auf Neckargemünd gemußt […] (BAUER 1961: 19)

(99) Größtenteils haben sie aus … aus'm Dorf gemußt, nach Amerika oder haben sie außerhalb, haben sie sich Arbeit suchen müssen. (KARCH 1979: 74)

Besonders interessant ist ein Beleg bei GUENTHERODT (1982):

(100) Und dann muß man in den Stall, melken, misten. (GUENTHERODT 1982: 172)

In dieser Äußerung regiert dasselbe Verb *müssen* die Präpositionalphrase *in den Stall* und die beiden Infinitive *melken* und *misten*. Geht man von dem Kriterium der notwendigen Ergänzung durch ein infinites Verb aus (vgl. ÖHLSCHLÄGER 1989: 39), hat *müssen* in diesem Beleg einmal die Funktion eines Vollverbs (Rektion einer PP) und dann die Funktion eines Nicht-Vollverbs (Rektion von Infinitiven), wechselt also im selben Syntagma die Kategorienzugehörigkeit. Möglicherweise eleganter wäre eine Beschreibung von *müssen* als polyfunktionales Element[46], statt wie z.B. ÖHLSCHLÄGER (1989) und VAN RIEMSDIJK (2002) davon auszugehen, ein Verb könne nur entweder ein Vollverb oder ein Nicht-Vollverb sein. PLEWNIA (2003: 50) spricht bei einem vergleichbaren Fall auch von der „Doppelfunktion" einer verbalisierten Einheit.[47]

Auffällig ist bei *müssen* schließlich wie auch beim Gebrauch von *können* die häufige Verwendung von Adverbien in Kombination mit *müssen* und ohne einen Infinitiv. Dieses Muster ist im Chat 223mal belegt, im Forum dagegen gibt es nur 7 Belege. In Tabelle 11 sind alle syntaktischen Muster beim Gebrauch von *müssen* gegenübergestellt.

Die Adverbien, die mit *müssen* – aber nicht mit einem Infinitiv – kombiniert werden, haben eine Richtungssemantik entsprechend der Präpositionalphrasen, in seltenen Fällen wird *müssen* sowohl mit einem Adverb als auch mit einer Präpositionalphrase kombiniert. Dies ist belegt in (101), wo das Adverb *müssen* ergänzt, und die Präpositionalphrase von dem Adverb abhängt (vgl. den entsprechenden Beleg (45) für *dürfen*).

	Chat	Forum	p-Wert
müssen + Infinitiv	81,58%	98,86%	p<0,0001
müssen + NP	0,57%	0,00%	--
müssen + PP	3,26%	0,10%	p<0,0001
müssen + Adverb	8,45%	0,73%	p<0,0001
Anaphern	4,32%	0,31%	p<0,0001

Tab. 11: Anteile der Verwendungsweisen von *müssen* bei einer Grundgesamtheit von 2638 Belegen im Chat-Korpus und 965 Belegen im Forums-Korpus. Die fehlenden 1,82% der *müssen*-Belege im Chat-Korpus entfallen auf mehr oder weniger stark lexikalisierte Verwendungen wie *ich muss mal* und ähnliche nicht weiter kategorisierte Einzelbelege.

(101) ich muss notgedrungenderweise mal zum alarm weg (Berlin-Brandenburg, 2007/01/12)

---

[46] DUDEN (2005: §§ 990 und 1054) verwendet den Terminus *Polyfunktionalität* im Bereich der Wortbildung.

[47] „Allein die syntaktische Fortsetzungserwartung des zweiten Satzes erzwingt eine rückwirkende Uminterpretation einer im ersten Satz verbalisierten Einheit, die allerdings – und das ist zentral – damit in der alten Form für diesen ersten Satz weiterhin volle Geltung behält, der also eine Doppelfunktion aufgebürdet wird, weil sie in beide Sequenzen grammatisch voll eingebunden wird" (PLEWNIA 2003: 50).

Diese Kombination von *müssen* und einem Adverb mit Richtungssemantik ist in der gesprochenen Sprache üblich und vielfach belegt:

(102) Ich muß weg (BERNHARD 1903: 21)

(103) Einer muss ganz vor. […] Na ja, der eine ist vor (gegangen). (STEGER 1961: 40)

(104) Zum Beispiel, wenn wir von der Innenstadt rausmüssen auf die Friesenheimer Insel, das kann man gar nicht laufen. (KARCH 1975: 192 f.)

Im Chat-Korpus ist nur bei einem Beleg unklar, ob eine Richtungssemantik vorliegt, wahrscheinlich wäre eine ergänzende Paraphrase mit *zusammenhalten* oder mit *(uns) zusammen (im dia) unterhalten* näher an der Intention dieser Äußerung[48]:

(105) wir frauen müßen doch zusamen (30-40-50 Chat-Set, 2009/01/23)

Die Semantik des ergänzenden Adverbs ist jedoch weniger von Interesse als das syntaktische Problem, dass überhaupt Adverbien ohne einen Infinitiv mit einem modalen Verb kombiniert werden. Diese Kombination tritt in manchen Fällen sogar als Univerbierung auf:

(106) neue Hardware ranmuss (30-40-50 Chat-Set, 2007/01/11)

(107) tja .. da wirst du wohl nun durchmüssen .. (30-40-50 Chat-Set, 2007/01/13)

Die Schreiberinnen oder Schreiber sehen hier offenbar einen engen syntaktischen Zusammenhang. Grammatiktheorien, die von Tiefenstrukturen ausgehen, definieren Ellipsen als oberflächlich nicht realisierte, tiefenstrukturell jedoch vorhandene Elemente. Wird ein Element nicht realisiert, bleiben jedoch eine Leerstelle und teilweise auch ein „Flaggenelement" zurück, welches das Vorhandensein einer Leerstelle anzeigt (vgl. VAN RIEMSDIJK 2002: 160). Würde man in den Beispielen von einer solchen Leerstelle ausgehen, so wäre diese in den univerbierten Varianten im Wortsinne überschrieben. Im Rahmen der minimalistischen Syntaxtheorie verhindern Leerstellen jedoch die Enklise von overten Elementen (vgl. RADFORD 1997: 136 f.), sodass auch solche Univerbierungen wie in den Beispielen nicht möglich sein dürften.

Sprachökonomische Argumente wie der oft im Zusammenhang mit Chat-Sprache behauptete Zeitdruck erklären hier nichts, weil die Gegenbeispiele insgesamt häufiger sind. Es wird also nicht generell univerbiert, wenn dies topologisch möglich wäre:

(108) Weil ich bald weit weeeeeeeeeeeeeeg muss (Bayern, 2002/04/01)

(109) dass ich später noch mit dem hund raus muss.......*schüttel (30-40-50 Chat-Set, 2007/01/11)

(110) ok her damit, alles was weg muss und mach mir bitte nen sonderpreis (30-40-50 Chat-Set, 2009/01/22)

---

48 Kurz vor dieser Mitteilung steht die Äußerung einer anderen Chatterin „Frauen sollen bitte nicht in mein dia *ggg".

Im ElitePartner-Forum lassen sich keine Univerbierungen belegen, womit sich auch hier die größere Nähe der Forums-Teilnehmer zur schriftlichen Norm zeigt.

Eine Schwierigkeit bei der Kategorisierung der *müssen*-Vorkommen ergibt sich durch Nominalphrasen als Richtungsangaben, die keine Präposition enthalten.

(111) gern, anschliessend doc muss (30-40-50 Chat-Set, 2009/01/26)

(112) das liegt nit an mir, [Nickname] so muss ma schnell toi (30-40-50 Chat-Set, 2007/01/11)

Der Wegfall von lokalen bzw. direktionalen Präpositionen gilt schon seit längerer Zeit als Merkmal eines sogenannten Ethnolekts, der vor allem bei türkischstämmigen Jugendlichen belegt ist:

(113) isch muss toilette, isch geh schwimmbad (KEIM ^{2}2008: 231; KEIM/KNÖBL 2007: 162)

Stereotype Merkmale der (wahrgenommenen) ethnolektalen Sprechweisen werden allerdings auch schon ebenso lange, wie sie den türkischstämmigen Sprechern zugeschrieben werden, in stilisierten Redeweisen mit oftmals karikierendem Charakter („sekundärer Ethnolekt“) aufgegriffen (vgl. AUER 2002: 258). Zudem wird die Beobachtung berichtet, dass „solche Formen sowohl von Migrantenjugendlichen als auch von deutschen Jugendlichen im Gespräch mit Migranten verwendet“ (KEIM ^{2}2008: 230) werden.

5.2.5 *sollen*

Im Vergleich zu den übrigen untersuchten Verben ist der Gebrauch von *sollen* relativ unauffällig. Mit *sollen* wird entweder eine erhaltene Direktive (deontische Lesart) zum Ausdruck gebracht oder eine Proposition auf eine vom Sprecher und vom Satzsubjekt verschiedene Quelle bezogen (quotative Funktion).

Im SpinChat wurden insgesamt 1872 Belege für *sollen* gefunden, davon werden 157 (8,39%) in quotativer Funktion gebraucht. Von den 1098 Belegen im ElitePartner-Forum weisen 62 (5,65%) die quotative Lesart auf. Diese Differenz ist signifikant mit $p = 0{,}0058$. In beiden Korpora fällt auf, dass quotative Verwendungen von *sollen* häufig als Fragen formuliert sind:

(114) wer soll 13 sein (Bayern, 2007/01/11)

(115) nächste woche samstag ? und um wieviel uhr soll der sein und wo ? (Berlin-Brandenburg, 2004/05/09)

(116) ich bin doch Canadier & sollte nicht english koennen ?? (30-40-50-Chatset, 2009/01/19)

(117) was soll an cs eigentlich so dolle sein? (Hessennetz, 2002/09/21)

(118) welche Lobby soll das sein? (EP, Rubrik Sexualität, 2010)

(119) Was soll daran auch komisch sein? (EP, Rubrik Single, 2008)

In vielen Fällen, die eine quotative Lesart erlauben, wird keine identifizierbare Quelle, etwa eine an der Kommunikation beteiligte Person zitiert, sondern das Alltags- und Weltwissen, Normen oder Gemeinplätze.

(120) die kleinsten sollen bekanntlich die fiesesten sein *grien (Bayern, 2009/01/21)

(121) na ja glauben soll berge versetzen (30-40-50-Chatset, 2004/05/09)

(122) Es soll auch schon Frauen gegeben haben, die ihren Mann mit einem Kind *überrascht* haben. (EP, Rubrik Trennung, 2010)

Die deontische Lesart wird im Chat – nicht aber im Forum – auffällig häufig dazu verwendet, indirekte Aufforderungen und Angebote in Frageform zu formulieren:

(123) ja echt soll ichs dir beweißen (Bayern, 2002/04/05)

(124) soll ich ihm mal die meinung geigen (Berlin-Brandenburg, 2009/01/22)

(125) soll ich dich wach machen? (Hessennetz, 2004/05/09)

(126) soll ich wieder ne "diskussion" anzetteln? *g* (Pälzer unner sich, 2007/01/11)

Dieser unterschiedliche Gebrauch in Chat und Forum könnte dadurch erklärt werden, dass im Forum ein tendenziell distanzierter Austausch zu einem durch den Anfangsbeitrag vorgegebenen Thema stattfindet. Im Chat hingegen entwickeln sich die Themen frei und assoziativ, häufig konstruieren die Akteure gemeinsam fiktive Szenarien, auf die ihre Handlungen (performative Sprechakte) bezogen sind.

In Bezug auf innovative Normüberschreitungen ergibt die Auswertung der Korpora für *sollen* nichts. Nominalphrasen als Ergänzung von *sollen* erscheinen lediglich in Form von Pronominalisierungen, also standardkonform. Andere Ergänzungen lassen sich nicht belegen. Im Chat- und im Forums-Korpus findet sich jeweils insgesamt ein Beleg für die Univerbierung von *sollen* und einem Adverb bei fehlendem Infinitiv, also für das bei *können, müssen* und *wollen* ebenfalls belegte Muster:

(127) schreiben ins forum das ich runnersoll von der automute (Pälzer unner sich, 2002/04/14)

(128) [...] hier schreibt einer, er weiss nicht, wo er hinsoll, um Frauen kennenzulernen? (EP, Rubrik Single, 2008)

Zum Vergleich mit den anderen modalen Verben zeigt Tabelle 12 die prozentuale Verteilung der syntaktischen Muster auf die Gesamtheit der *sollen*-Belege.

	Chat	Forum	p-Wert
sollen + Infinitiv	94,82%	99,54%	p<0,0001
sollen + NP	3,47%	0,27%	p<0,0001
sollen + Adverb	0,05%	0,09%	0,7026
Anaphern	1,66%	0,09%	p<0,0001

Tab. 12: Anteil der unterschiedlichen Verwendungsweisen von *sollen* an der jeweiligen Gesamtzahl der Belege in Chat (1872 Belege) und Forum (1098 Belege).

5.2.6 *wollen*

Im gesamten Paradigma der Modalverben kann *wollen* insofern als weniger prototypisch gelten, als es für die Kombination mit Nominalphrasen keine Restriktionen gibt. Der infinitivlose Gebrauch ist also bei *wollen* ohne Einschränkungen akzeptabel.

> *Wollen* ist insgesamt ein peripheres Mitglied im grammatikalisierten Paradigma der Modalverben (äußerst niedrige Frequenz und starke semantische Spezialisierung). In vielen Fällen ist eine Interpretation als Vollverb angebracht. (DIEWALD 1999: 284)

Die stärker grammatikalisierte Variante von *wollen* ist standardsprachlich laut DIEWALD (1999) auf wenige, spezifische Kontexte beschränkt:

> Quotatives *wollen* tritt insgesamt sehr selten und meist in einschlägiger Textumgebung auf, nämlich in der berichtenden Wiedergabe von Aussagen des zitierten Sprechers zur eigenen Person in einer formalen Gesprächssituation (Zeugenaussage, Verhör, Interview etc.). (DIEWALD 1999: 228)

Hierbei steht laut DIEWALD (1999: 228) meistens ein Subjekt in der 3. Pers. Die wenigen Belege im Chat-Korpus für quotative Lesart bestätigen diese Feststellung nicht. Im Chat erscheint die quotative Lesart ausschließlich in Äußerungen vom Typ *Woher willst du das wissen*, also mit der 2. Pers. Sg.

(129) woher willst du wissen, wie ich real bin [Nickname]??? (Bayern, 2007/01/11)

(130) woher willsten mich kennen? (Berlin-Brandenburg, 2004/05/09)

Für die in Zeugenaussagen oder Interviews zweifellos prototypische Verwendung mit der 3. Pers. gibt es im Chat-Korpus keinen einzigen Beleg, dagegen gibt es eine Verwendung in der 1. Pers. Pl.:

(131) woher wollen wir das wissen? (Hessennetz, 2002/09/22)

Die Verwendung von *wollen* mit einem Infinitiv ist im Chat-Korpus insgesamt 2496mal belegt, davon können lediglich 15 (0,60%) Belege der quotativen Lesart zugeordnet werden. In den Forumsdiskussionen wird *wollen* überhaupt nicht quotativ verwendet.

Die Häufigkeiten der Verwendungs-Muster mit *wollen* in beiden Korpora sind in Tabelle 13 verglichen. Es fällt auf, dass der Anteil von Kombinationen mit einer Nominalphrase am Gesamtvorkommen von *wollen* relativ hoch ist, nur bei *mögen* und *brauchen* ist dieses Muster noch frequenter. Dieser Befund ist nicht überraschend, da es für die Kombination *wollen* + NP keine semantischen Restriktionen gibt und der Gebrauch als „Experiencer-Verb" ohne Infinitiv (vgl. DIEWALD 1999: 142) im Standard üblich ist. Nicht standardkonform ist hingegen die Kombination von *wollen* mit einem Adjektiv, die im Forums-Korpus zweimal belegt ist (Belege (132) und 133)). In den Chat-Protokollen gibt es für dieses Muster nur ein einziges Beispiel, nämlich (134).

	Chat	Forum	p-Wert
wollen + Infinitiv	66,56%	60,00%	p<0,0001
wollen + NP	21,76%	32,96%	p<0,0001
wollen + PP	2,37%	0,77%	0,0006
wollen + Adjektiv	0,03%	0,17%	0,0800
wollen + Adverb	1,76%	1,20%	0,1884
Anaphern	7,52%	4,89%	0,0020

Tab. 13: Verteilung der syntaktischen Muster mit *wollen* bei einer Grundgesamtheit von 3750 Belegen im Chat-Korpus und 1165 Belegen im Forums-Korpus.

Sehr auffällig ist bei dem Beleg (134) die Großschreibung des Adjektivs *Privat*. Im Chat wird meistens auf Großschreibung gänzlich verzichtet (außer bei Emphase) und auch in diesem Beleg wird das Syntagma mit einem Kleinbuchstaben begonnen. Umso interessanter ist daher die Großschreibung bei *Privat*, wodurch *Privat* in die Nähe der jederzeit mit *wollen* kombinierbaren Substantive gerückt wird. Der morphologisch leichte Übergang zwischen den beiden Kategorien Substantiv und Adjektiv (vgl. Konversionen wie *rot* > *(das) Rot*) mag die auch funktional äquivalente Verwendung in diesem Beispiel begünstigt haben.

Die Kombinationen von *wollen* mit einem Adjektiv sind im Vergleich der Chattexte mit den Forumsdiskussionen insofern außergewöhnlich, als die Untersuchung ansonsten eine stärkere Tendenz der Chatter zu Nonstandard-Verwendungen und innovativer Schriftlichkeit zeigt.

(132) Männer wollen schlank (EP, Rubrik Beziehung, 2010)

(133) Frauen wollen doch länger (EP, Rubrik Sexualität, 2008)

(134) wollen wir Privat?? (Einfach nur chatten, 2002/04/14)

Bei der Kombination von *wollen* mit einer Präpositionalphrase fungieren diese ausschließlich als Richtungsadverbialien, analog des Gebrauchs der anderen modalen Verben auch. Diese Verwendung von *wollen* hat ebenfalls Entsprechungen in der gesprochenen Sprache und auch in diesen Fällen wird in der Regel ein elliptisches Bewegungsverb angenommen:

(135) bei uns is kerwe aber da will ich net hin (Pälzer unner sich, 2004/05/09)

(136) und wer will schon raus, wenns hier so schön gemütlich is (Bayern, 2007/01/13)

(137) die wollte ihn aber zurück (EP, Rubrik Beziehung, 2008)

(138) Willst du mit? Er wollte nicht hin (BERNHARD 1903: 21)

Bei BERNHARD (1903: 21 f.) heißt es dazu ausführlicher:

> Von Verben wie *gehen, fahren, reisen* u. ä. wird, wenn das Ziel angegeben ist, in der Regel der Infinitiv weggelassen, das Partizip nur dann, wenn keine Zeitbestimmung dabei steht: *ich will zur Kirche, ich muss morgen nach Hamburg, er ist nach Amerika* (dem Sinne nach = er ist in Amerika).

Die Belege in den beiden Vergleichskorpora drücken alle im weitesten Sinne eine Bewegungsrichtung aus. Allerdings gibt es domänenspezifische Ausdrucksweisen, die bei der Kategorisierung Probleme bereiten:

(139) knuffi will online (Hessennetz, 2002/09/22)

Diese Verwendung wird als metaphorische Richtungsangabe interpretiert, da ausgedrückt wird, dass jemand in einen virtuellen Raum, den Chatroom, eintreten will. Formal passt der Anglizismus *online* insofern in die Reihe der übrigen belegten Richtungsangaben, als das englische Lexem *online* mit der Präposition *on* gebildet ist, was in der älteren, nicht-univerbierten Schreibweise (*on-line*) noch unmittelbar zu erkennen ist.

Für *wollen* + Adverb gibt es wie für *können*, *müssen* und *sollen* univerbierte Belege, allerdings nur einen im Chat:

(140) weil ich nich in B pennen konnte und nicht zurückwollte nach Disse (Berlin-Brandenburg, 2002/04/14)

(141) Bist du dir ganz sicher, nicht mehr zu ihr zurückzuwollen? (EP, Rubrik Trennung, 2009)

(142) Wenn du dir darüber im Klaren bist, ob du ihn zurückwillst, solltest du handeln. (EP, Rubrik Trennung, 2010)

5.2.7 *brauchen*

Das Verb *brauchen* ist (noch) ein marginales Element im Modalverb-Paradigma des Deutschen (vgl. GIRNTH 2000: 115 ff.) und daher von besonderem Interesse bei der Beschreibung von dynamischen Prozessen im Gegenwartsdeutschen. Für die voll in das Paradigma integrierten Modalverben gilt, dass sie in ihrer prototypischen Verwendung mit einem reinen Infinitiv, d.h. ohne *zu* stehen. Bei *brauchen* gibt es hier eine Konkurrenz zwischen zwei Verwendungsweisen: „Besonders in der gesprochenen Sprache wird das *zu* vor dem Infinitiv oft weggelassen" (DUDEN 2007: 185, vgl. auch LENZ 1996: 396).

Für Modalverben ist außerdem charakteristisch, dass sie systematisch zwei verschiedene Lesarten auslösen können. Die üblichsten, wenn auch von DIEWALD (1999) als unpräzise abgelehnten Bezeichnungen der beiden Verwendungsweisen sind „deontisch" und „epistemisch" (vgl. auch ABRAHAM 2008: 184). Die epistemische Verwendung von *brauchen* ist zwar selten, lässt sich aber belegen (vgl. auch EROMS 2000: 147):

(143) Elijjahu braucht nicht sein Geburtsname gewesen zu sein, der Name seines Vaters wird nicht genannt. (SMEND 2002: 200)

Im Bairischen ist die epistemische Verwendung von *brauchen* offenbar üblicher als im Standard, MAIWALD (2004: 106) gibt folgende Beispiele hierfür:

(144) Ea braucht ja bloß as Gartendial auflassen hom, na hods scho ausse kinna.

(145) Sie braucht aber ned unbedingt Recht hom.

Trotz fehlender Belege für eindeutig epistemische Verwendungen in den untersuchten Korpora, soll *brauchen* also in die Analyse einbezogen und mit den anderen modalen Verben verglichen werden.

In der deontischen oder Grundmodalität (vgl. ABRAHAM 2008: 184) fungiert *brauchen* als „Negatives Polaritätselement" (LENZ 1996: 398) komplementär zu *müssen* und *sollen*. Die Negation von *Er muss heute arbeiten* würde also üblicherweise als *Er braucht heute nicht* (*zu*) *arbeiten* realisiert. Demnach sollte der Gebrauch von *brauchen* auf negierte Formen sowie auf Formen mit einschränkenden Ausdrücken wie *nur*, *bloß* oder *kaum* beschränkt sein (vgl. LENZ 1996: 398; GIRNTH 2000: 118).

In der digitalen Schriftlichkeit der untersuchten Texte zeigen sich bei der Verwendung von *brauchen* Unterschiede sowohl zwischen Chat und Forum als auch zwischen den verschiedenen regional benannten Chatrooms.

Im Chat-Korpus gibt es insgesamt 723 Belege für *brauchen*, damit hat *brauchen* einen Anteil von 4,5% am gesamten Paradigma der Modalverben im Chat-Korpus (insgesamt 16223 Belege). Im Forum-Korpus ist *brauchen* 227mal belegt, das entspricht 3,1% der 7231 Modalverben in diesem Korpus.

Der Unterschied zwischen den beiden Kommunikationsformen Chat und Forum zeigt sich deutlich bei einem Vergleich der beiden konkurrierenden Verwendungsformen von *brauchen* mit und ohne *zu*. Die schriftsprachliche Norm verlangt bei *brauchen* die Infinitivpartikel *zu*, allerdings ist der Gebrauch mit reinem Infinitiv schon lange belegt. WELLMANN (2008) zitiert hierzu eine Passage aus dem literarischen Werk Tucholskys:

> ‚Mach nicht son Gesicht – Neschke kann warten; den brauchst du nicht bezahlen!‘ ‚Zu bezahlen!‘ ‚verbesser einen doch nicht immer! Das ist ja schlimmer wie ein Lehrer‘ (Tucholsky, Werke Bd. 9, 156, zitiert nach WELLMANN 2008: 66)

Der Modalverbgebrauch von *brauchen* bleibt jedoch stilistisch markiert und wird in didaktischen Merksprüchen entsprechend gebrandmarkt: „Wer *brauchen* nicht mit *zu* gebraucht, braucht *brauchen* gar nicht zu gebrauchen“ (vgl. WEINRICH ^{2}2003: 301)[49].

Die Verwendungsweisen mit einem Infinitiv machen bei *brauchen* in beiden Korpora nur einen geringen Anteil aller Verwendungsweisen aus. Am häufigsten ist die Verwendung von *brauchen* als Vollverb mit einer Ergänzung in Form einer Nominalphrase (häufig eine anaphorische Pronominalisierung). Der Anteil der Verwendungen mit einem Infinitiv liegt im Chat bei 10,5%, im Forum bei lediglich 4,4%. Alle Verwendungen von *brauchen* mit einem Infinitiv in beiden Korpora sind Belege für die (deontische) Grundmodalität, die epistemische (oder nach DIEWALD (1999) deiktische) Verwendung ist nicht belegt. Vergleicht man nun diese Verwendungen von *brauchen* mit Infinitiv (107 Belege im Chat, 32 Belege im Forum) hinsichtlich des Vorkommens von *zu*, ergibt sich das in Tabelle 14 dargestellte Bild.

	brauchen + *zu* + Infinitiv	*brauchen* + reiner Infinitiv	p-Wert
Chat	29%	71%	p<0,0001
Forum	69%	31%	p<0,0001

Tab. 14: Verteilung von *brauchen* mit und ohne *zu* in den Chat- und Forumstexten (Grundgesamtheit: 723 Belege im Chat und 227 Belege im Forum).

Diese Verteilung zeigt die unterschiedliche Nähe der beiden Kommunikationsformen zum schriftsprachlichen Standard, wo die Form mit *zu* nach wie vor die stilistisch unmarkierte ist. Die Texte des Forums orientieren sich offenbar sehr viel stärker an der offiziellen Norm. Im Chat dagegen wird *brauchen* überwiegend mit reinem Infinitiv, mithin also nach dem syntaktischen Muster der voll in das Paradigma integrierten Modalverben gebraucht.

Interessanterweise lässt sich innerhalb des Chat-Korpus eine Variation bei der Verwendung von *brauchen* beobachten. Tabelle 15 zeigt den Vergleich der einzelnen Chatrooms miteinander.

---

[49] Durch die Alternative des negierten Gebrauchs von *müssen* anstelle der stigmatisierten Variante mit *brauchen* entfalle laut WEINRICH (^{2}2003: 301) „das von der Schule stark betonte Normproblem“.

	brauchen + *zu* + Infinitiv	*brauchen* + reiner Infinitiv	p-Wert
30-40-50-Chatset	32%	68%	0,2608
Bayern	0%	100%	0,0386
Berlin-Brandenburg	23%	77%	0,5279
Hessennetz	44%	56%	0,2464

Tab. 15: Verteilung von *brauchen* mit und ohne *zu* in den verschiedenen Chatrooms.[50]

Während die Belege mit und ohne *zu* im „Hessennetz"-Chat annähernd gleichmäßig verteilt sind, gibt es bei „Berlin-Brandenburg" eine deutliche Präferenz für die Verwendung ohne *zu*. Im bairisch geprägten Chatroom „Bayern" schließlich gibt es überhaupt keinen Beleg für *brauchen* + *zu*. Der regional unspezifische Chatroom „30-40-50-Chatset" zeigt ebenfalls eine Präferenz für die Verwendung ohne *zu*, allerdings weniger stark als bei „Bayern" und „Berlin-Brandenburg".

Für das Bairische gilt, dass „*brauchen* ausschließlich mit reinem Infinitiv verbunden [wird], *zu*-Infinitiv kommt praktisch nicht vor" (MAIWALD 2004: 105). Die Schreiber im Chatroom „Bayern" folgen dieser Regel des Bairischen, der mündliche Sprachgebrauch (der zweifellos vor der Verbreitung der neuen Medien den größten Anteil an privatem Dialektgebrauch ausmachte) motiviert auch hier den Schriftsprachgebrauch im Chat.

Ebenfalls aus dem „Bayern"-Chat stammt auch der einzige Beleg für eine Verwendung von *brauchen* ohne Negation:

(146) brauchst grad reden (Bayern, 2007/01/09)

Während im Standard laut LENZ (1996: 398) *brauchen* nur als „negatives Polaritätselement" gebraucht wird, sind im Bairischen auch nicht-negierte Verwendungsweisen mit einer vom Standard abweichenden Semantik üblich (vgl. MAIWALD 2004: 107):

(147) De (Sense) braucht dengeln.

(148) De Khua braucht schlachtn. (Beispiele nach MAIWALD 2004: 107)

Die Konstruktion wird von MAIWALD (2004: 107) folgendermaßen beschrieben:

> In diesen Beispielen wird das Patiens an die Subjektposition im Aktivsatz gesetzt. Wie bei einer Passivkonstruktion wird das Agens nicht genannt; im Gegensatz zum Passiv ist es jedoch nicht möglich, die fehlenden Aktanten zu nennen. Gleichzeitig wird eine unpersönliche Konstruktion mit *man muss* vermieden. In diesen Verwendungen verbindet sich *brauchen* mit einem Infinitiv, dessen Valenz nicht zum Tragen kommt. Syntaktisch ist hier das zweiwertige *brauchen* das Hauptverb des Satzes.

---

[50] Der Chatroom „Pälzer unner sich" wird nicht berücksichtigt, weil es dort nur wenige Belege für die Verwendung von *brauchen* mit einem Infinitiv gibt.

Diese Beschreibung passt jedoch nicht zu der Verwendung in (146). In (146) handelt es sich um eine ironische Äußerung, sodass die Proposition [*du*] *brauchst grad reden* zwar auf der formal-wörtlichen Ebene keine Negation enthält. Man kann aber annehmen, dass die Äußerung auf einer pragmatischen Ebene durchaus negiert ist, nach GROEBEN/SCHEELE (2003: 737–743) wäre dies die Ebene der Einstellung des Sprechers zum propositionalen Gehalt seiner Äußerung.

Das Fehlen von Belegen für *brauchen* ohne Negation einerseits (Übereinstimmung mit schriftsprachlichen Normen) und die konsequente Verwendung ohne *zu* im „Bayern"-Chat andererseits (aus dialektaler Mündlichkeit motivierte Präferenz für schriftsprachlich markierten Gebrauch) illustriert den insgesamt komplexen Charakter der Chat-Texte: Es handelt sich um schriftliche Texte, bei denen zuvor nur in mündlichen Äußerungen belegte (dialektale) Muster verwendet werden. In diesen schriftlichen Texten haben also die Normen der Standardschriftsprache keine absolute Gültigkeit und können zur Inszenierung einer anti-konventionellen Identität gezielt verletzt werden. Als Ressource hierfür stehen unter anderem regionale Varianten zur Verfügung. Dialektale Formen in die Schriftlichkeit zu bringen ist offensichtlich mit einem ästhetischen Mehrwert verbunden (der vor Verbreitung der digitalen Schriftlichkeit den Schreibern von Mundart-Literatur vorbehalten war). Die Verschriftlichung dialektaler Formen führt nicht, wie oft angenommen, zu einer Zeitersparnis bei der Chat-Kommunikation – der expressive oder ästhetische Gewinn überwiegt jedoch die Kosten, wie der folgende Beleg verdeutlicht:

(149) Franz: frei mi narrisch endli amoi a gscheita bua...fg
Christine: freut sich mal wieder bayrisch zu lesen und laut lesen zu müssen *G
[…]
Lena: kommt ihr alle aus bayern????
[…]
Christine: nein lena aus china aber uns macht es spaß im raum bayern zu chatten! (Bayern, 2002/04/14)[51]

Weitere Vergleiche zeigen ebenfalls einen Unterschied zwischen dem „Bayern"-Chat und den anderen regional benannten Chatrooms. Die Konjugation der Modalverben zeichnet sich durch fehlendes *t*-Suffix in der 3. Person Singular des Indikativ Präsens aus: Die Formen lauten *darf*, *kann*, *muss*, etc. Für *brauchen* gilt:

> In Anlehnung an die Modalverbkonjugation erscheint gelegentlich auch die endungslose Form *brauch* [...] auch in der 3. Pers. Sg. des Ind. Präs., anstelle der standardsprachlichen Form *braucht*. Die endungslose Form gilt jedoch nicht als korrekt. (DUDEN 2005: § 647)

Die Verwendung von *brauchen* ohne Suffix gilt als Kriterium für dessen Integration in das Modalverbparadigma:

> Die Verwendung von *brauch* statt *braucht* ist ein eindeutiges Indiz für die auch morphologische Angleichung von *brauchen* an das Paradigma der Modalverben. Bestätigt wird dies da-

---

[51] Die Nicknames der Chattenden wurden geändert.

durch, daß der Ausfall des Flexionsgrammems *–t* in der 3. Person Singular sonst bei keinem Verb beobachtet werden kann, dessen Wortstamm auf einen velaren Spiranten auslautet. (GIRNTH 2000: 120)

Vergleicht man die unterschiedlich starke Integration von *brauchen* in das Modalverbparadigma in den einzelnen Chatrooms unter diesem Aspekt, ergibt sich das Bild in Tabelle 16.

	Belege für die 3. Pers. Sg. Präs. (absolut)	davon ohne Suffix	p-Wert
30-40-50-Chatset	95	16%	p<0,0001
Bayern	18	17%	0,2207
Berlin-Brandenburg	35	54%	0,0002
Hessennetz	24	54%	0,0035

Tab. 16: Anteil der 3. Pers. Sg. Präs. von *brauchen* ohne *t*-Suffix am jeweiligen Gesamtvorkommen der 3. Pers. Sg. Präs. von *brauchen* in den verschiedenen Chatrooms.

Die wenigen Belege für die ausgefallene 3.-Person-Endung im „Bayern"-Chatroom entsprechen ganz der dialektologischen Beschreibung:

Im Bairischen kommt *t*-Ausfall jedoch eher selten vor und kann bei *brauchen* deshalb nicht als Kriterium für eine Zugehörigkeit zur Kategorie der Modalverben gelten. (MAIWALD 2004: 105)

In mündlichem Dialektgebrauch ist die Verwendung ohne 3.-Person-Endung in einigen westmitteldeutschen Dialekten verbreitet, insbesondere im Moselfränkischen und im rheinfränkisch-moselfränkischen Übergangsgebiet (vgl. GIRNTH 2000: 128). Da im Rheinfränkischen das *t*-Suffix noch zahlreich belegt und im Südpfälzischen gar weitgehend erhalten ist, schließt GIRNTH (2000: 128) auf eine Ausbreitung der Modalverbverwendung von *brauchen* von Norden nach Süden. Ausgangspunkt des *t*-Abbaus seien die norddeutschen Alltagssprachen (vgl. ebd.).

Im Korpus der ElitePartner-Forumsdiskussionen finden sich insgesamt lediglich 2 Belege für ein fehlendes *t*-Suffix bei *brauchen* in der 3. Pers. Sg. Präs., was man dann auch als Tippfehler interpretieren könnte. Allerdings ist einer der beiden Belege insgesamt in einem Stil geschrieben, der weiter vom Schriftstandard entfernt ist als die Mehrzahl der Beiträge in den ElitePartner-Foren:

(150) ich habe vermutet das der Service länger brauch und die anwesenden nicht sooo schnell posten...- (Rubrik Single, 2010)

Aus dem Kontext dieses Belegs geht hervor, dass der Schreiber eine distanzierte Haltung zu ElitePartner bzw. dessen Mitgliedern einnehmen möchte, seine mangelnde Vertrautheit mit den Abläufen ist das Thema in (150). Vor diesem Hintergrund passt seine anti-konventionelle Schreibweise (fehlende Interpunktion, orthografische Abweichung bei *das*, Graphem-Iteration sowie eben der *t*-Ausfall bei *brauchen*) gut zum Gesamtbild, da sie nicht den üblichen Präferenzen im ElitePartner-Forum entspricht.

Der folgende Chat-Beleg zeigt, dass die Akteure ein Wissen über die schriftsprachliche Norm besitzen:

(151) da brauch' mann aber manchmal geduld (30-40-50-Chatset, 2007/01/12)

Die Chatterin oder der Chatter setzt in diesem Beleg einen Apostroph an das endungslose *brauch*, was der landläufigen Meinung über Chatkommunikation widerspricht, dass beim „schnellen" Chatten jede Möglichkeit zur Einsparung von Zeichen (und Zeit beim Tippen) genutzt werden müsse. Das Setzen eines Apostrophs ist eine nur schriftsprachlich gegebene Möglichkeit der Markierung, mit der angezeigt wird, dass die fehlende Endung gewollt ist und keineswegs Resultat mangelnder Sorgfalt oder Kompetenz. Diese Schreibweise zeigt auch, dass im mündlichen Sprachgebrauch übliche und frequente Formen (wie *brauchen* ohne *t*-Suffix in der 3. Pers. Sg.) keineswegs auch in der Schriftlichkeit unauffällig und akzeptabel sein müssen – auch nicht in Kontexten mit Distanz zur Standardsprache.

Schließlich sei noch eine weitere Normunsicherheit erwähnt: „Im Konjunktiv II wird der Stammvokal heute oft – in der gesprochenen Sprache sogar regelmäßig – umgelautet" (DUDEN 2005: § 647). Vokalwechsel sind auch für die anderen Modalverben außer *sollen* charakteristisch. Für *brauchen* lassen sich in den Korpora jedoch kaum Belege für Vokalwechsel finden. Im Forum weisen 11 der insgesamt 227 Belege für *brauchen* im Konjunktiv einen Vokalwechsel auf (4,8%), im Chat sind es 16 von insgesamt 723 Belegen (2,2%).

(152) Dann bräuchte man sich nicht mehr in die Tasche zu lügen (EP, Rubrik Trennung, 2010)

Allerdings handelt es sich bei 5 der 11 *brauchen*-Verwendungen mit Vokalwechsel im Forum um Vorkommen indirekter Rede. Im Chat kommen die *brauchen*-Verwendungen mit Vokalwechsel nur in direkter Rede vor. Vernachlässigt man die Vorkommen indirekter Rede im Forum, entspricht der Anteil der übrigen *brauchen*-Belege mit Vokalwechsel mit 2,6% den Verhältnissen im Chat.

Am häufigsten ist bei *brauchen* wie schon erwähnt nicht die Verwendung mit einem Infinitiv, sondern der Vollverbgebrauch mit einem Komplement in Form einer akkusativischen Nominalphrase. Im Mittelhochdeutschen regiert *brauchen* noch einen Genitiv:

> Nie darf dagegen *es* wegfallen in der Verbindung mit *prauxn* = nötig sein: *əs prauxts* = Es ist nötig. *tös hätts nit kaprauxt* = Das wäre nicht nötig gewesen. Das einleitende *tös* kann in Formeln wegfallen, aber nie das *s* nach brauchen: *prauxts nit*, *hœtts nit kəprauxt* (im Sinne des nhd.: ‚Bitte!'). Dieses *s* geht zurück auf mhd. *es* (Gen. von *ez*), wird aber immer als Akk. empfunden, wie überhaupt *prauxən* = brauchen im nhd. den Akk., nicht den Gen. (mhd.) regiert. (FELLER 1914: 23)

In den beiden Vergleichskorpora regiert *brauchen* fast ausschließlich den Akkusativ. Allerdings gibt es Vollverb-Verwendungsweisen mit einer temporalen Semantik, bei denen kein Akkusativ, sondern eine Präpositionalphrase steht:

(153) na für die antwort hast jetzt aber gebraucht (30-40-50-Chatset, 2009/01/20)

Es gibt allerdings bei durativen Lesarten von *brauchen* auch die Verwendung mit einer (weiteren) Ergänzung in Form eines adverbialen Adjektivs (*lange brauchen*) oder mit einem Akkusativ-Objekt (im zweiten Beleg):

(154) [Nickname] hat ne dialog reaktion solang meine oma braucht nen waffelteig zu rühren (Hessennetz, 2002/09/18)

(155) das brauch ein paar tage (30-40-50-Chatset, 2009/01/19)

In der folgenden Tabelle (Tab. 17) sind alle belegten Verwendungsmuster für *brauchen* mit ihrem jeweiligen Anteil am Gesamtvorkommen von *brauchen* aufgelistet.

Insgesamt zeigt der Vergleich der Verwendungsweisen von *brauchen*, dass dieses Verb eine Reihe von Gemeinsamkeiten mit den Modalverben des Standard aufweist und allem Anschein nach zunehmend fester in das Modalverb-Paradigma integriert wird. Die Nähe von *brauchen* zu den Modalverben ist dabei außerhalb der Ordnung des Standard bzw. außerhalb von an dieser Ordnung orientierten Domänen größer: Im Bairischen entspricht die Verwendung von *brauchen* dem der Modalverben. Im Chat ist die Distanz zur Schriftnorm offenbar so ausgeprägt, dass sie sich auch in solchen Formunterschieden niederschlägt.

	Chat	Forum	p-Wert
brauchen + reiner Infinitiv	10,51%	4,41%	0,0052
brauchen + *zu*-Infinitiv	4,28%	9,69%	0,0020
brauchen + NP	77,60%	81,50%	0,2114
brauchen + PP	0,41%	0	--
brauchen + Adjektiv	2,21%	4,41%	0,0774
brauchen + Adverb	0,14%	0	--
Anaphern	4,84%	0	--

Tab. 17: Anteil der unterschiedlichen Verwendungsweisen von *brauchen* an der jeweiligen Gesamtzahl der Belege in Chat (723 Belege) und Forum (227 Belege).

5.3 Diskussion der Befunde

Die Untersuchung der modalen Verben inklusive *brauchen* hat mehrere Befunde hervorgebracht. Erstens kann für das Paradigma der Modalverben gesagt werden, dass die Integration des Verbs *brauchen* zwar noch immer nicht abgeschlossen ist, offenbar aber weiter fortschreitet. Die Modalverb-Verwendung von *brauchen* ist stilistisch markiert und in Chat und Forum unterschiedlich frequent. Dabei ist diese Gebrauchsweise ohne *zu* nicht mehr in dem Maße stigmatisiert, wie sie es offenbar zu Zeiten Tucholskys noch war (vgl. WELLMANN 2008: 66). Betrachtet man den Befund, dass im Chat 71% der Verwendungen von *brauchen* ohne *zu* realisiert sind, vor dem Hintergrund einer lebensstilistischen Einordnung der Chattexte (vgl. Kap. 6.1 „Stilistische Differenzierung"), kann man schlussfolgern, dass die Schreibweise ohne *zu* mit einem spontanen Stil assoziiert ist, mit Distanz zu den Normen der Standardschriftsprache und einer allgemein antikonventionellen Haltung.

Zweitens war eine Verwendungsweise der modalen Verben auffällig, die als anaphorischer Gebrauch bezeichnet wurde. Dieser Gebrauch ist im Chat signifikant häufiger als im Forum. Auf diesen Befund wird in Kapitel 7 „Dialogizitätals Strukturbedingung schriftsprachlicher Innovationen" eingegangen.

	Chat	Forum	p-Wert
reiner Infinitiv	73,40%	85,18%	p<0,0001
zu-Infinitiv	0,19%	0,30%	0,0919
NP	16,29%	11,96%	p<0,0001
PP	1,34%	0,14%	p<0,0001
Adjektiv-Phrase	0,22%	0,19%	0,7317
Adverb-Phrase	2,23%	0,46%	p<0,0001
Anaphern	6,00%	1,20%	p<0,0001

Tab. 18: Anteil der verschiedenen syntaktischen Muster am Gesamtvorkommen der untersuchten Verben in Chat und Forum. Die Belege mit einem *zu*-Infinitiv sind auf *brauchen* beschränkt. Die addierten Anteile ergeben nicht 100%, da es einige Einzelvorkommen wie *ich muss mal* oder *ihr könnt mich mal* gibt, die als Phraseme angesehen und nicht kategorisiert wurden.

Drittens wurde eine Reihe von Belegen gefunden, die insofern gegen die üblichen Normen der Schriftsprache verstoßen, als sie kein Vollverb enthalten und nicht zu den in Grammatiken beschriebenen Restriktionen beim Gebrauch von Modalverben ohne Infinitiv passen. Die obenstehende Tabelle (Tab. 18) stellt noch einmal die prozentualen Anteile aller syntaktischen Umgebungen aller untersuchten Verben am Gesamtvorkommen dieser Verben im Chat (N=16223) und im Forum (N=7231) einander gegenüber.

Die signifikanten Unterschiede zwischen Chat und Forum lassen sich, abgesehen von der ebenfalls sehr deutlich unterschiedlichen Häufigkeit anaphorischer Verwendungen, alle unter dem Aspekt betrachten, ob das modale Verb einen Infinitiv regiert oder ob es das einzige Verb des Syntagmas ist.

Grammatiktheorien, die sich im Wesentlichen auf schriftliche Standardsprache beziehen, beschreiben die hier vorgefundenen Gebrauchsweisen der Modalverben ohne Infinitiv als Ellipsen (vgl. vor allem Kap. 5.2.1 „*dürfen*" und 5.2.4 „*müssen*"). Es gilt dabei zu unterscheiden zwischen regelhaften, standardkonformen Verwendungen ohne Infinitiv einerseits (sozusagen den zulässigen Ellipsen) und solchen andererseits, die gegen die schriftsprachliche Norm verstoßen. Die folgende Tabelle (Tab. 19) stellt noch einmal die von der Norm abweichenden Vorkommen aller untersuchten Verben ohne einen Infinitiv in Chat und Forum gegenüber. Hierzu zählen

- Kombinationen von *dürfen* und *müssen* mit einer nicht-pronominalen Nominalphrase,
- Kombinationen von *können* mit einer NP, die nicht den semantischen Restriktionen für diese Kombination entspricht (vgl. ZIFONUN ET AL. 1997: 1256; WEINRICH ²2003: 299),
- Kombinationen eines modalen Verbs mit einer Präpositional-, Adjektiv- oder Adverbphrase, die keine Richtungssemantik aufweist,
- Kombinationen eines modalen Verbs mit einem Adverb, das zwar meist eine Richtungssemantik aufweist, innerhalb der Schriftnorm aber mit einem Infinitiv kombiniert wäre und zwar in der Regel mit dem betreffenden Infinitiv univerbiert (z.B. könnte *und da möchtest du auch hin?*[52] in einem schriftsprachlichen, normorientierten Text als *und da möchtest du auch hinkommen/hingehen?* realisiert sein).

	Chat	Forum	p-Wert
Modalverb + Infinitiv	73,40%	84,59%	p<0,0001
ohne Infinitiv (normgerecht)	17,97%	13,12%	p<0,0001
ohne Infinitiv (nonkonform)	2,26%	0,51%	p<0,0001

Tab. 19: Vergleich der prozentualen Anteile von infinitivregierenden Modalverben, normgerechten Verwendungen ohne Infinitiv und nonkonformen Verwendungen ohne Infinitiv am Gesamtvorkommen der modalen Verben in Chat und Forum.

[52] 30-40-50-Chatset, 2009/01/20.

Alle hier betrachteten Unterschiede zwischen den Chat- und Forumstexten sind signifikant. Die Akteure im Forum bevorzugen demnach nicht nur allgemein eine Verwendungsweise mit regiertem Infinitiv, sondern wählen Verwendungsweisen ohne Infinitiv auch dann signifikant weniger häufig als die Akteure im Chat, wenn diese Verwendungsweisen standardschriftsprachlich völlig akzeptabel sind. Die nicht normgerechten Vorkommen ohne Infinitiv haben einen über 4-mal höheren Anteil im Chat als im Forum.

Abschließend sollen noch einmal die belegbaren syntaktischen Muster mit einem modalen Verb in einer Tabelle dargestellt werden, die im Kontrast zu Tabelle 1 zu lesen ist. Tabelle 1 zeigt die in schriftlicher Standardsprache möglichen Komplemente der modalen Verben, die folgende Tabelle 20 stellt dem die Muster des informellen Schreibens in den untersuchten digitalen Textkulturen gegenüber.

Da die Vorkommen ohne einen Infinitiv aus einer Normperspektive meist über elliptische Elemente erklärt werden, soll es im Folgenden darum gehen, was der Terminus *Ellipse* leisten kann und welche alternativen Beschreibung entsprechender Syntagmen ohne den Ellipsen-Begriff möglich sind. Schließlich wird gezeigt, inwiefern „elliptischem“ Gebrauch von Konstruktionen ein Innovationspotential zukommt.

	zu-Infinitiv	reiner Infinitiv	NP (nicht pronominal)	Präp.-Phr. oder Adj.-Phr. (Richtung)	*dass*-Komplement	Präp.-Phr., Adj.-Phr. oder Adv.-Phr.
brauchen	+	+	+	-	-	+
dürfen	-	+	+	+	-	+
können	-	+	+	+	-	+
mögen	-	+	+	+	+	-
müssen	-	+	+	+	-	-
sollen	-	+	-	+	-	-
wollen	-	+	+	+	+	+

Tab. 20: Übersicht über die modalen Verben und ihre in den untersuchten Korpora digitaler Schriftlichkeit belegten Komplemente. Die Abweichungen vom Schriftstandard sind durch graue Unterlegung hervorgehoben.

5.3.1 Syntaktische Variation und deren Beschreibung

Seit der Antike ist die Ellipse als eine rhetorische Figur der Aussparung von Redeteilen bekannt (vgl. PLEWNIA 2003: 33). Rhetorisch wirksam kann eine Aussparung nur sein, wenn sie für den Rezipienten als solche wahrnehmbar ist, d.h. die Ellipse als rhetorische Figur muss die Erwartungen an eine Äußerung enttäuschen. In diesem Sinne könnte eine Ellipse die Nicht-Einhaltung von Konversationsmaximen bedeuten (vgl. ZIFONUN ET AL. 1997: 411), wobei eine Interpretation durch den Rezipienten allerdings möglich sein muss. Solche rezipientenseitigen Reparaturen oder Re-Interpretationen folgen ihrerseits ebenso wie die Sprachproduktion Regeln, sie sind schematisch (vgl. GRICE [1975] 1993: 254 f.). Diese pragmatische Charakterisierung wurde in traditionellen Grammatiken auf die Syntax übertragen, wobei das pragmatisch Regelhafte der Interpretation zur syntaktischen Regelhaftigkeit wurde. Allgemein spricht man dann von „regelhaften Ellipsen",

> wenn der Sprecher bei seiner Äußerung bestimmte Elemente weglassen kann, die der Hörer, sofern er die betreffende Sprache beherrscht, nach festen Regeln aus dem Kontext ergänzen kann. (KLEIN 1985: 1)

Syntaktisch ist diese Definition nur dann sinnvoll, wenn sich „Kontext" auf die syntaktische Umgebung des als weggelassen postulierten Elements bezieht. Oftmals wird in der Syntax deshalb kein weiter Ellipsen-Begriff verfolgt, der z.B. auch Frage-Antwort-Strukturen erfasst. Der enge Ellipsen-Begriff bezieht sich dann nur noch auf sogenannte Koordinations- und Adjazenz-Ellipsen. Ein weiterer Begriff, der als Ellipse definiert, was nicht ohne Kontext verstehbar ist, führt nämlich zu dem Problem, dass dann „nahezu alle dialogischen Äußerungen Ellipsen" (BUSLER/SCHLOBINSKI 1997: 96) sind. „[E]s ist nicht festzustellen, wann eine Äußerung vollständig ist. Jedes Ereignis kann stets noch umfassender versprachlicht werden" (ZIFONUN ET AL. 1997: 411).

Diese nicht als eigenständige Sätze geltenden „syntaktischen Formate" (vgl. BUSLER/SCHLOBINSKI 1997: 96) in dialogischen Strukturen sind pragmatisch besser erklärbar als syntaktisch.

> Interessant unter syntaktischen Gesichtspunkten sind die verbleibenden sog. Adjazenz- und Koordinationsellipsen, die auch traditionell den Kern dessen ausmachen, was als Ellipse schlechthin begriffen wird. Diesen Ellipsentypen gemeinsam ist, daß es bei Nicht-Identität von Strukturmustern Strukturparallelitäten über Phrasen-, bzw. Äußerungsgrenzen hinweg gibt. (BUSLER/SCHLOBINSKI 1997: 96)

Es handelt sich also bei Ellipsen im engeren Sinne um Muster wie (156) und (157):

(156) Ich frage, ob und wie lange du bleibst

(157) Evi kocht Tee, Peter aber nicht (Beispiele aus BUSLER/SCHLOBINSKI 1997)

Für diese sogenannten Koordinations- und Adjazenzellipsen werden syntaktische Regeln formuliert. Diese

> gehen jeweils von vollständigen Sätzen aus und geben an, was unter welchen Umständen weggelassen werden kann. So lassen sich die Regeln sehr einfach formulieren. Es sei aber daran erinnert, daß mit ‚Weglassen' nicht ‚Tilgung bei formaler Identität' gemeint ist. Mit ‚identischen Ausdrücken' ist stets gemeint: Ausdrücke, die dasselbe ausdrücken. (KLEIN 1985: 10–11)

Man kann sich ohne Weiteres klar machen, dass diese Prämisse von der Existenz identischer Ausdrücke äußerst problematisch ist.[53] Im Zusammenhang mit Regelbefolgung und Regelabweichung (vgl. Kap. 2.1.6) wurde bereits betont, dass zwei Situationen – und dementsprechend zwei Äußerungen – niemals identisch, sondern höchstens einander ähnlich sein können. Aus einer solchen handlungsorientierten Perspektive formulieren ZIFONUN ET AL. (1997: 412): „Ob vollständige Struktur und korrespondierende Ellipse bedeutungsgleich (salva veritate) sind, ist umstritten: in einer Gebrauchstheorie der Bedeutung ist dies ausgeschlossen." BUSLER/SCHLOBINSKI (1997: 93) formulieren das Problem folgendermaßen[54]:

> Bei der Paraphrasierung elliptischer Formen als ‚vollständige' Strukturen wird zum einen das Prinzip der semantischen Äquivalenz vorausgesetzt, zum anderen eine Unbestimmtheitsrelation dahingehend, daß es prinzipiell mehr als eine Paraphrase geben kann, was in bezug auf die syntaktische Basisstruktur [...] insofern problematisch ist, als daß die Ellipse nicht eindeutig einer ‚Vollstruktur' zugeordnet werden kann. Weiterhin sind die aus ‚elliptischen' Vorkommen der gesprochenen Sprache paraphrasierten Vollstrukturen Satzprojektionen des schriftsprachlichen Gebrauchs.

Man kann ergänzen, dass die als prototypisch angesehenen, „vollständigen" Muster des schriftsprachlichen Gebrauchs auf die Standardschriftsprache bezogen sind. Hinzu kommt, dass die Charakterisierung der „Ellipsen" als nicht-vollständige Strukturen meist auch eine Abwertung impliziert:

> Ellipsen und Vollsätze [...] werden nach dieser Theorie als unterschiedliche Realisationen einer Bedeutung, eines Gedankens, eines Inhalts usw. angesehen, wobei den K[urz]S[ätzen] – als den defekten Realisationen – nur der Status von fratres minores zuerkannt wird. (ORTNER 1985: 166)

ORTNER (1985) führt diese von ihm kritisierte Sichtweise darauf zurück, dass Theoretiker der Ellipse einen Sprachbegriff auf Basis einer Repräsentationstheorie von Zeichen haben. Demnach gebe es zeichenunabhängige Gedanken oder Inhalte, die durch mehr oder weniger komplexe, „vollständige" und angemessene Zeichenketten repräsentierbar seien. Dementsprechend geht er davon aus,

> daß nur eine Grammatikschreibung, die sich von den Grundannahmen der Repräsentationstheorie distanziert, die Äußerungen erklären will und nicht nur die Bildung von Sätzen, zu einem adäquaten Verständnis des Phänomens K[urz]S[atz] gelangen kann. (ORTNER 1985: 166)

---

53 Aus einer sprachhistorischen Perspektive weist HENNIG (2010) das Identitätskriterium zurück und argumentiert für eine „Hinwendung zu aggregativen Koordinationsellipsen" (HENNIG 2010: 943).

54 Vgl. hierzu auch ZIFONUN ET AL.(1997: 410): „Ellipsen sind immer wieder im Blick auf den ‚vollständigen Satz' – was immer das sei – und selten konsequent funktional betrachtet worden."

Grammatiktheorien, die die Bildung von „elliptischen" Sätzen erklären wollen, sind dabei mit dem Problem konfrontiert, „vollständige" Paraphrasen postulieren zu müssen bzw. ein bestimmtes syntaktisches Muster als dasjenige schon voraussetzen zu müssen, das „eigentlich" anstelle der „Ellipse" zu realisieren wäre.

BUSLER/SCHLOBINSKI (1997) diskutieren diese Problematik sowohl für transformationsgrammatische als auch für oberflächensyntaktische Theorierahmen.

> Im Rahmen der transformationell ausgerichteten X-Bar-Syntax gibt es also nur die Möglichkeit der Annahme, daß elliptische Strukturen im Rahmen der Abwandlung einer Basisstruktur durch die Transformationskomponente generiert worden sind. Dieses würde implizieren, daß elliptische Sequenzen ‚gekürzte' Strukturen von bestimmten Basisstrukturen wären, also ‚Ableger' von dementsprechend ‚längeren' Strukturen. (BUSLER/SCHLOBINSKI 1997: 99)

Diese Herangehensweise stößt spätestens dort an Grenzen, wo für eine „elliptische" Oberflächenstruktur mehr als eine Tiefenstruktur angenommen werden kann.

In Grammatiktheorien ohne Tiefenstruktur können Ellipsen hingegen kaum behandelt werden, wenn man nicht von dem grundlegenden Prinzip abweichen möchte, nur oberflächensyntaktisch vorhandene Formen in die Analyse einzubeziehen.

> Das, was unter ‚Koordinationsellipsen' verstanden wird, bereitet auf der Folie oberflächensyntaktischer Ansätze erhebliche Schwierigkeiten: Es scheint, daß ohne leere Positionen keine sinnvollen Konjunktstrukturen angenommen werden können. Analog stellen sich Probleme bei den ‚Adjazenzellipsen', die bei Eisenberg auch unter keinem anderen Topik behandelt werden, was sicherlich nicht zufällig ist. Wenn Folgeäußerungen nicht satzförmig (aber irgendwie ‚satzäquivalent') auftreten, weisen diese oberflächensyntaktisch kein Satzformat auf. Folglich müssen diese Strukturen erst in ‚vollständige' Sätze überführt werden, um dann weiter analysiert werden zu können. Der Versuch der Vervollständigung widerspricht aber einer oberflächensyntaktischen Betrachtungsweise und setzt letztlich voraus, Ellipsen aus ‚Vollformen' abzuleiten. Dann fragt sich allerdings, warum nicht auch ‚Koordinationsellipsen' aus ‚vollständigen' Strukturen abgeleitet werden. (BUSLER/SCHLOBINSKI 1997: 102)

Der Ellipsen-Begriff führt demnach zu folgendem Dilemma:

> Es scheint einerseits nicht sinnvoll, Adjazenz- und Koordinationsellipsen ohne Rückgriff auf ‚vollständige' Basisstrukturen zu analysieren, andererseits ist die Ableitung dieser Ellipsen von zugrundeliegenden Tiefenstrukturen ebenso problematisch. (BUSLER/SCHLOBINSKI 1997: 102)

Dieses Dilemma ist nicht auflösbar, sondern kann nur umgangen werden, indem man die sogenannten elliptischen Formen nicht mit konstruierten „vollständigen" Formen kontrastiert und sie stattdessen als eigenständige Formen bzw. als „spezifische[...] Verfahren der Verbalisierung" (ZIFONUN ET AL. 1997: 410) betrachtet. Sehr klar argumentiert für diese Perspektive (KINDT 1985: 168):

> Erstens sollte sich m.E. die Formulierung von Synthesegrammatiken möglichst an den Konstruktionsprinzipien von Sprachproduktion orientieren; diesbezüglich nehme ich aber an, daß Sprecher bei der Produktion elliptischer Äußerungen nicht so vorgehen, daß sie zunächst (gedanklich) einen vollständigen Satz konzipieren und anschließend kontextuell redundante Elemente dieses Satzes wieder tilgen. Zweitens halte ich es für zweckmäßig, wenn der genetische Stellenwert sprachlicher Einheiten in Grammatiken reflektiert wird; unter diesem Aspekt ist zu

> bedenken, daß elliptische Sprachformen möglicherweise zum Teil die primären Formen im Spracherwerb sind und daß sich die sogenannte grammatische Vollständigkeit erst aus erhöhten Formulierungsanforderungen ergibt. Im Sinne dieser Argumente gehe ich davon aus, daß die als Ellipse wahrgenommenen Sprachformen eine autonome Möglichkeit der Sprachproduktion bilden und daß sie in vielen Fällen mit den als vollständig eingeschätzten Formen gleichberechtigt sind.[55]

Diese „autonomistische" Theorie der sogenannten Ellipsen (vgl. BUSLER/SCHLOBINSKI 1997: 94; PLEWNIA 2003: 35) kann sich auf Karl Bühlers „Sprachtheorie" [1934] berufen. Dort hofft Bühler theoretische Grundlagen dafür zu schaffen, dass „die Angelegenheit der sogenannten sprachlichen Ellipsen endgültigt bereinigt werden soll" (BÜHLER ^{3}1999: 155). Bühler argumentiert aus einer pragmatischen Perspektive gegen die kurzschlüssige Überführung von „unvollständigen" Syntagmen in deren vermeintlich äquivalenten „vollständigen" Paraphrasen. Es

> kann sein, der Linguist erkennt an diesem oder jenem Formmoment eine syntaktische Platzbestimmtheit des Sprachzeichens. Was hat das auf sich? Kaum viel mehr, als daß das Sprachzeichen, so wie es hier geäußert wurde, auch an einer bestimmten Kontextstelle stehen könnte und regulär zu stehen pflegt. (BÜHLER ^{3}1999: 156 f.)

Die notwendigen Ergänzungen der tatsächlichen Äußerung, um zu jener regulären zu gelangen, sind allerdings „willkürlich und gezwungen" (BÜHLER ^{3}1999: 157). De facto ist es bei „elliptischen" Syntagmen in natürlicher Kommunikation in der Regel auch nicht notwendig, sondern lediglich möglich, sie zu ergänzen. Diese prinzipielle Ergänzbarkeit ist aber auch bei syntaktisch „vollständigen" Äußerungen wie auch bei nonverbalen Zeichen (vgl. BÜHLER ^{3}1999: 157) gegeben und beweist an sich nicht die Unvollständigkeit des tatsächlich realisierten Zeichens.

> Ein Elliptiker hätte den Beweis zu erbringen, daß die empraktisch verwendeten isolierten Nennungen ohne ein irgendwie mitgedachtes (vom Sender und Empfänger mitgedachtes) Satzschema unfähig wären, als eindeutige Verkehrszeichen zu fungieren. (BÜHLER ^{3}1999: 158)

Diesen Beweis hält Bühler für nicht möglich und nennt einen „Gegenbeweis, den man in der Kinderstube gewinnen kann":

> Das Kind gebraucht lange, bevor ihm ein einziger Mehrwortsatz gelingt, durchaus sinnvoll und für uns verständlich Gesten und die bequeme empraktische Nennung. Also muß diese ontogenetisch älter sein. (BÜHLER ^{3}1999: 158)

Diese Auffassung wird durch aktuelle Forschungsergebnisse bestätigt. NAUMENKO (2008) beschreibt den kindlichen Erstspracherwerb als ontogenetisches Pendant zu

---

[55] Dieselbe Argumentation verfolgt auch die IdS-Grammatik: „Tilgungsregeln sind leicht zu formulieren, aber sprachpsychologisch unplausibel. Bilden Sprecher erst eine komplexe Form, um sie dann zu reduzieren? Warum dieser erhöhte Verarbeitungsaufwand? Müssen Hörer/Leser für ein Verständnis immer die ‚vollständigere Form' rekonstruieren?" (ZIFONUN ET AL. 1997: 411).

phylogenetischen Entwicklungen, genauer: Grammatikalisierungsprozessen.[56] Bei der Untersuchung der Entwicklung von *müssen* stellt sie fest, dass während der ersten, zweimonatigen Phase des Gebrauchs von *müssen* dieses „ausschließlich als Vollverb [...], d.h. ohne ein anderes Verb im Infinitiv" (NAUMENKO 2008: 116 f.) benutzt wird.

(158) muss mit

(159) hm, müssen weg

(160) ich muss noch mehr Zucker (vgl. NAUMENKO 2008: 116)

Diese Vorgängigkeit der Verwendung als Vollverb entspricht genau der diachronen Entwicklung der heutigen Modalverben des Deutschen (vgl. NAUMENKO 2008: 117; FEILKE/KAPPEST/KNOBLOCH 2001: 5; DIEWALD 1999: 34). Ebenfalls entsprechend der diachronen Entwicklung erwirbt das Kind Leo anschließend die epistemische (deiktische) Verwendungsweise von *müssen* erst, nachdem es die deontische (nicht-deiktische) Verwendung bereits beherrscht (vgl. NAUMENKO 2008: 117).

> Die Chronologie des Erwerbs entspricht also im Falle der Modalverben ihrer diachronen Grammatikalisierung. Wie meine Untersuchung gezeigt hat, werden die stärker grammatikalisierten Optionen der Modalverben, ihr epistemischer Gebrauch später erworben als die weniger grammatikalisierte deontische Variante. Außerdem geht die Verwendung der Modalverben als Vollverben der auxiliaren Verwendung voraus. Das lässt sich ebenfalls anhand der Korpusdaten bestätigen. Besonders interessant war die Entdeckung der Belege für die Übergangsstruktur *müssen* + Infinitiv Passiv, die auch bei der diachronen Grammatikalisierung der Modalverben ein wichtiger Ausgangspunkt und die Vorbedingung für die Entstehung der stärker grammatikalisierten epistemischen Lesart war. (NAUMENKO 2008: 119)

Die Analyse des Korpus zeigt außerdem, dass der Vollverbgebrauch „auch nicht nach dem Auftreten grammatikalisierter Formen von *müssen* [verschwindet]" (NAUMENKO 2008: 117). Das Kind bewahrt sich also ein alternatives und nicht der Standardgrammatik entsprechendes[57] syntaktisches Muster über den Zeitpunkt des Erwerbs der normgerechten Verwendug hinaus.

Der frühkindliche Gebrauch ohne Infinitiv ist oft rhematisch, was man pragmatisch damit erklären könnte, „daß expliziter modaler Codierungsbedarf zuerst für Abweichung, Widerspruch und Kontrast gegenüber dem ‚normalen' Lauf der Dinge auftritt" (KNOBLOCH 2001: 14). KNOBLOCH (2001: 13) demonstriert das u.a. an folgenden Beispielen:

---

[56] Die Untersuchungsbasis ist ein durch das Leipziger Max-Planck-Institut für Evolutionäre Anthropologie zur Verfügung gestelltes Korpus, das Sprachaufnahmen des Kindes Leo enthält. Zwischen dem Alter von einem Jahr, 11 Monaten und 12 Tagen und Leos drittem Lebensjahr wurden täglich Aufnahmen gemacht, anschließend gab es bis zu seinem fünften Lebensjahr an jeweils 5 Tagen eines Monats Aufnahmen (vgl. NAUMENKO 2008: 11). Aufgrund dieser ungewöhnlichen Aufnahmedichte sind aussagekräftige Beobachtungen möglich, obwohl es sich nur um ein einzelnes Kind handelt.

[57] Im Fall von *müssen* gibt es keine standardkonformen Gebrauchsweisen ohne abhängigen Infinitiv.

(161) Ich will das aber.

(162) Das sollst, darfst du aber nicht.

(163) Dürfen wir heute ein Eis?

Zusammenfassend folgt aus diesen Beobachtungen, dass Syntagmen, die

a) onto- und phylogenetisch primär sind,
b) durch komplexere, stärker grammatikalisierte Syntagmen nicht zwangsläufig ersetzt, sondern zunächst nur ergänzt werden und
c) eigene pragmatische und/oder stilistische, differenzierende Funktionen gegenüber komplexeren Syntagmen haben können,

nicht in Abhängigkeit von diesen komplexeren Syntagmen (als unvollständig) definiert werden sollten.

Möchte man die kommunikative Funktionalität der betreffenden Syntagmen hervorheben und von autonomen, nicht-defizitären Strukturen sprechen, muss auf die Ablehnung des Ellipsenbegriffs eine differentielle Beschreibung folgen. Methodisch bedeutet dies eine Umkehrung der Perspektive dahingehend, dass man nicht solche Zeichen fokussiert, die nicht realisiert sind, sondern von den Zeichen ausgeht, die de facto vorhanden sind. Man vermeidet dadurch eine vorschnelle Kategorisierung von Ausdrücken nach Kriterien, die nur zuträfen, wenn man spezifische Ergänzungen vornehmen würde. Auf das Beispiel der Modalverben bezogen: Wenn die Ergänzung mit einem reinen Infinitiv als notwendige Bedingung für die Kategorisierung eines Verbs als Modalverb definiert ist, kann man diese Kategorisierung nicht durch Annahme eines elliptischen Infinitivs rechtfertigen. Weist ein Syntagma keinen Infinitiv auf, müsste eine darin enthaltene, mit Modalverben homonyme Form entsprechend anders beurteilt werden. Nach dem aktuellen Stand der Grammatikschreibung sind diese Formen aber entweder Ausnahmen (von der Regel, dass ein Modalverb mit reinem Infinitiv steht), für die dann spezifische Bedingungen angegeben werden (z.B. die semantischen Restriktionen für den Gebrauch von *können* ohne Infinitiv), oder man erklärt den „fehlenden" Infinitiv zu einer Nullform. Letzteres bedeutet, dass ein Zeichen (Token) in eine Zeichenklasse eingeordnet wird nach Kriterien, die im gegebenen Fall nicht zutreffen.

Die Methode, gegebene Syntagmen deskriptiv zu differenzieren und nicht aus ähnlichen, aber komplexeren Syntagmen zu erklären, wird von BUSLER/SCHLOBINSKI (1997) bevorzugt. Statt allgemein von Ellipsen zu reden und anzugeben, was „fehlt", sollen Syntagmen nach den tatsächlich vorhandenen Strukturen geordnet und benannt werden.

> Wir sehen ‚Koordinationsellipsen- und Adjazenzellipsen' wie ‚Handlungs-ellipsen' als eigenständige syntaktische Formate, die allerdings in Relation zu vorhandenen Strukturen zu sehen sind. Während ‚Handlungsellipsen' allein aus der Äußerungsbedeutung bzw. der Bedeutung des sequentiellen Formats analysiert werden können, setzt die Interpretation von ‚Koordinations- und Adjazenzellipsen' neben kontextuellem Wissen und/oder Präsuppositionen in der Regel die Bezugnahme auf eine Struktur, also auf syntaktisches Wissen voraus.

> Wir wollen im Folgenden den Terminus Ellipsen aufgeben, und statt dessen von Adjazenzkonstruktionen, Koordinationsstrukturen und Handlungssequenzen reden und deren syntaktischen Formaten. Generell gilt, daß die Interpretation solcher Strukturen [...] voraussetzt, daß die Sprecher bzw. Hörer in der Interaktion aus einem *Pool* spezifische Wissensstrukturen aktivieren bzw. Versprachlichungsmuster schöpfen. (BUSLER/SCHLOBINSKI 1997: 102)

Diese Perspektive hat eindeutig den Vorteil, dass man eine vorhandene Adjazenzkonstruktion betrachten kann statt einen nicht vorhandenen Prädikatsausdruck zu betrachten. Die Beschreibung gewinnt darüber hinaus an Attraktivität durch ihren Bezug auf das verstehensrelevante Wissen[58] und die daraus resultierende Opposition zu Theorien, in denen das Verstehen syntaktischer Strukturen als automatische Regelbefolgung modelliert wird. Schließlich gibt es auch eine pragmatische Erklärung für die Verwendung kürzerer, weniger komplexer Syntagmen:

> Der Sprecher als Konstrukteur und Kompositeur entwirft ein Sprachgebilde, das von irrelevanten Momenten absieht, Relevantes aber stärker gewichtet gemäß der Konversationsmaxime *Be relevant!* [nach Paul H. Grice]. [...] Relevantes kann mit Hilfe von Versprachlichungsmustern und -schemata ausgedrückt werden. Spezifische Strukturen in z.B. Adjazenzkonstruktionen stellen demnach Formate dar, die einer Versprachlichung der ko- bzw. kontextspezifischen Information nicht bedürfen. Generell gilt, daß je mehr Kontextwissen vorausgesetzt ist, desto weniger an Strukturierung notwendig ist. (BUSLER/SCHLOBINSKI 1997: 103)

Damit wird der Grad an syntaktischer Strukturierung direkt in Zusammenhang gebracht mit dem vorhandenen Kontextwissen in einer Äußerungssituation und somit auch mit je aktuellen kommunikativen Erfordernissen. Es wird dadurch auch ersichtlich, dass in einer gegebenen Situation eine längere, der normativen Grammatik entsprechende Äußerung durchaus auch die weniger angemessene und pragmatisch auffälligere sein kann.

Trotz der ernst zu nehmenden Kritik am Ellipsenbegriff bei ORTNER (1985), BUSLER/SCHLOBINSKI (1997) u. a. wird aus einer variationslinguistischen Perspektive weiter für dessen Beibehaltung plädiert. In diesem Sinne möchte HENNIG (2006) einen methodisch motivierten Ellipsenbegriff etablieren. Ihr Interesse gilt dabei dem systematischen Vergleich gesprochener und geschriebener Sprache sowie dem Vergleich historischer Entwicklungsstufen nach Parametern für Nähe- und Distanzsprachlichkeit.

> Für den linguistischen Analyseprozess dagegen halte ich einen Vergleich [„elliptischer" Einheiten] mit dem Satz für sinnvoll, dies wäre dann die reduktionistische Perspektive, die rein methodischen Charakter hat, d.h. der Abgrenzung einzelner syntaktischer Einheitentypen dient. (HENNIG 2006: 164)

Es wird also die Frage aufgeworfen, ob man zum Vergleich unterschiedlich komplexer Formen einen Ellipsenbegriff zur terminologischen Fixierung der jeweils kürzeren, weniger komplexen Form benötigt. Dies entspricht der Beschreibung „elliptischer Ver-

---

[58] Eine ähnliche Einschätzung dieser wissensbezogenen Beschreibung findet sich bei HENNIG (2006: 164). Zum Terminus *verstehensrelevantes Wissen* vgl. BUSSE (2008, insbesondere 82 ff., 96 f. und 102). Vgl. auch ZIFONUN ET AL. (1997: 413).

wendungen“ als Auslöser für Sprachwandelprozesse in diachronen Darstellungen (vgl. FRITZ ²2006: 51). Für die Syntax soll das methodische Vorgehen folgendermaßen aussehen:

> Eine reduktionistische Perspektive folgt dann, wenn man feststellt, dass der Einheitentyp X über etwas verfügt, was Einheitentyp Y nicht hat. Diese Perspektive sollte ausschließlich als Instrumentarium der grammatischen Beschreibung verstanden werden und nicht als normativ-skriptizistische Wertung. (HENNIG 2006: 164 f.)

Für eine synchrone Systembeschreibung ist unerheblich, ob eine Einheit Y als reduzierte Variante der Einheit X angesehen wird oder umgekehrt Einheit X als erweiterte Variante von Einheit Y. Deshalb kann man auch unproblematisch von zwei zu vergleichenden Konstruktionen reden, deren funktional-stilistische Differenz oder deren historischer Zusammenhang im Einzelfall zu klären ist. Daher wird hier auf Erklärungen mit Hilfe des Ellipsenbegriffs konsequent verzichtet.[59]

5.3.2 Innovativität des Modalverbgebrauchs in digitalen Texten

Im Folgenden wird die Frage zu erörtern sein, was das häufigere Vorkommen von aus normativer Perspektive „elliptischen“ Verwendungen modaler Verben in den Chat-Texten über die Innovativität dieser speziellen Form des Schriftsprachgebrauchs aussagen kann. Damit verbunden ist eine allgemein sprachtheoretische Überlegung über den Zusammenhang von „Ellipse“ und Sprachwandel.

Vor dem Hintergrund der im vorigen Kapitel vertretenen Überzeugung, dass kürzere oder weniger komplexe Syntagmen autonome Zeichenverwendungen sind, können die betreffenden Syntagmen zunächst einmal hinsichtlich ihrer kommunikativen Funktionalität betrachtet werden: „Der Anspruch auf Verständlichkeit ergibt sich vor dem und unabhängig vom Gebrauch einer Sprache des höchsten Entwicklungsniveaus“ (ORTNER 1985: 188). Mit anderen Worten: Auch eine Äußerung, die syntaktisch nicht den Grad an Komplexität und nicht die Ausführlichkeit (Explizitheit) aufweist, die dem betreffenden Sprecher zu einem späteren Zeitpunkt seiner sprachlichen Entwicklung möglich sind (Ontogenese), oder die innerhalb einer Sprachgemeinschaft zu einem späteren Zeitpunkt noch möglich sein werden (Phylogenese), soll interpretierbar sein und ist es in der Regel auch. Dieser generelle Anspruch auf Verständlichkeit

> ergibt sich letztlich aus der Befähigung des Menschen zur Rollenübernahme: Ein Aktor tut mit Wörtern / Sätzen usw. dasselbe, was sein Partner getan hat. Aus der Tatsache, daß er eine Handlung desselben Charakters vollzieht, bezieht er den Anspruch auf Verständlichkeit eben dieser Handlung. Vom Rahmen einer Zweier-Interaktion auf den einer Sprachgemeinschaft ausgedehnt: Ein Aktor verhält sich in derselben Situation so, wie sich die Mitglieder der

---

[59] Einen anderen Fall stellen die oft im Zusammenhang mit Ellipsen behandelten Anakoluthe dar, diese werden in Kap. 7.2.2 besprochen.

> Sprachgemeinschaft verhalten; also darf er erwarten, daß er verstanden wird. Dasselbe tun ist aber immer nur: etwas Ähnliches tun, nie etwas Identisches. Aus der Bewältigung dieses Grundparadoxons resultiert die Leistungsstärke (im Sinne von Bewältigung immer wieder neuer Situationen) der Institution Sprache. Dadurch daß im sozialen Rollenspiel als dasselbe anerkannt werden muß, was nicht identisch ist, eröffnen sich Spielräume; – im Bereich der Sprache: Spielräume, in denen neue Sprachspiele im (modifizierenden) Anschluß an alte entwickelt werden. (ORTNER 1985: 188–189)

Handlungstheoretisch geht es um kommunikative Handlungen auf der Basis eines gemeinsamen Wissens um Zeichenverwendungen. Vollständig ist ein Syntagma in diesem Sinne dann, wenn es dem Rezipienten die gewünschten Schlussfolgerungen erlaubt. Für die Verständigung ist die folgende Äußerung – der hier noch einmal neu wiedergegebene Beleg (27) –

(164) aber ohne haut, die darfst du nicht*g (30-40-50-Chatset, 2007/01/09)

völlig ausreichend, ein Infinitiv muss sicher nicht gedanklich ergänzt werden. Die Schreiberinnen und Schreiber können die Spielräume nutzen, die ihnen aufgrund der aktuellen Kommunikationssituation, insbesondere aufgrund des vorherigen Kontexts, offen stehen. Im hier wieder aufgegriffenen Beispiel mit *dürfen* ist anzunehmen, dass das Substantiv *Haut* aufgrund der vorgängigen Kommunikation über gebratene Hähnchen einen semantischen Frame aktiviert[60], der weitere Explikationen, z.B. ein Handlungsverb, redundant werden lässt. Benötigt wird hingegen ein modales Verb. So viel zur handlungsbezogenen Adäquatheit (Verstehbarkeit) der Äußerung. Ein weiterer Aspekt ist die Nicht-Realisierung eines Infinitivs vor dem Hintergrund des geteilten Wissens um die schriftsprachliche Norm. Der Spielraum für eine solche Konstruktion ergibt sich aus der lebensstilistischen Orientierung im untersuchten Chat (vgl. Kap. 6.1 „Stilistische Differenzierung“).

Man kann ohne Weiteres davon ausgehen, dass nicht nur Grammatiker, sondern auch die Sprachbenutzer ein Wissen über ähnliche, aber ausführlichere Syntagmen und insbesondere ein Wissen über die kodifizierte Norm haben. Rezipienten verfügen „aufgrund [ihres] sprachlichen Wissens über eine syntaktische Fortsetzungserwartung“ (PLEWNIA 2003: 37), die bei der Interpretation (auch „vollständiger“) Syntagmen von Anfang an eine Rolle spielt. In diesem Sinne kann man Mathilde Hennigs Plädoyer für eine methodisch begründete reduktionistische Perspektive (vgl. HENNIG 2006: 164 f.) nicht nur zustimmen, sondern man kann diese Perspektivierungsmöglichkeit auch den aus einem Zeichen- bzw. Variantenrepertoire schöpfenden kompetenten Sprachbenutzern unterstellen. Das „vollständige“ Syntagma ist dabei nur eine – allerdings die im auf Schriftsprache bezogenen Kodex stilistisch unmarkierte – Möglichkeit von vielen.

Geht man davon aus, dass Sprecher das hier erwähnte Regelinventar kennen, kann man die zahlreichen Abweichungen nicht nur als syntaxtheoretisches Phänomen sehen, sondern auch aus einer pragmatisch-stilistischen Perspektive betrachten. (Sprachliche) Re-

---

[60] Vgl. zum Frame-Begriff ZIEM (2008: 367 ff. und 438 f.).

geln wurden in dieser Arbeit (vgl. Kap. 2.1.6 und 2.3) so verstanden, dass sie nur qua Reproduktion innerhalb einer sozialen Praxis existieren. Die Reproduktion von Regeln schließt die Möglichkeit der modifizierenden[61] Reproduktion ausdrücklich ein, „Ellipsen" sind eine solche modifizierende Reproduktion – vorausgesetzt, die ausführlicheren Varianten sind als Möglichkeit bereits vorhanden. Im Rahmen der in Kap. 2 entwickelten Theorie innovativer Sprachverwendung stellen motivierte Abweichungen einen besonders relevanten Ausgangspunkt für Innovationsprozesse dar. Demnach können „Ellipsen" nicht per se, aber unter entsprechenden Umständen als innovative Akte rezipiert werden.

Die handlungstheoretische Perspektive mit einer starken Betonung der Autonomie kommunikativ funktionaler Syntagmen muss hier um eine variationslinguistische Perspektive erweitert werden. Denn auch, wenn eine „Handlungsellipse" prinzipiell verstehbar und somit kommunikativ funktional ist, muss sie deshalb noch keineswegs in allen Situationen und allen Domänen gleichermaßen akzeptabel sein oder von den Akteuren ebenso bewertet werden wie eine vergleichbare ausführlichere Form. Dies ist m.E. der entscheidende Grund dafür, dass „Ellipsen" und deren „vollständige" Paraphrasen nicht ohne weiteres miteinander austauschbar und vor allen Dingen nicht äquivalent sind (vgl. ZIFONUN ET AL. 1997: 412; BUSLER/SCHLOBINSKI 1997: 93).

Die Nonstandard-Verwendungen der modalen Verben ohne regierten Infinitiv im Chat sind demnach als Variationsphänomen der Schriftsprache zu sehen. Die Akteure weichen von einer ihnen bekannten Norm ab und schreiben dadurch stilistisch markiert. Die Abweichung ist prinzipiell wahrnehmbar, auch wenn syntaktische Variation zweifellos weniger salient ist als beispielsweise lexikalische. Die signifikant unterschiedliche Vorkommenshäufigkeit der fraglichen Muster in Chat und Forum lässt den Schluss auf eine wahrnehmbare Signifikanz für die Akteure zu – sei es nun eine gewählte Abweichung von der Norm seitens der Chatter oder eine Vermeidung der nicht standardkonformen Kurzformen seitens der Forumsteilnehmer.

Bei der Bewertung des innovativen Potentials der Kommunikationsform Chat ist nun allerdings zu beachten, dass die fraglichen Muster ohne Infinitiv keineswegs neue Verwendungsmöglichkeiten der modalen Verben sind. Bereits in Kapitel 5.3.1 „Syntaktische Variation und deren Beschreibung" wurde auf die phylo- und ontogenetischen Vorgängerformen für die standardisierte Verwendung der Modalverben hingewiesen. Zur Rolle der Chat-Texte für die Entwicklung der deutschen Sprache heißt es bei KILIAN (2001: 61),

> dass [...] es sich bei der ‚geschriebenen Mündlichkeit' in der computervermittelten Kommunikation keineswegs um etwas völlig Neuartiges handelt, sondern um einen medialen Wechsel im Rahmen der bereits existierenden Varietätennormen des Deutschen [...].[62]

---

[61] Vgl. das obige Zitat von ORTNER (1985: 189).

[62] Kilian spricht an dieser Stelle von „Konzeptionen der gesprochenen Umgangssprachen" (ebd.). Solche Konstrukte wurden bereits in Kap. 3 ausführlich kritisiert und müssen an dieser Stelle nicht weiter kommentiert werden.

Wichtig ist die Feststellung, dass Formen bzw. (syntaktische) Muster aus einem anderen Medium (der Mündlichkeit) oder aus anderen Textsorten (z.B. Mundart-Dichtung oder allgemein literarische Texte[63]) übernommen und in Kontexten verwendet werden, die dafür vorher nicht in Frage kamen. Dies bringt keine genuin neuartigen Muster hervor, gilt aber vor dem Hintergrund des hier vertretenen Innovationsbegriff als innovativ.

> Dieser Wechsel ergibt auch nicht lediglich eine ‚Hybridisierung' oder ‚Pidginisierung', vielmehr bilden die Nutzer der neuen Kommunikationsmedien auf der Grundlage ihrer sprachkommunikativen Kompetenz und den Kommunikationsbedingungen und -möglichkeiten des Computers aus ‚alten' Konzepten der Schriftlichkeit und Mündlichkeit ein neues, medial schriftsprachliches Varietätenspektrum, indem sie die ihnen bereits bekannten Varietäten- und Sprachverkehrsformen einem neuen Kommunikationsmedium anverwandeln. (KILIAN 2001: 61)

Aus Sicht der schriftsprachlichen Norm handelt es sich bei dieser Übernahme („Wechsel") um einen valorisierenden Vergleich im Sinne der Innovationstheorie von Boris Groys (vgl. Kap. 2.1.5). Wie die Dialektbeispiele für *brauchen*, *können*, *müssen*, *mögen*, *wollen* (vgl. Kap. 5.2) belegen, sind die infinitivlosen Verwendungen der modalen Verben in informellen Domänen ohne Normorientierung durchaus üblich. Innovativ ist die

> neue Verwendung [...] von Elementen, die im kulturellen Raum bereits vorhanden sind, nun in neue Kontexte gestellt, umgewertet und mit neuen Signifikanzen besetzt werden. Boris Groys hat dies detailliert mit Bezug auf sog. Readymades beschrieben. (HENN-MEMMESHEIMER 2010: 161)

Als kunsthistorischer Begriff geht die Bezeichnung *Readymade* auf die Arbeiten von Marcel Duchamp zurück, der für andere Kontexte „schon gemachte" Objekte, z.B. einen Flaschentrockner (1914) oder ein Pissoir (als „Fontäne", 1917) als Kunstobjekte ausstellte. Nach GROYS (^{3}2004: 73) ist „[die] Benutzung von Ready-mades, d.h. von bestimmten wohlbekannten Objekten des alltäglichen Lebens" ein Verfahren,

> das schon immer und universell angewendet worden war – und zwar nicht nur bei der Produktion von Kunst, sondern von Kultur generell. Duchamp verzichtete auf die äußere Transformation des profanen Gegenstandes, den er benutzte, um zu zeigen, daß die kulturelle Valorisierung dieses Gegenstandes ein anderer Vorgang ist als diese seine künstlerische Transformation. (GROYS ^{3}2004: 73 f.)

Groys stellt hier bereits klar, dass die von ihm beschriebenen Verfahren der Innovation keineswegs nur in der hochkulturellen Domäne des offiziellen Kunstmarkts Gültigkeit haben. Dennoch hat seine Kulturtheorie offenbar einen blinden Fleck bezüglich der soziokulturellen Differenzierung einer Gesellschaft. Es dürfte einleuchtend sein, dass man dem Gebrauch und den Variationsspektren einer Sprache durch die dichotome

---

63 Hier wäre vor allem an jenen literarischen Stil zu denken, für den sich in den letzten Jahren die Bezeichnung *Parlando-Schreiben* etabliert hat (vgl. SIEBER 1998).

Unterscheidung in Standard (analog: valorisierter Raum) und Nonstandard (analog: profaner Raum) nicht gerecht wird.

> Wir gehen aber nicht wie Groys von einer einheitlichen Kultur als einer klaren Ordnung von Werten in einem profanen und einem valorisierenden bzw. valorisierten Raum aus, sondern von einem Raum mit unterschiedlichen Kulturen, die unterschiedliche und unterschiedlich lange Gedächtnistraditionen pflegen und die gesamtgesellschaftlich gesehen über unterschiedliche Legitimationsinstanzen verfügen. (ALBERT/HENN-MEMMESHEIMER 2010: 23)

Die Beschreibung sprachlicher Innovationen muss daher stets die beteiligten Akteure und deren Interessen (z.B. hinsichtlich Selbstinszenierung, Distinktion) sowie das aktuell vorhandene Zeichenrepertoire mit den stilistisch unterschiedenen Varianten einbeziehen. Solche Varianten können beispielsweise auch Kurzformen und ausführlichere Formen sein. Eine solche Theorie sprachlicher Innovation ermöglicht die Beschreibung sprachlicher Formen oder Muster als Innovationen,

> die in einer Sprache bereits vorhanden sind, als Nonstandard gelten bzw. nicht in anerkannter verbindlicher Weise standardisiert sind und nun in verändertem Gebrauch differenzierend genutzt werden. Der neue Gebrauch hat ein oder mehrere initiale Ereignisse, die – systemorientiert formuliert – an einer oder mehreren Stellen eines Sprachraums auftreten und in einer evolutionären Drift häufiger werden oder verschwinden, bzw. – handlungsorientiert formuliert – von unterschiedlichen Sprechern übernommen, mit neuen Semantiken versehen werden oder unbeachtet bleiben. (HENN-MEMMESHEIMER 2010: 161)

Die Übernahme (Diffusion) innerhalb einer Gruppe oder durch eine andere Gruppe hängt in starkem Maße von lebensstilistischen Präferenzen ab und ist in vielen Fällen nicht hinreichend über einen Bedarf an Neubenennungen – wie es für lexikalische Innovationen unterstellt wird (vgl. Kap. 2.3.2) – oder eine Anpassung an Rahmenbedingungen der Kommunikation – wie es die Mehrheit der Forschungsliteratur zur Chatsprache darstellt (vgl. Kap. 3.2 „Schrift und Schriftlichkeit" sowie Kap. 6.2 „Metasprachliche Kommentare") – zu erklären. Im folgenden Kapitel wird es dementsprechend um eine lebensstilistische Differenzierung der untersuchten Chat- und Forumstexte gehen.

6 Lebensstile und Sprachverwendungen in Chat und Forum

6.1 Stilistische Differenzierung

Die folgenden stilistischen Charakterisierungen der SpinChat-Freizeitchats und der ElitePartner-Homepage lassen sich nicht in gleicher Weise wie die Auswertung des Modalverbgebrauchs quantifizieren. Es geht vielmehr um qualitative Analysen auf Basis der Lektüre des Materials (im Falle des ElitePartner-Forums auch über die Korpus-Stichproben hinaus), die anhand von Belegen lediglich plausibel gemacht werden können. Die theoretische Basis der Interpretationen ist das von Gerhard Schulze im Rahmen seiner Studie „Die Erlebnisgesellschaft“ entwickelte Schema einer fundamentalen Semantik.

6.1.1 Zur Anwendung der Lebensstiltheorie in der Sprachwissenschaft

Wann immer Akteure die Möglichkeit zur Wahl zwischen verschiedenen Angeboten, Handlungen oder Zeichen haben, ist die tatsächlich getroffene Auswahl für andere Akteure interpretierbar. Im deutschsprachigen Raum haben Menschen zu Beginn des 21. Jahrhunderts eine kaum überschaubare Auswahl von Freizeitaktivitäten, können Menschen sich frei für die unterschiedlichsten Kleidungsstücke entscheiden, haben die Wahl zwischen *brauchen* mit oder ohne *zu*.

> Durch das Vorhandensein von Alternativen gewinnen die verwendeten Formen Signifikanz. Generell gilt, dass die Verwendung von sprachlichen Formen und die Vermeidung anderer Formen Teil der Selbstdarstellung der Sprecher ist und als solcher wahrgenommen wird. (HENN-MEMMESHEIMER 2004a: 29)

Solche wechselseitigen Wahrnehmungen von Akteuren finden statt vor dem Hintergrund eines geteilten Wissens über die gemeinsame Lebenswelt, einem gemeinsamen Zeichenvorrat.

> Die Menschen folgen einer Tendenz, existentielle Anschauungsweisen, Wirklichkeitsmodelle und objektive Wirklichkeit (milieuspezifische Verteilung von Existenzformen) in wechselseitiger Korrespondenz zu strukturieren (Tendenz zur Homologie), wobei sie auf übergeordnete

> Kategorien zurückgreifen, die es überhaupt erst ermöglichen, wechselseitige Korrespondenz zu beurteilen (fundamentale Semantik). (SCHULZE ^{2}2005: 165)

Zur Beschreibung der fundamentalen, an das in einer Gesellschaft geteilte Wissen geknüpften Semantik benutzt Schulze ein horizontal-zweidimensionales Schema mit den Polen Einfachheit versus Komplexität und Ordnung versus Spontaneität. Schulze bezeichnet die Dimension zwischen den Polen Einfachheit und Komplexität als den Denkstil, die Dimension zwischen Ordnung und Spontaneität als Handlungsstil. Um das Schema jedoch so allgemein wie möglich verwenden zu können, und weil eine Trennung von Denken und Handeln in Bezug auf Sprache nicht angemessen wäre, sind hier die ebenfalls von Schulze den Dimensionen zugeordneten Termini *Differenziertheit* (Einfachheit versus Komplexität) und *Reguliertheit* (Ordnung versus Spontaneität) vorzuziehen (vgl. SCHULZE ^{2}2005: 255).

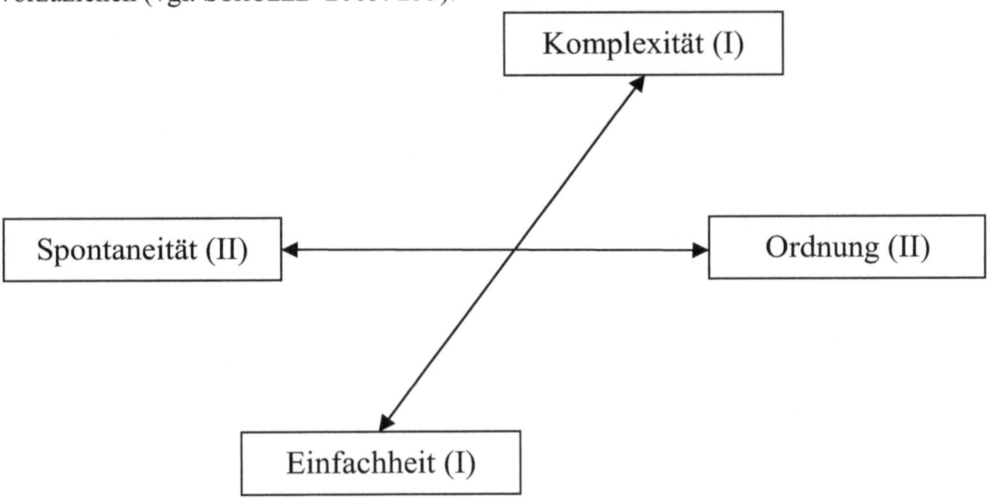

Abb. 1: Schema „Polarität der Stile" nach SCHULZE (^{2}2005: 255). Dimension I bildet die Differenziertheit, Dimension II die Reguliertheit (sprachlicher) Handlungen ab.

Komplexität bezeichnet einen hohen Grad an (kognitiver) Differenziertheit, welcher

> [e]vident wird [...] etwa im Sprachstil, in der Argumentationsweise, im spontan verfügbaren Wissen, in Bildungs- und Berufskarrieren, im Wählen oder Vermeiden von anspruchsvollen oder anspruchslosen Interaktionspartnern, Erlebnisangeboten, Tätigkeiten. (SCHULZE ^{2}2005: 339)

Wer sich an Komplexität orientiert bzw. einen hohen Grad an Differenziertheit hoch wertet, „hat Angst vor der Blamage, vor öffentlich sichtbarer Inkompetenz" (SCHULZE ^{2}2005: 340). Komplementär dazu empfindet er Genuss durch das „Machtgefühl des Wissens, Könnens, Verstehens" (SCHULZE ^{2}2005: 340). Abweichungen von einer Norm wären bei einer solchen Orientierung also zu vermeiden, wenn nicht ausgeschlossen werden kann, dass diese Abweichung als Unkenntnis der Norm interpretiert werden könnte.

Die entgegengesetzte Orientierung an einem einfachen Stil äußert sich „als Reduktionstendenz, als Unterlassungstendenz, als Präferenz für bestimmte Denkmuster“ (SCHULZE ²2005: 341). Einfachheit lässt sich scheinbar „zunächst nur negativ“ (SCHULZE ²2005: 342) beschreiben, allerdings gehören zu dieser Orientierung auch Wiederholung und Routine (vgl. ebd.) sowie die Selbstverständlichkeiten des Alltags und alles, was aktuell nicht hinterfragt wird. Damit gehören auch Alltagskommunikation sowie generell Kommunikation mit überwiegend phatischer Funktion zum Pol der Einfachheit.

Die Dimension der Reguliertheit kontrastiert Ordnung und Spontaneität. Hierbei darf Spontaneität nicht als voraussetzungs- und zielloses Verhalten missverstanden werden. Spontaneität im hier gemeinten Sinne ist oft inszenierte Spontaneität, Orientierung an Spontaneität heißt Wertschätzung von Individualität, Selbstverwirklichung und Nonkonformismus.

> Ordnung im Sinne der fundamentalen Semantik meint nicht bloß Regelhaftigkeit, sondern legitime Regelhaftigkeit. Wie wir sehen werden, folgt auch Spontaneität bestimmten Konventionen. Die Grenze zwischen dem Ordentlichen und dem Unordentlichen wird durch soziale Definitionen errichtet, an denen beide Seiten mit gleichem Eifer arbeiten. Es zählt zu den Ideologien des Alltagslebens, die Konstruiertheit dieser Abgrenzung zu leugnen und so zu tun, als handele es sich um etwas Absolutes. (SCHULZE ²2005: 344)

Soziale Praktiken sind durch spezifische Ordnungen konstituiert (vgl. auch GIDDENS ³1995: 69 f.), allerdings können in bestimmten Lebensbereichen auch verschiedene Ordnungsangebote miteinander konkurrieren (vgl. SCHULZE ²2005: 344). Zum geteilten Wissen in einer Gesellschaft gehört dann das Wissen darüber, welche Ordnung den höchsten Stellenwert genießt (vgl. GROYS ³2004: 55) bzw. welche Ordnung in welcher Situation angemessen ist. Schulze meint: „Für die Sprache gilt die Ordnung der Hochsprache“ (SCHULZE ²2005: 344).

Nimmt man „Hochsprache“ als Standard, kann man sie definieren als die kodifizierte, legitimierte, von Bildungsinstitutionen und Arbeitsmarkt durchgesetzte und von den Sprechern als Standardsprache anerkannte Verwendungsweise einer Sprache (vgl. AMMON 2005: 32). Für offizielle und öffentliche Situationen, für distanzierte Kommunikation sowie für den größten Teil der publizierten schriftsprachlichen Texte kann demnach die Orientierung am Ordnungs-Pol mit einer Orientierung an der Standardsprache identifiziert werden. Wie jedoch auch die vorliegende vergleichende Untersuchung von Chat- und Forums-Kommunikation zeigt, können in anderen als den genannten Domänen sprachliche Normen eine hochgewertete Ordnung vorgeben, die von der Standardsprache teils gezielt abweichen. Je nach Lebensstil orientieren sich Menschen so zum Beispiel für die familiäre Kommunikation an ihrem Heimatdialekt oder befolgen strikt Schreibkonventionen einer spezifischen Szene, der sie sich zugehörig fühlen[64]. Allerdings verfügen auch Akteure, die einer gruppenspezifischen Ordnung fol-

---

[64] Für Beispiele szene-interner Schreibvarianten im Englischen vgl. SEBBA (2003), für das Deutsche vgl. bspw. ANDROUTSOPOULOS (1998).

gen, über kollektives Wissen um die legitime und gruppenübergreifende Ordnung, weshalb für eine stilistische Analyse die Nähe oder Distanz zu dieser Ordnung entscheidend ist.

> Es gibt [...] ein gesellschaftlich durch verschiedene Institutionen vermitteltes und deshalb selbst bei Sprechern, die kaum die Standardkompetenz erreichen, verbreitetes Wissen über Sprache. Dieses Wissen und die damit verbundenen affirmierenden Einstellungen können auf den Nenner, Standard ist die ‚geordnete', seriöse Sprache, die es zu bewahren gilt, in der seriöse Texte zu verfassen sind, gebracht werden. (HENN-MEMMESHEIMER 2010: 180)

An dem der Ordnung entgegengesetzten Pol, dem Spontaneitäts-Pol, sind demnach grundsätzlich alle Nonstandardverwendungen von Sprache zu verorten, auch wenn sie strukturell gesehen nicht weniger geordnet sind als die Standardvarietät. Dieser scheinbare Widerspruch resultiert aus der „Doppelbödigkeit der sozialen Realität":

> Auf der Ebene der Deutungen wird Spontaneität als Ich-Bestimmtheit begriffen, als Unabhängigkeit von Ordnungen, als Autonomie, als souveräne Regellosigkeit. Auf der Ebene der gedeuteten Sachverhalte aber zeigt sich, daß Spontaneität repetitive Elemente enthält. (SCHULZE ^{2}2005: 345)

Demnach ist es nicht nur nicht widersprüchlich, sondern auf Systemebene sogar sinnvoll, die geordnete Regelhaftigkeit spontaner Verhaltensweisen wie zum Beispiel des „ungezwungenen" Schriftsprachgebrauchs zu beschreiben.

> ‚Unkonventionalität' ist nur ein Etikett für eine besondere Klasse von Konventionen, die den Handlungsstil der Spontaneität prägen und die lediglich als Manifestationen persönlicher Eigenart *gelten*. Auch Freiheit ist an Muster gebunden, deren Einhaltung oft sogar sanktioniert wird (beispielsweise durch den Vorwurf der Spießigkeit). Wäre es anders, wüßten viele unkonventionelle Menschen gar nicht, wie sie sich eigentlich verhalten sollen; hinzu käme, daß der spontane Handlungsstil nicht interpersonal interpretierbar und deshalb ungeeignet wäre als Kategorie der fundamentalen Semantik. (SCHULZE ^{2}2005: 346)

Die Dimensionen der Differenziertheit und der Reguliertheit lassen sich ohne weiteres auf sprachliche Äußerungen anwenden:

> Äußerungen sieht man an, ob die Sprecher damit komplexe Darstellungen komplexer Sachverhalte verbinden oder eher Einfaches, Triviales sagen wollen, ob die Äußerungen eher spontan hingesagt oder präzise ausformuliert sind. (HENN-MEMMESHEIMER 2004a: 30)

In dem zweidimensionalen Raum, der sich aus der Überlagerung der Dimensionsachsen ergibt, lassen sich einzelne Sprachzeichen und Varianten, Texte, Textsorten und Genres, spezifische Publikationen (z.B. Süddeutsche Zeitung, taz, Bild, Mannheimer Morgen; Spiegel, Das Goldene Blatt, etc.) oder syntaktische Muster und Konstruktionen (z.B. der Gebrauch von *weil* mit Verbzweitstellung) kontrastierend verorten. „Wir können hier unproblematisch von ‚semantischem Raum' sprechen, weil sich Bedeutungen aus Kontrasten ergeben" (HENN-MEMMESHEIMER 2004a: 30). Die verorteten Zeichen können mit anderen, nicht-sprachlichen Zeichen assoziiert werden, mitunter ergibt sich auch die Verortung eines Zeichens (oder auch einer Person) gerade aus der Assoziation mit anderen Zeichen, deren Stellenwert im semantischen Raum allgemein unstrittig gelten kann (vgl. SCHULZE ^{2}2005: 184 f.). Diese Schematisierung ist eine Abstraktion der von den Akteuren ohnehin selbst betriebenen Praxis, die fundamentale Semantik soll ja eine Rekonstruktion des kollektiven Wissens darstellen (vgl. SCHULZE ^{2}2005: 165).

Im ElitePartner-Forum findet sich ein deutlicher Beleg für die von den Akteuren betriebene Kombination salienter Zeichen zu einer Gesamtinterpretation. Kontext zu diesem Beleg ist die Bitte eines EP-Mitglieds an andere Mitglieder, ihr selbst gestaltetes Mitgliedsprofil einzusehen und Verbesserungsvorschläge zu machen („Profil-Check"). In seiner Antwort schreibt ein Forums-Teilnehmer:

(165) Du hast Hauptschulabschluß, hier sind viele überbildete unterwegs, die ein gleichwertiges Bildungsniveau wünschen. Aber gut, das ist nicht alles. Doch wenn Hauptschule, dann darf kein Rechtschreibfehler auf der Textseite sein. Keiner! Die mußt Du dringend überarbeiten.
Und Deine ausgewählten Zeitschriften, Bild und Gala, ordnen Dich auch gleich in eine Schublade ein. Das klingt auch nicht nach vielseitigem Interesse und nicht nach weitem Horizont- verzeih meine Offenheit.
Mit mitte 20 noch die beste Freundin bei den wichtigsten Dingen zu erwähnen, turnt die Männer auch eher ab und eventuell fragt sich jemand, warum Du mit deiner besten Freundin nicht besser im Schüler-VZ suchst.
Wenn Du Dir was erhoffst, dann musst Du hier die Texte orthografisch und inhaltlich noch bessern und deine zukünftige Lektüre vielleicht überdenken. (EP, Rubrik ElitePartner, 2009)

Die Angabe bevorzugt rezipierter Zeitschriften hat offensichtlich die Funktion, sich selbst und andere „in Schubladen einordnen" zu können, die Online-Partnersuche basiert letztlich auf solchen Schubladen[65]. Problematisch ist daher kaum, dass die Profil-Inhaberin sich einordnet, sondern wo sie dies tut: Bild und Gala stehen offenbar, wie man an der Reaktion ablesen kann, für Einfachheit, werden im Zusammenhang mit einem niedrigen Bildungsniveau gesehen und als passend zu einem orthografisch wenig sorgfältig gestalteten Text wahrgenommen. Interessant ist bei diesem Beleg, dass auch die ElitePartner-Homepage selbst im semantischen Raum verortet wird, nämlich im Kontrast zum Schüler-VZ, einer bekannten Community-Plattform. Der Autor rückt ElitePartner (und zugleich deren Mitglieder bzw. Kunden) in die Nähe der Pole Komplexität (Distanz zu „einfachen" Zeitschriften, Distanz zu niedriger Bildung) und Ordnung (Hochwertung korrekter Orthografie).

Aus einer Gesamtheit gemeinsam auftretender Zeichen sollen Schlüsse über das, was eine Person genießt, wovon sie sich distanziert und welche Lebensphilosophie sie hat, gezogen werden. Mit diesen drei Aspekten, Genuss, Distinktion und Lebensphiloso-

[65] Es ist keineswegs notwendig, solches „Schubladen-Denken" negativ zu werten, Schematisierung ist vielmehr ein grundlegendes Prinzip der Kognition und zur Orientierung in der Umwelt unerlässlich.

phie, ist bei Schulze die Bedeutungsebene der Zeichen beschrieben. Die Gesamtheit der Wiederholungstendenzen im Auswahlverhalten (aus Zeichen und Angeboten) einer Person nennt Schulze den Lebensstil (vgl. SCHULZE ^{2}2005: 103). Stile lassen sich beliebig differenziert schematisieren, Schulze unterscheidet drei stilistische Schemata, bei denen die Ebenen Genuss, Distinktion und Lebensphilosophie im Kontrast stehen: Spannungsschema, Trivialschema und Hochkulturschema. Die Kurzbeschreibungen dieser drei Schemata entnehme ich HENN-MEMMESHEIMER (2004a):

- Die Handlungen, die dem Spannungsschema subsumierbar sind, sind als Zeichen für eine antikonventionelle Haltung und Freude an ‚Action' lesbar, die eine spezifische Art von Narzissmus und Selbstinszenierung voraussetzt.
- Die Handlungen des Trivialschemas lassen auf antiexzentrische Haltung, auf Harmoniebedürfnis und Freude an der Gemütlichkeit von familiären oder nachbarschaftlichen Festen schließen.
- Handlungen, die dem Hochkulturschema zuzurechnen sind, ist die Neigung zu einem professionellen Perfektionismus anzusehen, der konzentrierte, nachgerade kontemplative Beschäftigung mit den Gegenständen voraussetzt und eine Haltung, die Abweichungen vom Bildungskanon als ‚Barbarismen' abwertet. (HENN-MEMMESHEIMER 2004a: 31)

Traditionelle Klassen- oder Schichtenmodelle sozialer Ungleichheit operieren mit den sozioökonomischen Parametern von Einkommen und formaler Bildung. Die alltagsästhetischen Schemata auf Basis der fundamentalen Semantik bei SCHULZE (^{2}2005) sind Teil eines Milieumodells, in dem sie die durch Alter und Bildung definierten Milieus sozial charakterisieren (vgl. SCHULZE ^{2}2005: 278 f.; zur Kritik vgl. OTTE 2004: 47 f.). Der Zweck der zweidimensionalen fundamentalen Semantik besteht unter anderem darin zu zeigen,

> daß die soziale Wirklichkeit um ein einfaches Strukturgerüst herum aufgebaut ist, beschreibbar durch die beiden Gegensatzpaare von Einfachheit und Komplexität, sowie von Ordnung und Spontaneität. Diese vier Kategorien bündeln Unterschiede zwischen und Gemeinsamkeiten in sozialen Milieus [...]. (SCHULZE ^{2}2005: 350)

Eine sprachwissenschaftliche Adaption des Lebensstilkonzepts mit seiner fundamentalen Semantik zielt allerdings nicht auf die Beschreibung sozialer Milieus, sondern auf die Beschreibung sprachlicher Formen, Ausdrucksvarianten, Texten. Hier besteht ein grundlegender Unterschied zu den Erkenntnisinteressen einer Theorie der Milieusegmentierung:

> Das Erkenntnisinteresse der Milieutheorie [...] richtet sich auf Personengruppen, die durch relative Homogenität von Existenzformen und erhöhte Binnenkommunikation voneinander abgegrenzt sind. (SCHULZE ^{2}2005: 387)

In der vorliegenden Untersuchung geht es von vorneherein nicht um eine soziologische Charakterisierung der an Chat und Forumsdiskussionen beteiligten Akteure – über die ohnehin keine soziodemografischen Daten vorliegen (vgl. Kap. 4) –, sondern um eine stilistische Differenzierung der konkreten Texte und damit auch um eine umfassendere

Einordnung der vorgefundenen, formal-syntaktisch unterschiedlichen Präferenzen. Während das soziologische Lebensstilmodell Individuen als Träger eines Stils annimmt (vgl. SCHULZE ^{2}2005: 103; OTTE 2004: 41), beschreibt die Sprachwissenschaft den Stil von Texten. Beiden Perspektiven gemeinsam ist das Interesse an kollektiv relevanten Schemata: „Die Lebensstilforschung ist nicht am Lebensstil einzelner Individuen interessiert, sondern an *kollektiv geteilten Lebensstilen*" (OTTE 2004: 41), sprachwissenschaftliche Forschung ist an kollektiv geteilten Stilmustern interessiert und nicht am Stil eines einzelnen Textes, der ohne eine differentielle Beschreibung auch gar nicht erfasst werden könnte.

Das Lebensstilmodell eignet sich gut dazu, die sozial- und die sprachwissenschaftlichen Perspektiven aufeinander zu beziehen. Sprachstile können (von Akteuren ebenso wie von Soziologen) als evidente und signifikante Zeichen für lebenstilistische Präferenzen gelesen werden (vgl. SCHULZE ^{2}2005: 184; OTTE 2009: 19), während umgekehrt Lebensstile und deren Differenzierung zu sprachlichen Differenzierungen führen. Für die empirische Sozialforschung kann eine Wechselbeziehung zwischen Lebensstil und Sprachverhalten dann von Interesse sein, wenn sie mit dem Lebensstil als einer unabhängigen Variablen arbeitet: „Welche Wirkungen zeitigen Lebensstile für individuelle Orientierungen und Verhaltensweisen in ausgewählten Feldern sozialen Handelns?" (OTTE 2004: 39).

Eine differentielle Beschreibung von Texten kommt ohne zusätzliche Annahmen über die Akteure und deren mehr oder weniger feste Zugehörigkeit zu mehr oder weniger homogenen Milieus aus. Damit wird nicht in Abrede gestellt, „daß die Individuen nicht kreuz und quer durch die neuen Möglichkeiten schießen, sondern sich an existentiellen Schemata ausrichten" (SCHULZE ^{2}2005: 335). Nichtsdestoweniger ist der Sprachgebrauch eines Akteurs – wie wahrscheinlich auch sein Kleidungsstil und anders als seine Wohnungseinrichtung oder Automarke – hochgradig flexibel:

> Die Äußerungen eines einzelnen Sprechers gehören meistens unterschiedlichen alltagsästhetischen Schemata an: im Chat schreibt jemand anders als in der Schule, im Chat spontaner, innovativer, in der Schule konzentrierter und perfektionistischer. [...] Die Nähe zu einem Schema bedeutet nicht notwendig die Distanz zu einem anderen. (HENN-MEMMESHEIMER 2004a: 31)

Es kann daher bei einer Adaption der fundamentalen Semantik für sprachwissenschaftliche Fragestellungen nicht darum gehen, von sprachlichen Formen auf die Zugehörigkeit des sie äußernden Akteurs zu einem spezifischen Lebensstil oder gar Milieu zu schließen – nicht zuletzt hinsichtlich solcher kurzschlüssiger Zuordnungen war das soziolinguistische Defizitmodell nach Basil Bernstein zu kritisieren gewesen.[66]

Die Anwendung des Schemas der fundamentalen Semantik wird hier demnach darauf beschränkt, sprachliche Formen dahingehend einzuordnen, welche Tendenzen sie in Bezug auf die Dimensionen der Differenziertheit und der Reguliertheit ausdrücken.

---

66 Vgl. zur Kritik am Defizitmodell NEULAND (1980: 63).

Soweit dies an den Texten ablesbar ist, können mindestens zwei Aspekte in die Charakterisierung des semantischen Raums einbezogen werden: erstens die Verknüpfung von nicht auf Sprache bezogenen alltagsästhetischen Auswahlen mit sprachlichen Präferenzen, zweitens die Bewertungen von Sprachstilen durch die Akteure selbst.

6.1.2 Fundamentale Orientierung der Chat- und Forumstexte

Aus vorgängigen Untersuchungen kann über das Chat-Korpus zunächst schon einmal festgehalten werden:

> Chatter sind junge Personen, sie möblieren ihre virtuellen Räume mit ‚channel-couch' und Wasserbett, auf das man sich werfen, auf das man jemanden ziehen kann, sie stellen Betrunkenheit durch intensive Verwendung von *sh* und *sch* statt *s* dar und schaffen dadurch ein Umfeld, das die Interpretation der verwendeten Formen als stilistisch inszenierte Spontaneität zwingend macht. (HENN-MEMMESHEIMER 2004a: 34)

Die regional differenzierend benannten Chatrooms „Bayern", „Berlin-Brandenburg", „Hessennetz" und „Pälzer unner sich" werden sehr stark von Schülern und Auszubildenden, etwas weniger von Studierenden genutzt. Man kann dies an den Themen inhaltlich belegen, teilweise aber auch an expliziten Nennungen des Alters einzelner Chatter. Manche der selbstgewählten Nicknames enthalten das Alter oder das Geburtsjahr des Betreffenden als Namensbestandteil und sind so als Hinweise auf die Altersstruktur der Nutzer lesbar.

Aufgrund der Übersicht über die gechatteten Texte mit den genannten Hinweisen kann man das Alter der Akteure ungefähr zwischen 12 und 30 Jahren eingrenzen.

(166) 2009/01/20-19:57:45 CET : [Bayern] GirL: wie alt bist du boy
2009/01/20-19:58:00 CET : [Bayern] boy: em...
2009/01/20-19:58:03 CET : [Bayern] boy: 15^^
2009/01/20-19:58:08 CET : [Bayern] GirL: cool
2009/01/20-19:58:11 CET : [Bayern] GirL: ich 13

In allen Chatrooms außer „30-40-50-Chat-Set" gibt es häufig Hinweise auf die Schule:

(167) wohl wenig los heute man merkt das wieder schule ist (Pälzer unner sich, 2007/01/10)

Jugend und Jugendlichkeit ist von vorneherein näher am Spontaneitäts-Pol zu verorten, jugendliche Sprechweisen werden als witzig und originell wahrgenommen – das zeigen Thematisierungen und Funktionalisierungen von Jugendsprachen in öffentlichen Medien und in der Werbung. In der Altersgruppe der Jugendlichen sind Internetdienste die beliebtesten und am stärksten genutzten technischen Medien (vgl. WAGNER 2010: 10). Somit sind Beeinflussungen erwartbar zwischen Jugendsprachen und dem, was man alltagssprachlich als Chat-Sprache oder Internet-Jargon bezeichnet. Eine Reihe der Charakteristika, die auf Basis einer konversationsanalytischen Studie eines Gesprächsmitschnitts männlicher Jugendlicher als Merkmale „der Unterhaltungskultur Jugendlicher“ (DEPPERMANN/SCHMIDT 2001: 27) bezeichnet werden, sind ebenso typisch für den hier untersuchten nicht-moderierten, thematisch offenen Freizeit-Chat: Mehrere parallele Aufmerksamkeitsfoki, Angebotskommunikation und assoziative Äußerungsanschlüsse, knappe Erzählungen und groteske Fiktionen, Tabubrüche, Hyperbolik, Parataxe, Nonstandard (vgl. DEPPERMANN/SCHMIDT 2001: 29 ff.). In einer auf Basis des untersuchten Gesprächs stark extrapolierenden Schlussfolgerung über „die“ Funktionen „der“ Jugendkommunikation formulieren DEPPERMANN/ SCHMIDT (2001: 35) folgende These:

> Die beiden grundlegenden Funktionen der Jugendkommunikation, Unterhaltung und kompetitive Selbstdarstellung, sorgen systematisch dafür, dass im Versuch, etwas Neues, nicht schon Abgedroschenes zu erzeugen und einander zu übertreffen, Hyperbolik und ein Innovationsdruck entstehen, aus dem heraus immer neue Formen geschaffen werden.

SCHULZE (^{2}2005: 346) erklärt vor dem Hintergrund einer liberalen Gesellschaft mit starken Tendenzen zur Erosion legitimer Ordnungen die Notwendigkeit der „Gebärden von Überschreitung und Gegensatz“ zur Inszenierung von Spontaneität (Nicht-Reguliertheit). Versuche, „einander zu übertreffen“ (DEPPERMANN/SCHMIDT 2001: 35), können als Bestandteil der Ästhetik von Provokation und Tabuverletzung (vgl. SCHULZE ^{2}2005: 346) und somit als Tendenz zum Spontaneitätspol gelten. Damit wird auch ein Zusammenhang zwischen Spontaneität und dem Genuss von Innovation deutlich.

Das innovative Potential der Textkultur des Chat weist Kap. 5.3.2 „Innovativität des Modalverbgebrauchs in digitalen Texten“ nach. Es zeigen sich allerdings im untersuchten Korpus wenig Unterschiede zwischen den regional differenzierend benannten Chatrooms mit einem niedrigen Alter der Akteure und dem explizit ältere Nutzerinnen und Nutzer ansprechenden „30-40-50-Chat-Set“.

Eine stilistische Analyse des Raums „30-40-50-Chat-Set“ zeigt, dass einerseits Jugendlichkeit und Spontaneität, Kreativität und Witzigkeit homolog wahrgenommen werden, dass andererseits Jugendlichkeit nicht zwingend eine Frage des biologischen Alters ist, sondern als Form und Inszenierung zum Repertoire einer kollektiven Semantik gehört (vgl. dazu auch MOERS 2006: 293).

In den Texten des „30-40-50-Chat-Set“-Raums gibt es einige Belege für einen scherzhaften Umgang der Akteure mit ihrem Alter, das oft für ironische Kommentare genutzt wird:

(168) lacht zu [Nickname] ..was du bist schon im altersheim? (30-40-50-Chat-Set, 2009/01/19)

Der ironisch-entschuldigende Modus, in dem Hinweise auf das (überdurchschnittlich hohe) Alter eines Chatters geschrieben sind, verdeutlicht die Assoziation von Alter mit negativ gewerteten Aspekten in der Nähe des Pols „Ordnung“.

(169) ups [Nickname] bist schon son alter gf (30-40-50-Chat-Set, 2009/01/19)

Der Zusammenhang von Alter, Ordnung, Spießigkeit, Langsamkeit und auch Distanz zu neuen Medien gehört offenbar zu den kollektiven Stereotypen der Chatter, wird allerdings auf ironische Weise immer wieder negiert:

(170) gehts langsamer mal mit dem schreiben, nehmt rücksicht auf eine alte frau,lol (30-40-50-Chat-Set, 2009/01/20)

Aus dem Verhalten (Schriftgebrauch) im Chat kann keineswegs ohne Weiteres auf Verhaltensweisen und stilistische Präferenzen eines Akteurs außerhalb des Chat geschlossen werden. Der Stil einer Person und deren Nähe zu einem Schema können mehr oder weniger konsistent sein, doch die Komplexität der Lebenswelten macht Stilbasteleien und Inkonsistenzen wahrscheinlich (vgl. HENN-MEMMESHEIMER 2004a: 31). Trotz der sicherlich enthaltenen Ironie zeigt der folgende Beleg, dass Schreiben im Chat (Spontaneität) und Seriosität außerhalb des Chat (Ordnung) keinen Widerspruch darstellen muss:

(171) 2009/01/21-20:56:33 CET : [30-40-50 Chat-Set] Steffen: Volker: also ich denke schon, dass ein Beruf auch bestimmte Kleidung und gepflegtes Aussehen fordert
2009/01/21-20:57:14 CET : [30-40-50 Chat-Set] Steffen: Volker: alte Schule eben, keine löchrigen Jeans oder knallige Farben im Haar *feix*
2009/01/21-20:57:34 CET : [30-40-50 Chat-Set] Volker: ja, Steffen , ich stimme dir zu
2009/01/21-20:58:14 CET : [30-40-50 Chat-Set] Marcel: stellt sich grad Volker mit rosa strähnchen vor
2009/01/21-20:58:23 CET : [30-40-50 Chat-Set] Steffen: Volker: vielleicht nicht der Augenschmaus mit provozierenden äußerlichkeiten, aber Stil hat auch was
2009/01/21-20:58:41 CET : [30-40-50 Chat-Set] Volker: zu welcher farbe rätst du mir. Marcel ??
2009/01/21-20:59:19 CET : [30-40-50 Chat-Set] Marcel: Volker: zu keiner...es würde dir nicht stehn
2009/01/21-20:59:20 CET : [30-40-50 Chat-Set] Volker: ja, Steffen , ich bevorzuge gepflegtes erscheinen
2009/01/21-20:59:54 CET : [30-40-50 Chat-Set] Volker: ich bin halt ein alter, konservativer sack, Marcel ....da macht mann keine experimente

Sprachgebrauchsweisen haben somit spezifische (stilistische) Funktionen für die Texte, in denen sie vorkommen, ohne unbedingt Rückschlüsse auf das Verhalten der Sprachproduzenten in anderen Situationen zu erlauben. Auch SCHWITALLA/BETZ (2006: 399) betonen die textspezifischen Funktionen der Sprachwahl, wenn auch leider mit der an dieser Stelle nicht mehr erklärungsbedürftigen terminologischen Schwäche, bestimmte Formen der Schriftlichkeit als Mündlichkeit zu bezeichnen:

> Mündlichkeit in geschriebenen Texten erscheint sowohl in der globalen sprachgeschichtlichen Entwicklung wie im individuellen Vollzug als eine Art Kontextualisierung von Authentizität, Natürlichkeit, Jugendlichkeit, Unbekümmertheit um strenge Normen etc. [...] Orthografische

> Fehler, systematische Kleinschreibung, Codeswitching und andere sprachliche Formen der Mündlichkeit [sic!] signalisieren in handschriftlichen Briefen und Postkarten wie in der getippten Handy- und PC-Kommunikation Informalität, vertraute Nähe und eine unterstellte Lizenz für Sprachspiele [...]. (SCHWITALLA/BETZ 2006: 399)

Zusammenfassend kann man die Texte des SpinChat-Korpus insgesamt in die Nähe des Pols „Spontaneität“ verorten, auf der Dimension der Differenziertheit eher in Richtung der „Einfachheit“: besprochen werden assoziativ Themen des Alltagslebens. Kontaktaufnahme, gegenseitiges Kennenlernen und Kontaktpflege (phatische Kommunikation) machen einen erheblichen Anteil der Texte aus.

In den Foren der ElitePartner-Homepage steht wie auch bei der eigentlichen Partnervermittlung über die ElitePartner-Homepage das Thema Paarbeziehungen bzw. deren Anbahnung im Vordergrund. Die Texte unter den einzelnen „Threads“ sind von vorneherein thematisch fokussiert, ein assoziativer Austausch wie in den Chats entwickelt sich in der Regel also nicht. Daraus ergibt sich schon durch die interne Strukturierung eine größere Nähe zum Pol „Ordnung“, die einzelnen Texte selbst sind sowohl unter formalen Gesichtspunkten, in der Selbstwahrnehmung und nach dem Anspruch der Akteure an sich selbst deutlich in Richtung des „Komplexitätspols“ zu verorten.

6.2 Metasprachliche Kommentare

In Kommentierungen ihres eigenen sprachlichen Handelns zeigt sich die Selbstwahrnehmung der Akteure in Chat und Forum. Im Folgenden werden Kommentare der Beteiligten zu verschiedenen Aspekten ihrer eigenen (sprachlichen) Interaktion besprochen und miteinander in Beziehung gesetzt. Es handelt sich um metasprachliche Kommentare, da stets eigenes und fremdes sprachliches Handeln thematisiert wird. Die Analyse solcher Metakommentare nimmt eine soziolinguistische Perspektive ein, indem sie „sprachliche Praktiken in ihrem konkreten gesellschaftlichen Umfeld betrachte[t]“, wobei jeder Diskurs zu sprachlichen Praktiken und Konventionen selbst als Praktik zu verstehen ist: „als metasprachliche und metapragmatische Praktik“ (SPITZMÜLLER 2008: 63; vgl. auch Fußnote 1 ebd.).

Die Schreiberinnen und Schreiber in SpinChat und ElitePartner-Forum ziehen unterschiedliche Schlüsse aus Emoticons und Normabweichungen in den Texten anderer, doch sie haben gemeinsam, dass sie alle diese Abweichungen bemerken und meist auch in irgendeiner Weise bewerten. Die folgenden Beschreibungen operieren sowohl mit der Terminologie der Lebensstiltheorie nach SCHULZE (^{2}2005) als auch mit den von den Akteuren selbst gebrauchten Ausdrücken. Vorbild für diese Verwendung der Selbst- und Fremdkategorisierungen ist BOURDIEU [1979] (1987), der vor dem Hintergrund methodischer Überlegungen zu Fragebogenerhebungen die Relevanz der Alltagssprache herausstellt.

> Es sind Gemeinbegriffe, worin eine Gruppe sich jeweils als ganze, einschließlich dem, was sie von den anderen Gruppen abhebt, einbringt; in ihnen drückt sich deren soziale Identität und Differenz gleichermaßen aus. BOURDIEU [1979] (1987: 312)

Für eine stilistische Beschreibung ist es von Interesse, wie unterschiedliche Gruppen bestimmte Ausdrücke jeweils verwenden und bewerten (vgl. BOURDIEU [1979] 1987: 312 f.).

6.2.1 Schriftlichkeit

Es wird deutlich, dass verschiedene Schreiber Wert darauf legen, dass sie eben im Chat nicht mündlich kommunizieren und dies auch gar nicht wollen – andernfalls betätigten sie sich nicht im Chat.

In BEIẞWENGER (2007: 3) findet sich eine Auflistung von Chat-Belegen, die Sprachhandlungsverben enthalten, darunter *reden*, *sprechen*, *unterhalten* und *sagen*. Diese Beispiele zeigten, so BEIẞWENGER (2007: 2), dass von den Akteuren selbst „die Chat-Kommunikation in starker Nähe zum Gespräch verortet" werde. Hierbei ist allerdings nicht klar, wie von der Verwendung der genannten Verben auf eine Nähe zum Gespräch geschlossen wird. Problematisch ist auch die Bezeichnung „Gesprächsmetapher" mit dem Hinweis darauf, dass „dahingestellt sei, ob den Chattern der metaphorische Charakter der verwendeten Ausdrücke tatsächlich immer bewusst ist" (BEIẞWENGER 2007: 3). Inwiefern *sagen* als Bezeichnung einer beliebigen kommunikativen Handlung als Metapher gelten kann, wird nicht erklärt. Ebenso ließe sich die Semantik der betreffenden Verben formal als Vagheit mit einer Unterdeterminiertheit bezüglich des Mediums beschreiben oder prototypentheoretisch mit einem zentralen Gebrauch – der für *sprechen* beispielsweise das Medium gesprochener Sprache impliziert – neben peripheren Gebrauchsweisen wie im folgenden Zitat von OTTE (2004: 91): „Die von Hradil angesprochene ‚Bewusstheit', ‚biographische Zielgerichtetheit', ‚straffe Methodik' der Alltagsorganisation klingt sehr ‚weberianisch' und ist noch zu diskutieren".

Unabhängig vom fraglichen Metaphern-Status der Verben *sagen*, *reden*, *sprechen* muss auf der Basis des hier gesichteten Materials festgestellt werden, dass die Akteure sehr wohl den Verwendungsspielraum dieser Verben wahrnehmen, reflektieren und damit spielen. Die Belege aus dem SpinChat-Korpus sind mit Beißwengers Interpretation nicht vereinbar, sie widerlegen auch seinen Befund, dass „Lexik aus dem Bereich ‚Sprechen – Text – schriftliche Kommunikation [...] nur sehr selten vor[kommt]" (BEIẞWENGER 2007: 2 f.).

In (172) verwendet Beatrice den Hinweis auf ihre Schreibaktivität als Konter der unfreundlichen Reaktion Dogberrys auf ihren Versuch ein Gespräch mit ihm zu beginnen:

(172) 2009/01/26-22:19:38 CET : [Berlin-Brandenburg] Beatrice: alles klar bei dir Dogberry ^^

2009/01/26-22:19:45 CET : [Berlin-Brandenburg] Dogberry: ich kenne dich nicht
2009/01/26-22:19:51 CET : [Berlin-Brandenburg] Beatrice: na und
2009/01/26-22:19:53 CET : [Berlin-Brandenburg] Dogberry: also nimm meinen namen nicht in den mund
2009/01/26-22:20:16 CET : [Berlin-Brandenburg] Beatrice: 1 schreibe ich nicht mit dem mund so mal nebenbei

Damit ist die Konversation zwischen den beiden auch schon beendet, Beatrice lässt sich die unfreundliche Reaktion also nicht gefallen und verzichtet auf weitere Versuche einer Kontaktaufnahme.

Auch in (173) wird explizit thematisiert, dass im Chat nicht gesprochen wird:

(173) 2009/01/23-19:34:32 CET : [30-40-50 Chat-Set] Margaret: Benedick: ich schreibe hier-das sprechen ist mir zu anstrengend...zumal niemand mich hört

Die Offenheit mancher Verba dicendi hinsichtlich der Medialität des angesprochenen sprachlichen Handelns kann im Chat für (selbst-) ironische Kommentare genutzt werden. Zwar argumentiert auch STORRER (2001: 3) mit der Wahl der Bezeichnung *Chat*, deutsch: ‚Plausch, Schwätzchen', die verdeutliche, dass es sich um getippte Gespräche handele. Verba dicendi lassen neben ihrem meist medialitätsspezifischem prototypischem Gebrauch allerdings ein breites Spektrum an Verwendungsmöglichkeiten zu, und es ist ebenso unproblematisch, in einem gedruckten Text die Formulierung *im vorigen Kapitel wurde gesagt, dass ...* zu lesen wie in einem Gespräch dazu aufgefordert zu werden, eine Begebenheit genauer zu beschreiben. Die Wahl bestimmter Verba dicendi beweist demnach als solche noch nichts. Entscheidend ist der metasprachliche Umgang der Chatter mit diesen Ausdrücken, wofür (174) ein passendes Beispiel darstellt:

(174) 2009/01/23-20:33:24 CET : [Hessennetz] Saturninus: wie soll ich es dir sagen?
2009/01/23-20:33:36 CET : [Hessennetz] Caius: weiß nicht...
2009/01/23-20:33:42 CET : [Hessennetz] Saturninus: mhh
2009/01/23-20:33:42 CET : [Hessennetz] Caius: sag nichts, tipp es einfach

In einer kreativen Sprachspielerei wandelt Ursula in (175) die Phrase *xy wäre zuviel gesagt* ab, nachdem sie offenbar von Graziano auf eine ihr nur flüchtig bekannte Chatterin namens Portia angesprochen wurde:

(175) 2009/01/26-17:45:39 CET : [30-40-50 Chat-Set] Ursula: Graziano: ... nett ... isse jau ... det Portia .. kennen wäre zuviel getippt ^^

Für die Chatter selbst – offenbar im Gegensatz zu manchen Sprachwissenschaftlern – ist es also evident und unproblematisch, dass sie mit Schriftzeichen kommunizieren, sie genießen diese Form schriftlicher Kommunikation und empfinden sie nicht als Beschränkung. Dafür ist auch der Hinweis nicht so trivial wie er zunächst klingen mag, dass das Chatten (in einem Freizeit-Chat wie dem hier untersuchten) eine freiwillige

Aktivität ist, eine alltagsästhetisch getroffene Auswahl[67] unter verschiedenen Formen der Kommunikation.

Interessant ist hier der Kommentar in (176), der klar macht, dass manche im Chat üblichen Zeichenverwendungen die Schriftlichkeit notwendig voraussetzen:

(176) 2009/01/24-21:28:14 CET : [30-40-50 Chat-Set] Ursula: namd LeonatoMCJ55msn
2009/01/24-21:28:54 CET : [30-40-50 Chat-Set] Gonoril: bei solchen namen würde man sich beim sprechen eine knoten in die zunge machen, Ursula *gg

6.2.2 Thematisierung interner Schreibkonventionen

Wie in Beispiel (176) schon deutlich wird, gelten im Chat spezifische Schreibkonventionen, deren Beherrschung genau wahrgenommen und sanktioniert wird. Vielfältig beschrieben (vgl. RICHLING 2008: 49) ist die Verwendung durchgehender Großschreibung. Der folgende Auszug dokumentiert die Funktion der Majuskeln als Emphase. Diese Verwendung wird, so z.B. bei RICHLING (2008), als Argument für die „konzeptionelle Mündlichkeit" computervermittelter Kommunikation gewertet.

(177) 2009/01/20-21:16:32 CET : [Berlin-Brandenburg] Toby: Is dat normal das man mein pic ncih auf mein profil sehen kann? Bei „Leute" kann mans sehen....
2009/01/20-21:16:48 CET : [Berlin-Brandenburg] Toby: NOCH NCIH MEIN ICK^^
2009/01/20-21:17:12 CET : [Berlin-Brandenburg] Starveling: Toby schreib mal klein,weil kein mensch mag antworten bei einem der nur brüllt
2009/01/20-21:17:31 CET : [Berlin-Brandenburg] Toby: Joooooooooooooow mach ick^^ besser so?^^

Die Interpretation der emphatischen Großschreibung als Merkmal „konzeptioneller Mündlichkeit" übersieht zum einen die bereits erwähnte Offenheit vieler Verba dicendi (vgl. Kap. 6.2.1), auf die von den Chattern auch metasprachlich und in oft ironischer Weise Bezug genommen wird, wenn wie in (177) sogar mit *brüllen* auf Schriftzeichen referiert wird. Zum anderen zeigt sich in einer solchen Interpretation die Privilegierung des mündlichen Dialogs als Prototyp menschlicher Sprachaktivität. Es muss betont werden, dass „die Schriftlichkeit [des Chat] in keinem systematischen Verhältnis zu einer vorgängigen oder nachträglichen medialen Mündlichkeit steht" (STORRER 2001: 4):

> Die mündliche Reproduktion von Chatprotokollen ist nicht intendiert. Mehr noch: Chat-Protokolle würden sich aufgrund ihrer sprachlichen Besonderheiten überhaupt nur unter großen Schwierigkeiten mündlich vortragen lassen. (STORRER 2001: 4)

---

[67] Vgl. zur Terminologie der alltagsästhetischen Auswahlen SCHULZE (^{2}2005: 98 ff.).

Ein weiterer Topos der Chat-Forschung ist der vermeintliche Zeitdruck, der von den Chattern schnelles Tippen verlangt (vgl. Beißwenger 2007: 183; Höflich 2003: 187). Der Auszug in (178) zeigt, dass im Gegenteil allzu schnelles, und d.h. achtloses Tippen nicht toleriert wird, wenn es auf Kosten der Lesefreundlichkeit der Beiträge geht:

(178) 2009/01/24-19:33:37 CET : [30-40-50 Chat-Set] Bassanio: das übliche .. bequemes sofa .. kaffee .. ziggies .. mucke im hg .. Jessica ..nichts außergewöhnliches .. seufz
2009/01/24-19:34:21 CET : [30-40-50 Chat-Set] Jessica: Bassanio: hg du meinst hintergrund. aber gut, ich sehe du hast noch etwas. die schreibfaulheit:-)
2009/01/24-19:34:53 CET : [30-40-50 Chat-Set] Bassanio: ich wollte nur mit abkürzungen angeben .. Jessica .. hat wohl nicht hingehauen gg
2009/01/24-19:36:33 CET : [30-40-50 Chat-Set] Bassanio: das konnte ich ja nun nicht wissen .. die glaskugel hast du ja .. Jessica .. dann liefer ich mal die buchstaben nach interrund gg
2009/01/24-19:37:46 CET : [30-40-50 Chat-Set] Jessica: Bassanio: und ich soll mir nun die buchstaben dort einfügen wo sie hingehören? ich hoffe du beginnst nicht damit die ganze zeit in abkürzungen und nachgereichten restbuchstaben zu chatten. das wäre mir denn doch an einem samstagabend zu mühselig.-)
2009/01/24-19:39:18 CET : [30-40-50 Chat-Set] Bassanio: keine bange .. Jessica ... hab das schon notiert .. << tippt nun langsam und ausführlich ..g

Da die Kommunikation im Chat (entgegen mancher Darstellungen, vgl. Kilian 2001: 66) asynchron erfolgt, d.h. da der von einem Teilnehmer getippte Text erst am Ende des Produktionsprozesses versendet wird, sind Korrekturen in einem Text ebenso möglich wie die Kritik an extrem mangelhaften, sozusagen unredigierten Texten.

> Das Verfassen eines Chat-Beitrags ist, solange keine Verschickung erfolgt, Arbeit am Entwurf – und diese Arbeit kann, wenn bei der Evaluation des bereits Eingegebenen (formale, syntaktische, inhaltliche, stilistische, pragmatische) Dissonanzen zu den individuellen Handlungszielen festgestellt werden, auch nicht-lineare Teilphasen beinhalten, die darauf zielen, die Dissonanz zwischen dem Ist-Zustand des Entwurfs und den Effekten, die mit dem anvisierten Produkt erzielt werden sollen sowie mit selbst gesetzten (formalen, syntaktischen, inhaltlichen, stilistischen, pragmatischen) Normen in Einklang zu bringen. (Beißwenger 2007: 188)

Zu den internen Konventionen computervermittelter Kommunikation gehört schließlich die Verwendung von sogenannten Emoticons, von Asterisk-Ausdrücken und ASCII-Kunst. Diese Ausdrucksmittel werden alle in den Chats des untersuchten Korpus intensiv genutzt, Emoticons können hierbei als eines der salientesten Merkmale „der Internetsprache“ gelten. Aus Klammer- und Interpunktionszeichen werden bei Emoticons durch innovativen Gebrauch des von der Computertastatur vorgegebenen Repertoirs motivierte Zeichen für Emotionen, Wertungen, Modalität eines Bezugsausdrucks (z.B. Emoticon als Ironiesignal), etc. geschaffen. Damit sind Emoticons ein Beispiel für den innovativen Gebrauch von bereits Vorhandenem, also für Readymades (vgl. Kap. 5.3.2). Die wichtigsten Emoticons bzw. die Basiszeichen sind:

:-) – :-(– ;-) – :-D – XD – :/ – ^^ –:-* – etc.

Von besonderem Interesse für die Syntaxtheorie sind die Asterisk-Ausdrücke, bei denen unflektierte Verbstämme zwischen Asteriske gesetzt und teilweise vielfältig syntaktisch erweitert werden:

(179) grins, freu, sing, anstups, snief, anschiel, wink, wunda, knudddddddiiiiiii ...,
akronymische Variante:
g [‚grins'] ...,
systematisch beschreibbare Erweiterungen, die aber nicht der Standardsyntax entsprechen:
sosag, starknachdenk, fiesfind, frechgrins, akronym: fg,
ganzungläubigschau, ganzdollfreu, komplexekrieg, fragstell,
ganzvielmitleidhab
duo jetzt ganz lange knutsch, ...
(HENN-MEMMESHEIMER 2010: 173)

Durch Kenntnis und Beherrschung solcher Ausdrucksweisen war es zu Beginn möglich, die eigene Kompetenz im Umgang mit Chattexten zu demonstrieren und sich mit der Gruppe der Chatter zu identifizieren. Die Freude an der Normüberschreitung und dem kreativen Sprachspiel machte offenbar auch einen besonderen Reiz der Kommunikationsform Chat aus. Die Ausbreitung der Konventionen für Asterisk-Gebrauch kann als Diffusionsprozess einer Innovation beschrieben werden (vgl. HENN-MEMMESHEIMER/EGGERS 2010). In den jüngeren Korpusdaten hat sich die Konvention bereits deutlich gelockert und Asteriske werden verstärkt zur Verzierung des selbstgewählten Nicknames verwendet.

> Die Ausdrücke fungieren in den Chats als Anweisungen, unter welchen Bedingungen die schriftlichen Äußerungen wahrgenommen werden sollen. Die Anweisungen werden in den Chats aus den Jahren 2000–2002 sehr konsequent mit ** gekennzeichnet, danach wird diese Konvention lockerer. (HENN-MEMMES-HEIMER 2010: 173)

In den Forums-Diskussionen der ElitePartner-Homepage lassen sich verschiedene Asterisk-Ausdrücke und Emoticons[68] belegen, allerdings erscheinen sie dort im Gegensatz zu den Chats eher ausnahmsweise. Vertrautheit mit diesen im Chat entwickelten Formen kann im Forum nicht vorausgesetzt werden und wird auch keineswegs durchweg positiv gewertet. In der Rubrik „ElitePartner" wird in einem Thread 2009 gefragt:

(180) Was bedeutet g in euren Antworten?
Auch andere Abkürzungen kann ich nur erahnen! Ich bin wohl eine andere Altersklasse... . Ich bitte um Auskunft über die gängigsten Zeichen! (EP, Rubrik ElitePartner, 2009)

---

[68] :-), :-)), :-))) und :-(sind aus allen vier untersuchten Foren-Rubriken belegbar.

Der Fragestellerin wird bereitwillig Auskunft erteilt, zugleich distanzieren sich aber andere Forums-Teilnehmer von solchem Zeichengebrauch und werten ihn als „neumodisch“ oder „infantil“ ab (vgl. dazu Kap. 6.2.3, 6.2.5 und 6.2.6).

Daneben gibt es einige interne Abkürzungen, die häufig verwendet werden, z.B. *ONS* für ‚One-Night-Stand‘, und seltener gebrauchte wie *kSvdE* für ‚kein Sex vor der Ehe‘. Wie die Zeichen des Chat können solche Akronyme die Vertrautheit mit dem Forum demonstrieren und so eine Nähe zur Peergroup der ElitePartner-Forumsteilnehmer herstellen.

Das vergleichsweise geringe Vorkommen von Emoticons im Forum gegenüber dem Chat resultiert nicht nur aus der Entscheidung der Akteure selber gegen den häufigen Einsatz solcher Ausdrucksmittel. Das ElitePartner-Forum ist ein moderiertes Forum, d.h. alle Beiträge werden zuvor von ausgewählten, privilegierten Usern des Forums kontrolliert und ggf. redigiert freigeschaltet.[69] Starker Gebrauch von Emoticons wird von den Moderatoren kritisiert, teilweise werden die Emoticons auch vor Freischaltung des Beitrags gelöscht:

(181) <MOD: Bitte Emoticons sparsam verwenden!>
<MOD: Bitte Emoticons sparsam verwenden! Wir haben alle gelöscht.>
(EP, Rubrik ElitePartner, 2010)

Offensichtlich stören Emoticons die angestrebte Ordnung der Texte und werden als stilistisch unpassend empfunden.

Ein Teilnehmer des Forums bestätigt in seiner Einschätzung Befunde in HENN-MEMMESHEIMER (2010: 173) und HENN-MEMMESHEIMER/EGGERS (2010): Die Verwendung von Asterisken (und teils auch von Emoticons) hat einen Prozess von der Diffusion über die Konventionalisierung bis hin zur Auflösung der Konvention durchlaufen, wobei letzteres mit einem Verlust an Signifikanz zusammenhängt.

(182) als ich mit dem internet begonnen habe, war es mir zu beginn auch unangenehm, wenn man aber beginnt sich in chats oder per messanger zu unterhalten, wird man bald ein freund der emoticons. wobei es früher noch viel krativer ablief als heute, da hat man einfach die unter * geschrieben was man gerade denkt/fühlt wie freu nichtsicherbin versteck usw... heute ist es schon fast zu standardisiert, sodass viel vom reiz verschwunden ist.
daran erkennt man auch oft mit welcher altersklasse man gerade redet. (EP, Rubrik ElitePartner, 2009)

Die Verwendung der ursprünglich innovativen Zeichen verliert an Signifikanz für den Zeichenverwender, wenn er durch seine Verwendung keine Kreativität mehr demonstrieren kann – der „Reiz“ geht verloren.

---

69 Die Verhaltensrichtlinien und Nutzungsbedingungen für das Forum der ElitePartner-Homepage werden ausführlich erläutert unter [http://www.elitepartner.de/forum/faq.php?faq=netiquette1#faq_verhaltensregeln] <19. 06. 2011>.

6.2.3 Sozialstilistische Wertung von Emoticons und Akronymen

In der selbstbeschreibenden Foren-Rubrik „ElitePartner“ findet sich eine kontroverse Diskussion über die Angemessenheit von Emoticons und Akronymen wie z.B. ***g*** für *grins*. In den Chatprotokollen sind Emoticons und Akronyme allgegenwärtig. Deren Verwendung wird höchstens für neue Nutzer insofern fraglich, als sie interne Konventionen mit spezifischer Geltung innerhalb eines Chatrooms oder allgemeiner die Vorlieben der anderen Akteure erst noch kennenlernen müssen. Im „Bayern“-Chatroom erkundigt sich ein neuer User direkt nach „Betreten“ des Chatrooms nach den dortigen Besonderheiten des Emoticon-Gebrauchs und bekundet sogleich seine Abneigung, nachdem er einige wenige Beispiele vorgeführt bekommt:

(183) 2007/01/11-18:55:15 CET : [Bayern] Ludwig: wie gengan do de emoticons?????????
2007/01/11-18:55:34 CET : [Bayern] Käptn**: *_*
2007/01/11-18:55:44 CET : [Bayern] Ewiger: :-D
2007/01/11-18:55:49 CET : [Bayern] Ludwig: :-d
2007/01/11-18:55:59 CET : [Bayern] Ludwig: ba i geh in krone chat

Während die prinzipielle Nutzung von Emoticons in den Chats also selbstverständlich ist, kann sie im ElitePartner-Forum ein starkes Distinktionsmerkmal sein. Dabei wird nicht immer zwischen Emoticons und Abkürzungen differenziert, stilistisch sind sie einander ohnehin sehr nahe. Eine Nutzerin distanziert sich von Abkürzungen und wertet diese als „infantil“ ab, verwendet aber selbst in ihrem Beitrag ein Emoticon („Zwinkersmiley“):

(184) Ich kann diese Abkürzungen nicht sehr gut leiden. Sind bei mir eher ein Negativum Wenn mir ein Mann mit sowas kommt, dann sehe ich einen infantilen Witzbold in ihm... sofern sich diese Dinge häufen. Ansonsten überlebe ich es selbstverständlich. Aber es ist schon ein gewisser Schlag Mann, der so schreibt. Oder ein sehr junger.. ;) (EP, Rubrik ElitePartner, 2009)

Damit sind Emoticons im semantischen Raum in die Nähe des Pols „Spontaneität“ eingeordnet. Eine andere Forums-Teilnehmerin widerspricht dieser Wertung, nimmt dabei allerdings indirekt dieselbe fundamental-semantische Einordnung vor:

(185) Das glaube ich, interpretierst Du völlig falsch, mit Verlaub gesagt. Es zeigt nur, dass der betreffende Mann (oder auch die Frau) sich sicher und regelmäßig im Internet bewegt.
Um Ironie ;-) oder Scherze :-) sicher zu verstehen, sind solche Emoticons einfach notwendig und hilfreich. Wer sie nicht verwendet, kommt mir eher altmodisch und unerfahren vor. Heutzutage muss man sich einfach mit solchen Zeichen auskennen und sie auch aktiv verwenden. (EP, Rubrik ElitePartner, 2009)

Wer den Gebrauch von Emoticons ablehnt, gilt in dieser Bewertung also als „altmodisch“, hinzu kommt hier aber noch ein zweiter Aspekt: Der Umgang mit diesen Zeichen ist ein Ausweis von Erfahrenheit und Kompetenz im Umgang mit digitalen Medien.

Manche Beiträge zeugen von einem gewissen Unbehagen angesichts möglicher Fremdwahrnehmungen:

(186) Wer solche Abkürzungen nicht verwendet, ist trotzdem „hipp". Schwierig sind sie ja nicht, nur nicht sehr stilvoll. Bitte lasst alle Meinungen leben. Ich persönlich verwende ab und an ein Emoticon, aber keine solchen Abkürzungen. Mir gefallen sie nicht, machen einen zu infantilen Eindruck auf mich. Wenn mir hier ein Mann mit solchen Mails kommt, wäre mir das eher unangenehm. Und am Anfang haben wir ja hier nur das Geschriebene. (EP, Rubrik ElitePartner, 2009)

Der Schreiberin ist offenbar klar, dass der gewählte Verzicht auf Akronyme in digitaler Kommunikation von anderen als Hinweis auf Ordnungsbezogenheit, Konservatismus, „Spießigkeit" (vgl. die Beispiele (208), (212) und (218)) gelesen werden kann. Ihre eigenen Minimalanforderungen an ordentlichen Schriftsprachgebrauch will sie aber nicht als Distinktion von Attributen wie „hipp" verstanden wissen und deutet dementsprechend Akronyme als stillose Unterkomplexität.

Allerdings gibt es durchaus Akteure, die sich entschiedener abgrenzen:

(187) Emoticons deuten eher auf mitteres bis geringes sprachliches Ausdrucksvermögen hin. Wer Ironie oder Scherze nicht als solche zu lancieren vermag - oder wer als Leser diese nicht zu erkennen vermag, enttarnt sich immerhin gleich. (EP, Rubrik ElitePartner, 2009)

Mit seiner Wortwahl ordnet sich der Schreiber selbst deutlich dem Hochkulturschema zu, die Rede von der Enttarnung zeugt von Überheblichkeit (vgl. dazu SCHULZE ²2005: 142). Weitere Negativwertungen von Emoticons und Akronymen in diesem Thread des ElitePartner-Forums sind *lächerlich*, *Teeniesprache*, *peinlich*.

Die Mehrheit der ElitePartner-User ist sich aber offensichtlich dessen bewusst, dass Varianz des eigenen (Schrift-) Sprachgebrauchs ein Aspekt kommunikativer Kompetenz ist und Verwendungsweisen in unterschiedlichen Zusammenhängen jeweils unterschiedlich angemessen sind. Eine Teilnehmerin schreibt über ihren eigenen Sprachgebrauch:

(188) Ich denke, ich kann mich hervorragend und präzise ausdrücken, aber man muss ja nicht immer druckreif schreiben. Grade wenn man chattet, kommt es für mich nicht immer auf die ausgefeilteste Formulierung an, sondern das keine emotionalen Missverständnisse aufreten. [...] Natürlich ist für EP HF & GL (Have fun und Good Luck) die falsche Ausdrucksweise, aber ein **grins** kann doch sehr helfen, das geschriebene richtig einzuordnen. (EP, Rubrik ElitePartner, 2009)

Es wird deutlich, dass die Wahl abgekürzter oder unflektierter Formen keine notwendige Reaktion auf Erfordernisse der digitalen Kommunikation darstellt. Während in der

Forschungsliteratur oft suggeriert wird, dass insbesondere Emoticons als Kompensation fehlender Mimik und Gestik geradezu zwingend für den kommunikativen Erfolg im Rahmen digitaler Medien seien, weist HÖFLICH (2003: 187) zurecht auf eine Überschätzung dieser Zeichenverwendungen hin:

> Ganz offenkundig bricht nämlich Kommunikation unter den Bedingungen technischer Vermittlung auch nicht zusammen, wenn sie nicht verwendet werden. Womöglich liegt ihre Bedeutung eben eher in der Demonstration von Computerkompetenz denn in ihrer stimmungs- und beziehungsanzeigenden Funktion.

6.2.4 Kritik an Normverstößen

Die Sprachverwendung in Chats wird gemeinhin zunächst in ihrer starken Differenz zu normgerechten Schrifttexten wahrgenommen, daraus ergeben sich Beschreibungen der Chatkommunikation als defizitär oder als „konzeptionell mündlich". Die Akteure im ElitePartner-Forum bemühen sich hingegen um Distanz zu dem Internet-Jargon in den als „schmuddelig", „unseriös" und „niveaulos"[70] bewerteten Online-Singlebörsen, Sex-Chats, etc. Sichtbares Zeichen dieser Distinktion – und Herausstellung eines eigenen „Niveaus" – ist im schriftsprachlichen Medium die formale Korrektheit der selbstverfassten Texte, inklusive standardkonformer Orthografie. Abweichungen von standardschriftsprachlichen Normen werden im ElitePartner-Forum äußerst negativ bewertet:

(189) Warum werden in den Freitextzeilen so viele grammatikalische und Interpunktionsfehler gemacht?
Das zieht sich durch vom Hauptschüler bis zum Akademiker. Ich frage mich, ob das tatsächlich das Ergebnis der Pisa-Studie widerspiegelt oder ob es Interessenlosigkeit der Mitglieder ist?
(EP, Rubrik ElitePartner, 2009)

In der Foren-Rubrik „ElitePartner" besteht für Mitglieder die Möglichkeit, sich von anderen Mitgliedern Meinungen und Verbesserungsvorschläge zu ihrem Mitglieder-Profil einzuholen. Die Überarbeitung der formal-sprachlichen Gestaltung wird dabei immer wieder angemahnt und zum entscheidenden Kriterium der Fremdwahrnehmung erklärt:

(190) RECHTSCHREIBUNG prüfen. (EP, Rubrik ElitePartner, 2008)

Die Beherrschung sprachlicher Normen gilt in einer Vielzahl von Beiträgen als Indikator für Bildung, Intelligenz und stilistische Präferenzen:

---

[70] Belege in EP, Rubrik ElitePartner, 2009.

(191) Man kann sich sicherlich mal vertippen aber diese massiven orthographischen (alte Rechtschreibung) Fehler zeugen weder von Interesse noch von Intelligenz. (EP, Rubrik ElitePartner, 2009)

„Interesse" ist hier ein Interesse an Sorgfalt und Perfektionismus[71], an einer ordentlichen Selbstdarstellung und der Demonstration von „Niveau".

Die Hochwertung des geordneten Standards geht so weit, dass Rechtschreibkompetenz mit dem denkbar positiven Attribut *sexy* versehen wird:

(192) Ich vertrete die Ansicht (und auch viele aus meinem Bekanntenkreis, sowohl Männer als Frauen), dass es sexy macht, wenn man Rechtschreibung und Grammatik beherrscht! (EP, Rubrik ElitePartner, 2009)

Dieser Wertung wird im selben Thread jedoch auch widersprochen und ein Teilnehmer stellt klar:

(193) also ich habe mich noch nie verliebt, weil ihr deutsch so gut war. (EP, Rubrik ElitePartner, 2009)

Diese polemische Antwort verkennt, dass normorientiertes Schreiben zwar kein hinreichendes, für eine Mehrheit der Akteure im ElitePartner-Forum aber offenbar durchaus ein notwendiges Kriterium bei der Partnerwahl darstellt. Umgekehrt darf aus dem Anspruch und der Selbstwahrnehmung dieser Mehrheit keineswegs geschlossen werden, dass in den Texten kaum Normabweichungen auftreten. Belegbar sind innovative Erweiterungen bzw. Wortbildungen wie

(194) patchworkig (EP, Rubrik Single, 2009)

ebenso wie die noch immer – zumindest für schriftliche Texte – stigmatisierte Verbzweitstellung nach *weil* (hier auch ohne Interpunktion):

(195) das ist doch auch nicht in ordnung weil was können hübsche frauen dafür? (EP, Rubrik Single, 2009)

Schließlich gibt es bei den Akteuren ein Wissen über unterschiedliche Konventionen und Bewertungskriterien bei verschiedenen Formen der Kommunikation:

(196) Vollkommen egal im digitalen Schriftwechsel. Digital schreiben heißt schnell schreiben und da passieren schon mal einige Fehler, wer das als KO wertet ist oberflächlich. (EP, Rubrik Elitepartner, 2009)

Die Angemessenheit verschiedener Ausdrucksformen und verschiedenen Schriftsprachgebrauchs in unterschiedlichen medialen Zusammenhängen wird von den Akteuren in den ElitePartner-Foren stark reflektiert. Die Spracheinstellungen in Bezug auf

---

[71] Diese Präferenz ist charakteristisch für das Hochkulturschema, vgl. HENN-MEMMESHEIMER (2004a: 31).

unterschiedliche Kommunikationsformen soll in Kap. 6.2.5 noch näher betrachtet werden.

Aus Perspektive der ElitePartner-Forumsteilnehmer schreiben in Freizeitchats Menschen mit geringer Bildung und geringem Interesse an „ordentlicher“ Sprache. Die folgenden Beispiele verdeutlichen, dass es den Chattern keineswegs gleichgültig ist, wie geschrieben wird, und Normverstöße nur innerhalb ständig zur Disposition stehender Grenzen toleriert werden.

(197) warum schreibt ihr mit soviel rechtschreibfehler seid ja noch inner schule.... bringt das schulsystem nichts mehr? (Bayern, 2007/01/11)

Interessant an diesem Beleg ist auch, dass die Schreiberin oder der Schreiber dieses Beitrags selbst keinen standardschriftsprachlichen Text produziert (*inner*, fehlende Interpunktion), sehr wohl aber die „Anerkenntnis“ des Standards zum Ausdruck bringt und so die „Kenntnis“ des Standards zum Distinktionsmerkmal macht (vgl. BOURDIEU [1982] ^{2}2005: 70).

Metonymisch für Standardkompetenz sowie deren Hochschätzung wird, wie auch in (198), in einer Vielzahl von Belegen der Duden verwendet:

(198) 2009/01/20-20:21:29 CET : [Bayern] Cobweb: hab ich pyjama eigend richtig geschrieben? *mal in duden schaut*

Kritisierte Chatter reagieren bisweilen gekränkt oder versuchen sich mit ironischen Kommentaren zu wehren, Normen (und deren minimale Einhaltung) werden offenbar auch im Chat nicht in Frage gestellt.

(199) 2009/01/19-21:03:53 CET : [Berlin-Brandenburg] Snug: lara hör auf mich zu ergen *schlirf *
2009/01/19-21:04:05 CET : [Berlin-Brandenburg] Starveling: ärgern
2009/01/19-21:04:18 CET : [Berlin-Brandenburg] Hippolyta: Snug: dat heisst *ärgern‘
2009/01/19-21:05:01 CET : [Berlin-Brandenburg] Snug: jaja is jud haste uffen duden je pent oder watt

In (200) wird mangelnde Normkompetenz sogar mit dem Inhalt der betreffenden Äußerung in Verbindung gebracht, von der man sich distanzieren möchte:

(200) 2009/01/19-19:05:33 CET : [30-40-50 Chat-Set] Philostrate: eine blondinne will mal das eisfischen ausprobieren,sie nimt borher und angel mit,geht aus eis,macht ein loch rein und hält die angelschnurr rein,plötzlich hört sie eine stimme von oben“hier sind keine fische“,sie sieht sich fragend um,und fischt weiter,dann wieder die stimme“hier sind keine fische“,sie fragt ganz schüchtern,“bbist du das gott?“..nein sagt die stimme ,ich bin der sprecher der eishalle fg
2009/01/19-19:05:54 CET : [30-40-50 Chat-Set] Egeus: schmeißt an dudn in den raum
2009/01/19-19:06:23 CET : [30-40-50 Chat-Set] Lysander: vergisses Egeus

...... du triffst immer die falschen *gg
2009/01/19-19:07:55 CET : [30-40-50 Chat-Set] Robin: kannst dem duden auch noch hirn beilegen Egeus ?

Allerdings gelten im Chat nicht dieselben Bewertungskriterien wie für andere schriftsprachliche Texte. Standardtexte können bei der Beschreibung des Chat nicht als Folie dienen, und sie sollen es in der Eigenperspektive der Chatter auch nicht:

(201) 2009/01/26-01:56:05 CET : [30-40-50 Chat-Set] Gonoril: och, vertippen tun wir uns alle mal, [Nickname] - wer da nicht drüber wegsehen kann, ist im chat fehl am platz

Dass daraus nicht Beliebigkeit beim Schreiben im Chat folgt, zeigen bereits die Beispiele (198) bis (200) sowie das folgende:

(202) 2009/01/26-21:00:11 CET : [30-40-50 Chat-Set] Lysander: tas zeh isch kenau zoo [Nickname]
2009/01/26-21:00:21 CET : [30-40-50 Chat-Set] Olivia: Lysander: menno schreib deutlich
2009/01/26-21:00:38 CET : [30-40-50 Chat-Set] Lysander: hmpf
2009/01/26-21:00:46 CET : [30-40-50 Chat-Set] Lysander: ja doch

Wo genau die Toleranzgrenze bei Tippfehlern und Normverstößen verläuft, wird naturgemäß von den Chattern unterschiedlich bewertet und kann wie in (203) zu erbitterten Auseinandersetzungen führen:

(203) 2009/01/26-00:56:04 CET : [30-40-50 Chat-Set] Malvolio: Edgar: Mag sein, das es eine Marktlücke ist, aber Müll kommt bei mir in die Tone und danach überlasse ich ihn Fachkräften.........................
2009/01/26-00:56:42 CET : [30-40-50 Chat-Set] MacDuff: ich mag deine interpretation der deutschen rechtschreibung Malvolio
2009/01/26-00:57:17 CET : [30-40-50 Chat-Set] Malvolio: MacDuff: Welche ??
2009/01/26-00:57:35 CET : [30-40-50 Chat-Set] MacDuff: die neue deutsche
2009/01/26-00:57:52 CET : [30-40-50 Chat-Set] Malvolio: MacDuff: Geht es auch genauer ??'
2009/01/26-00:58:34 CET : [30-40-50 Chat-Set] MacDuff: denk mal ganz scharf nach Malvolio , scroll ein wenig hoch, und lies dein getippsel du held
2009/01/26-00:59:17 CET : [30-40-50 Chat-Set] Malvolio: MacDuff: Hängst Du Dich an einem fehlenden „N“ auf ???
2009/01/26-00:59:39 CET : [30-40-50 Chat-Set] MacDuff: ich bin nicht suizidgefährdet
2009/01/26-01:01:05 CET : [30-40-50 Chat-Set] Malvolio: MacDuff: Gibt es auch eine Antwort ?? Oder nur dummes Gesülze ??
2009/01/26-01:01:52 CET : [30-40-50 Chat-Set] MacDuff: Malvolio: Edgar: Mag sein, das es eine Marktlücke ist, aber Müll kommt bei mir in die Tone und danach überlasse ich ihn Fachkräften.........................

2009/01/26-01:02:03 CET : [30-40-50 Chat-Set] MacDuff: wer findet mehr als einen fehler ?

Der Dialog ist hier recht ausführlich zitiert, wird aber noch weiter geführt. MacDuff bemängelt im weiteren Verlauf auch noch ein fehlendes Satzzeichen, muss aber schließlich klein beigeben, als die anderen Akteure ihm zunehmend ironisch antworten und seine Kritik offenbar als Pedanterie empfinden. Diese Bewertung wird bereits in Malvolios Antwort „Hängst Du Dich an einem fehlenden „N" auf ???" deutlich. Ein aus normativer Sicht fehlendes Graphem oder Komma sollten demnach innerhalb des Toleranzbereichs einer Mehrheit der Chatter liegen.

In einem anderen Gespräch zeigt sich dann, dass der in (203) kritisierte und sich erfolgreich wehrende Chatter durchaus selbst gerne mal Kritik übt und daraufhin zum Opfer von Spott wird:

(204) 2009/01/26-23:31:30 CET : [30-40-50 Chat-Set] Viola: wie schrieb schaekespier Malvolio erst drueckte er das dreiste lieschen,dann drueckten ihn ide leistendrueschen sowas auch:-))
2009/01/26-23:31:50 CET : [30-40-50 Chat-Set] Olivia: Viola: frei nach Viola
2009/01/26-23:32:00 CET : [30-40-50 Chat-Set] Viola: ist schaekespiere richtig geschrieben Malvolio ??:-))
2009/01/26-23:32:08 CET : [30-40-50 Chat-Set] Olivia: Viola: lacht
2009/01/26-23:32:08 CET : [30-40-50 Chat-Set] Sebastian: *gg Viola
2009/01/26-23:32:48 CET : [30-40-50 Chat-Set] Orsino: shäkesbeer ...auf amerikanisch *g*
2009/01/26-23:33:03 CET : [30-40-50 Chat-Set] Olivia: Orsino: war das nicht budweiser?
2009/01/26-23:33:31 CET : [30-40-50 Chat-Set] Malvolio: Orsino: Seit wann gibt es ein „ä" im amerikanischen Alfabet ??
2009/01/26-23:33:53 CET : [30-40-50 Chat-Set] Viola: jibbet ned oehm Malvolio :-))
2009/01/26-23:34:02 CET : [30-40-50 Chat-Set] Orsino: seit sich alFabet so schreibt, Malvolio ;-)

Der Chat ist demnach zwar eine Domäne jenseits der Standardschriftsprache mit deutlichen Spielräumen für Nonstandardverwendungen, Innovationen und Sprachspielerei. Doch auch hier entstehen aus dem Handeln Erwartungen an Folgehandlungen (Konventionen), deren Enttäuschung negativ sanktioniert werden kann. So gilt auch hier wie generell, dass sprachliche Innovationen einen prekären Status haben und sich nicht durchsetzen, wenn sie nicht als witzig oder originell und damit an Vorausgehendes anschließend wahrgenommen und aufgegriffen werden.

6.2.5 Sprachwahl und Medium

In der Rubrik „ElitePartner" diskutieren Teilnehmer des Forums ihre Erwartungen an die sprachliche Gestaltung von Texten in unterschiedlichen Medien und mit unterschiedlichen Funktionen. Eine Userin bringt die Flexibilität von Sprechern, die in unterschiedlichen Situationen Nähe oder Distanz zu verschiedenen alltagsästhetischen Schemata inszenieren können (vgl. HENN-MEMMESHEIMER 2004a; 31), deutlich zum Ausdruck:

(205) natürlich schreibe ich im „wirklichen" leben anders als hier im internet (EP, Rubrik ElitePartner, 2009)

Die globale Unterscheidung zwischen Internet (digitalen Medien) einerseits und allen anderen Kommunikationsformen andererseits wird von vielen Akteuren so getroffen. Dabei werden Behauptungen geäußert, die auch in der linguistischen Forschung vorkommen und in Kap. 3.2 bereits kritisiert wurden:

(206) Im Netz / Email / Chat geht es um Geschwindigkeit. Es werden gerne auch mal ganze Texte klein geschrieben. Das ist für meine Begriffe normal. Wer bei so einer Datenflut heutzutage noch auf Richtigschreibung achtet, hat irgendwie zu viel Zeit. (EP, Rubrik ElitePartner, 2009)

Neben dem Zwang zur Geschwindigkeit wird (den anderen) Nutzern digitaler Medien auch Bequemlichkeit oder Ignoranz unterstellt:

(207) Bei E-mails, die häufigste Form der schriftlichen Kommunikation, gibt man sich anscheinend ja oft nicht sehr viel Mühe geschweige denn bei den SMS. (EP, Rubrik ElitePartner, 2009)

Allerdings wird diese informelle Schriftlichkeit nicht von allen Forums-Teilnehmern negativ bewertet:

(208) Dies mischt sich mit dem slang der im internet üblich ist, wer viel in foren schreibt und messanger benutzt gewöhnt sich ein sehr flexibles deutsch an.
es wird im dialekt geschrieben und auf rechtschreibung kein wert gelegt, die meisten sachen passieren online, man unterhält sich, weder hat man die lust noch die zeit korrektur zu lesen.
Mir zb fallen fehler überhaupt nur auf wenn die buchstabenanzahl des wortes deutlich abweicht und das wort wirklich buchstabenweise gelesen werden muss.
wer sich an so was spießt wird mit dem medium internet nicht viel freude haben. (EP, Rubrik ElitePartner, 2009)[72]

---

[72] Die Verwendung von *spießen* als reflexives Verb kann hier entweder als eigensinnige, nicht zur Etymologie von *Spießer* (*Spießbürger*) passende Verwendung oder als innovative Metapher interpretiert werden. Der Spießbürger ist nicht mit einem Spieß bewaffnet, um sich selbst zu spießen,

Es gibt auch differenziertere Kommentare, die Unterschiede zwischen den computervermittelten Kommunikationsformen im Internet thematisieren. Die relevanten und distinkten Kategorien sind in der Wahrnehmung der Akteure „E-mail", „Chat" und „Forum", teilweise wird SMS-Kommunikation als weitere Möglichkeit erwähnt.

(209) Bei Mails bin ich etwas toleranter, da die in der Tat häufig schnell mal so getippt werden—mal ganz abgesehen von Beiträgen im Forum, die man ja nicht alle noch x mal gegenlesen kann. ;-) (EP, Rubrik ElitePartner, 2009)

Eine große Vertrautheit mit dem vielfältigen Kommunikations- und Interaktionsangebot im Internet demonstriert der folgende Beitrag. Eine breite Kenntnis von Auswahlmöglichkeiten ermöglicht Akteuren eine präzisere Selbsteinschätzung der eigenen Präferenzen. Die Schreiberin des Beitrags formuliert deutlich, was sie im Rahmen des Forums nicht will und wovon sie ihr Handeln dort abgrenzt:

(210) Natürlich muss hier nicht druckreif geschrieben werden. Aber wir sind weder grad hektisch ein Monster töten in einem MMORPG, noch wird über Messenger gechattet oder eine dringliche Nachricht gesimst. Ich sehe also absolut keinen Grund, wieso man sich nicht um eine korrekte Schreibweise bemühen kann. (EP, Rubrik ElitePartner, 2009)

Die Präferenz für eine „korrekte" Schreibweise und Ordnung wird von einer Mehrheit der Akteure im ElitePartner-Forum geteilt, nicht nur in Bezug auf die (hier nicht ausgewerteten) Mitglieder-Profile, sondern ausdrücklich auch in Bezug auf die Kommunikation im Forum:

(211) Übrigens bin ich der Meinung, auch hier im Forum kann man ein Grundmaß an Akribie anlegen. Keine Leerzeichen nach Punkt und Komma zB finde ich grausig (EP, Rubrik ElitePartner, 2009)

Die Metakommentare zum medienspezifischen Sprachgebrauch bestätigen die generelle Einordnung, dass die Teilnehmerinnen und Teilnehmer des ElitePartner-Forums sich tendenziell sehr weit in Richtung des Pols „Ordnung" orientieren und Komplexität genießen. Das Spektrum der Präferenzen innerhalb der Dimension der Reguliertheit beinhaltet als eine extreme Meinung auch die völlige Ablehnung von schriftsprachlicher Varianz und nonkonformen Schreibweisen:

(212) Wer behauptet, es würde kaum mehr geschrieben werden, weder beruflich noch privat, diese fälschliche Annahme dann noch als Grund angibt, nicht mehr fehlerfrei schreiben zu können, ist ein Ignorant; ein Unwissender. (Kommt von ignorare= nicht wissen.)
Es gibt immer nur eine Schreibform, die richtig ist, Fehler mit flexiblem Deutsch zu verkaufen ist einfach dumm dreist.

---

doch seine in anderen Kontexten „Distinktionsprofit" (vgl. BOURDIEU [1982] ^{2}2005: 61) abwerfende Ausstattung kann ihm unter Umständen „im Medium Internet" zum Problem werden. Solche Überlegungen dem Autor von (208) zuzuschreiben wäre allerdings reine Spekulation.

> [...] Viel mehr, sich richtig ausdrücken zu können, in Wort und Schrift, ist weder spießig noch lehrerinnenhaft, es zeugt einfach von einem gehobenen Bildungsstandard und einem entwickelten Intellekt. (EP, Rubrik ElitePartner, 2009)

Der hier kritisierte Begriff von „flexiblem Deutsch" trifft eigentlich sehr genau die Kompetenz eines Sprechers, seine Sprache bzw. Ausdrucksweise gemäß seiner kommunikativen Ziele unter Berücksichtigung von Adressat und Situation aus dem ihm je zur Verfügung stehenden Repertoire zu wählen (vgl. u.a. HENN-MEMMESHEIMER 2004a: 31; ANDROUTSOPOULOS 2007: 80). Diese Wahlmöglichkeit nicht wahrzunehmen – im doppelten Sinn des Wortes – oder scheinbar abzulehnen deutet auf eine geringe intellektuelle Beweglichkeit hin.

6.2.6 Sprachwahl und Lebensstil

In der Rubrik „ElitePartner" schreiben Nutzer der Online-Partnervermittlung sehr offen, was sie dort erwarten, wo sie sich selbst sozialstilistisch verorten und was sie ablehnen. Im Folgenden sollen ausgewählte Beiträge thematisiert werden, in denen der Sprachgebrauch eine Rolle spielt und mit anderen Präferenzen und Distinktionen in Beziehung gebracht wird.

Wie schon in Kap. 6.2.4 zur Kritik an Normverstößen deutlich wird, legen die ElitePartner-Mitglieder großen Wert auf Standardkompetenz und zögern auch nicht, von sprachlichen Fähigkeiten auf andere kognitive Fähigkeiten oder andere soziale Merkmale zu schließen. So auch im folgenden Beleg:

(213) Gute Rechtschreibung und Interpunktion ist für mich schon ein wichtiges Zeichen für Bildung und Niveau. (EP, Rubrik ElitePartner, 2009)

Was innerhalb der sozialen Gruppe der ElitePartner-Mitglieder unter „Niveau" zu verstehen ist, expliziert ein User im Rahmen seiner Bewertungen eines Mitglieds-Profils[73]:

(214) Wenig Bildung, wenig Geld, wenig Kultur, grenzwertige Rechtschreibung—In der Zusammenfassung möchte ich hier ganz ehrlich sein: Du passt eigentlich überhaupt nicht zu dem Anspruch von ElitePartner „Akademiker und Singles mit Niveau". Du bist bestimmt ein netter Bursche, aber gehörst nicht zur typischen Klientel von ElitePartner. Hier suchen Frauen eher Männer mit Bildung, Kultur, anspruchsvollen Jobs, ausreichend Verdienst, um auf Augenhöhe agieren zu können, alles in allem Männer, die sich auf einer ganz anderen Ebene zuhause fühlen als Du. (EP, Rubrik ElitePartner, 2010)

[73] Mitglieder können in der Rubrik „ElitePartner" die Chiffre ihres Mitglieds-Profils veröffentlichen und andere Teilnehmer um Verbesserungsvorschläge bitten.

Man erkennt an dieser Beschreibung, dass die hier verwendeten Alltagskategorien zur Beschreibung sozialer Differenzen im Wesentlichen den beiden Parametern Bildung und Einkommen traditioneller Klassen- oder Schichtenmodelle entsprechen. Als in digital-schriftlicher Kommunikation unmittelbar sichtbares Indexzeichen für Bildung wird hier die „grenzwertige Rechtschreibung" genannt, das offenbar äußerst salient ist und als hochsignifikant gilt.

Ein reflektierterer Beitrag behandelt Rechtschreibung nicht als Indexzeichen bzw. Indikator für kognitive Fähigkeiten, nicht als eine Frage von „richtig" oder „falsch", sondern als stilistische Entscheidung:

(215) Rechtschreibung und Grammatik sind in einem textbasierten Medium der Stil, genauso wie im echten Leben Kleidung Stil ausmacht. Es ersetzt nicht den Inhalt, aber es prägt den ersten Eindruck des Beobachters. Wie wichtig ist der erste Eindruck, den ihr macht? Nebenbei ist es auch eine Sache des Respekts: Jemand, der sich keine Mühe mit Rechtschreibung gibt, gibt sich häufig auch wenig Mühe mit einem guten Ausdruck oder der Struktur seines Textes. Und ich kenne wenige Texte, die inhaltlich hervorragend sind, sehr gut ausgedrückt sind, aber vor Rechtschreibefehlern und falscher Grammatik nur so strotzen. (EP, Rubrik ElitePartner, 2009)

Die Wertungen der Akteure fallen sehr unterschiedlich aus, aber es ist bemerkenswert, wie stark das Interesse an der sprachlichen Form und die Beteiligung an entsprechenden Threads ist.

(216) EP ist ja für Akademiker und Singles mit Niveau, so wie es immer heisst, und da kannst du davon ausgehen, dass man auch auf Ausdrucksweise und Grammatik achtet. Man rauft sich die Haare bei der fehlerhaften Satzstellung, Schreibweise und fehlenden Kommata! Da muss man ja 3x lesen, bevor man einen Satz versteht (EP, Rubrik ElitePartner, 2010)

Sprachideologische Wertungen betreffen häufig wie in (216) die Syntax, Orthografie und Interpunktion, aber auch sämtliche anderen Aspekte des Sprachstils können zum Gegenstand von Kritik werden. Der folgende Beitrag stört sich beispielsweise an Anglizismen:

(217) Ich persönlich mag es nicht wenn man hinter eine Abneigung ein „sorry" setzt , das ist nicht ernst gemeint eher ein Verstärker oder neumodische Floskel und wozu Denglisch. (EP, Rubrik ElitePartner, 2010)

Um sich möglichst stark von einer „unordentlichen" Sprache zu distanzieren, nimmt der folgende Schreiber auch seine eigene Kategorisierung als „Spießer" – eine auffällig häufige Distinktionskategorie – in Kauf:

(218) ich bekenne mich zum Spießertum, mich stören Fehler wie „tollerant" oder fehlende Kommas. (EP, Rubrik ElitePartner, 2009)

Hier dürften zwei Aspekte eine Rolle spielen. Erstens ist die Sprache, in der man sozialisiert ist und die man in der Peergroup verwendet, für die eigene Identität von enormer Bedeutung[74]. Zweitens könnte man in der hier dokumentierten Ablehnung von informeller Schriftlichkeit durch eine spezifische soziale Gruppe den Versuch sehen, den Wert des eigenen, teilweise vielleicht mühsam erworbenen Bildungskapitals gegen eine Abwertung in bestimmten Domänen zu verteidigen (vgl BOURDIEU [1982] (^{2}2005): 63).

Eine Einzelmeinung innerhalb des ElitePartner-Forums stellt der folgende Beitrag dar:

(219) was ihr von der rechtschreibung ableitet ist eine anmaßung, es ist schlicht weg nicht möglich von der rechtschreibung auf den bildungsstand zu schließen. Was möglich ist, man kann von den verwendeten wörtern und der anzahl der verschiedenen wörter auf ein gewissen bildungslevel schließen oder zumindest auf eine gewisse belesenheit. (EP, Rubrik ElitePartner, 2009)

Der Autor setzt sich inhaltlich wie formal (weitgehender Verzicht auf Großschreibung) von der Mehrheit der Forums-Teilnehmer ab.

[74] HENN-MEMMESHEIMER (2004a: 28) versteht Äußerungen als Hinweise auf „wählbare Identifikationen".

7 Dialogizität als Strukturbedingung schriftsprachlicher Innovationen

Die Erforschung digitaler Texte war bislang vor allem daran interessiert, diese mit (prototypischer) geschriebener und (prototypischer) gesprochener Sprache zu kontrastieren. Dabei geht man in der Terminologie von Peter Koch und Wulf Oesterreicher von einem Kontinuum zwischen „konzeptioneller Mündlichkeit“ und „konzeptioneller Schriftlichkeit“ – im weiter entwickelten Modell zwischen „Nähe“ und „Distanz“ (vgl. ÁGEL/HENNIG 2006a und 2006b) – aus, auf dem beispielsweise Chat-Texte zu verorten sind. Dieses Forschungsparadigma hat zu teils noch eher vorläufigen, teils zeichentheoretisch inakzeptablen Beschreibungen geführt: Chat wird als „geschriebene Mündlichkeit in computervermittelter Kommunikation“ (KILIAN 2001: 56), eine „neuartige Form der mündlichen Kommunikation“ (SCHÖNFELDT 2001: 26) oder als „getippte Gespräche“ (STORRER 2001: 3) charakterisiert.

Im abschließenden Kapitel dieser Arbeit soll nun in Auseinandersetzung mit dem Konzept der Nähesprachlichkeit dafür argumentiert werden, dass auf struktureller Ebene eine entscheidende Bedingung für die schriftsprachliche Innovativität der Chat-Texte deren Dialogizität ist.

Die Verwendung des Ausdrucks *Dialog* durch die Akteure selbst legt es nahe zu fragen, inwiefern es sich bei den Chattexten oder auch den Forumsdiskussionen um Dialoge handelt und was sie von mündlichen Dialogen unterscheidet. In (220) wird auf witzig-ironische Weise erklärt, was man in einem Chat tut:

(220) Was bedeutet g in euren Antworten?
Auch andere Abkürzungen kann ich nur erahnen! Ich bin wohl eine andere Altersklasse... . Ich bitte um Auskunft über die gängigsten Zeichen! (EP, Rubrik ElitePartner, 2009)

7.1 Verwendungsweisen von *Dialog* und *Dialogizität*

7.1.1 Kulturwissenschaftliche Traditionen

Der dialogische Charakter von Sprache auch außerhalb direkter Interaktion mit physisch anwesenden Kommunikationspartnern ist spätestens seit den Schriften Michail Bachtins ein Thema der Sprach- und Kulturwissenschaften. Für Bachtin ist jede natürlichsprachige Äußerung dialogisch:

> Eine lebendige Äußerung, die sinnvoll aus einem bestimmten historischen Augenblick, aus einer sozial festgelegten Sphäre hervorgeht, muß notwendig Tausende lebendiger Dialogstränge berühren, die vom sozioideologischen Bewußtsein um den Gegenstand der Äußerung geflochten sind, muß notwendig zum aktiven Teilnehmer am sozialen Dialog werden. Sie entsteht ja aus ihm, aus diesem Dialog, als seine Fortsetzung, als eine Replik und nähert sich dem Gegenstand nicht von irgendeiner beliebigen Seite. (BACHTIN 1979: 170)

Dieses Verständnis von Dialogizität hat zur Konsequenz, dass auch ein Gebrauch von Sprache, der gar nicht auf einen Dialog abzielt und monologisch konzipiert ist, notwendig in dialogische Strukturen eingebunden zu denken ist (vgl. GRÜTTEMEIER 1993: 779). Dieser Dialogizitäts-Begriff lässt sich nur schwer für formale Analysen von Texten operationalisieren, wenngleich Bachtin eben dies bereits als Desiderat formuliert:

> Umso verwunderlicher ist es, daß die Philosophie des Wortes und die Linguistik vorzüglich just diesen künstlichen, bedingten Zustand des aus dem Dialog herausgelösten Wortes ins Auge gefaßt und ihn für den Normalzustand gehalten haben (obwohl der Primat des Dialogs über den Monolog oft genug deklariert wird). [...] Die innere Dialogizität findet ihren Ausdruck in einer Reihe von Besonderheiten der Semantik, der Syntax und der Komposition, die von der Linguistik und der Stilistik [...] bislang nicht erforscht worden sind. (BACHTIN 1979: 172)

Ein Versuch, der in diese Richtung weist, ist die Textgrammatik von Harald Weinrich mit der darin enthaltenen „Syntax des Dialogs" (WEINRICH ^{2}2003: 819 ff.). Dort stehen allerdings interaktionale Aspekte und prototypische Lexeme im Vordergrund, weniger syntaktische Strukturbesonderheiten. An späteren Arbeiten ist die funktional orientierte Grammatik von ZIFONUN ET AL. (1997) zu nennen sowie als neuere theoretische Perspektive die Konstruktionsgrammatik (vgl. TOMASELLO 2006: 21). Ein Problem bei einer auf sprachliche Strukturen bezogenen Auseinandersetzung mit Bachtins Dialogizitätsbegriff dürfte die Abgrenzung und Definition des Begriffs sein: Die Charakterisierung eines Ausdrucks oder eines Textes als dialogisch sagt einerseits zu wenig, wenn Sprache per se als dialogisch gedacht wird[75]. Die Einschränkung auf direkte Interaktionen („face-to-face") zweier oder mehrerer Akteure andererseits kann Bachtins umfassenderen Anspruch nur bedingt einlösen.

[75] Eine solche Auffassung von Sprache als Dialog ist auch ein zentraler Bestandteil der hermeneutischen Tradition, ohne dass wie bei Bachtin ein Bezug zu formalen Aspekten der Sprache hergestellt wird (vgl. KÖGLER 1992: 289 et passim).

Bachtins Charakterisierung der Sprache als dialogisch zielt im Wesentlichen auf den Nachweis intertextueller Bedeutungsrelationen, was innerhalb der heutigen – kaum auf Bachtin bezogenen – Diskurslinguistik als Diskurskonstituiertheit von Bedeutungen einen Gemeinplatz darstellt. Die Rezeption Bachtins in der Sprachwissenschaft wird zudem dadurch erschwert, dass Bachtin seine Überlegungen auf literarische Texte bezieht und an solchen belegt. Erst in einer späten Phase des Strukturalismus, nachdem Julia Kristeva die Arbeiten Bachtins überhaupt erst in die strukturalistischen Diskurse eingebracht hatte, gab es von Oswald Ducrot oder Claude Hagège Versuche, das Dialogizitätskonzept auf linguistische Fragestellungen zu beziehen (vgl. DOSSE 1997: 397 f. u. 544 ff.). Im Vordergrund standen hierbei pragmatische, insbesondere sprechakttheoretische sowie soziolingustische Forschungen.

Auf einem pragmatischen Verständnis von Dialog basieren auch Sprachwandeltheorien: „Der Sprachwandel hat seinen Ursprung im Dialog: im Übergang sprachlicher Verfahren vom Sprechen des einen Gesprächspartners zum Wissen des anderen" (COSERIU [1958] 1974: 67). Damit ist zunächst gesagt, dass ein Einzelner keinen Sprachwandel bewirken kann, wobei die Formulierung eher an mündlichen Sprachgebrauch denken lässt, so dass Wandel in der Schriftsprache unberücksichtigt bleibt.

In der germanistischen Linguistik gibt es in erster Linie interaktionsanalytische und sprechakttheoretische Ansätze, die explizit mit dem Terminus *Dialog* arbeiten (vgl. SCHWITALLA 1979, SCHANK 1981, FRANKE 1990). Es geht in diesen Modellen weniger um Dialogizität als formale Eigenschaft von Texten, sondern um den Dialog als spezifische Form der Interaktion sowie um entsprechende pragmatische Besonderheiten. So lautet auch die Bestimmung bei WEINRICH (^{2}2003: 819):

> Damit ein Dialog zustande kommt, müssen verschiedene Bedingungen erfüllt sein. Zwei oder mehr Personen müssen nämlich zusammenkommen und zueinander die Blickstellung einnehmen mit dem Ziel, in einen Dialog einzutreten. Und nach einiger Zeit muß der Dialog wieder ein Ende finden.

In der Forschungsliteratur zur Internetkommunikation wurde der dialogische Charakter von Chattexten bisher ebenfalls vor einem interaktions- und sprechakttheoretischen Hintergrund diskutiert. SCHÖNFELDT (2001: 44) wendet gesprächsanalytische Kategorien auf thematisch definierte Chat-Sequenzen an und kommt zu dem folgenden Ergebnis:

> Die Untersuchung einzelner Gesprächsstränge hat eindeutig gezeigt, dass die Kommunikation im Chat ebenso wie in natürlichen Gesprächen dialogisch ausgerichtet ist. [...] Längere Dialoge setzen sich wie in der mündlichen Kommunikation regelmäßig aus Rede und Gegenrede zusammen.

Es kann so gezeigt werden, dass es grundlegende Muster in der verbalen Interaktion gibt, die nicht auf Mündlichkeit beschränkt sind. Allerdings finden sich Regelmäßigkeiten der Rede und Gegenrede auch in einem Briefwechsel und können somit noch nicht als solche das Spezifikum der Chatkommunikation gegenüber anderen Formen schriftsprachlicher Kommunikation ausmachen. Im Folgenden soll gezeigt werden, dass

Dialogizität nicht nur als Regelmäßigkeit der Organisation von konkreten Interaktionen beschrieben werden kann, sondern auch die formale, insbesondere auch die syntaktische Ebene von Texten beeinflusst. Dadurch lassen sich Abstufungen zwischen mehr oder weniger stark dialogisch strukturierten Texten (in Briefwechseln, Diskussionsforen, Chats, Telefongesprächen, etc.) formal begründen.

7.1.2 Dialogizität und „konzeptionelle Mündlichkeit"

Im für die Forschung zur Internetkommunikation dominanten Forschungsparadigma der Nähe-/Distanzsprachlichkeit nach Koch und Oesterreicher gibt es einen vagen Begriff von Dialogizität, der mit Mündlichkeit assoziiert wird. Das folgende Zitat belegt, wie von Mündlichkeit auf Dialogizität und umgekehrt geschlossen wird: „Dass die Chat-Kommunikation dem mündlichen Gespräch näher steht als dem monologischen Text, dürfte weitgehend unstrittig sein" (BEIßWENGER 2010: 248). In ECKKRAMMER (2002) wird die Gleichsetzung von Dialogizität mit Mündlichkeit ebenfalls vorausgesetzt, zugleich aber schon die Beschreibung der „zunehmende[n] Auflösung der Dichotomie zwischen mündlichem und schriftlichem (somit dialogischem und monologischem) Text" (ECKKRAMMER 2002: 41) als Aufgabe formuliert.

Die hier vertretene These lautet nun, dass Dialogizität nicht automatisch Mündlichkeit bedeutet, und zwar auch nicht im Sinne der sogenannten konzeptionellen Mündlichkeit. Es gilt daher, Dialogizität als verschieden stark ausgeprägtes Merkmal von Texten zu bestimmen und den Grad der Ausprägung an formalen Kriterien festzumachen. Keine formale, sondern eine interaktionale Bestimmung liegt vor, wenn es um „die dialogische Organisation des Austauschs mit der Möglichkeit, jederzeit vom Rezipieren zum Produzieren zu wechseln" (BEIßWENGER 2010: 259) geht.

Die dialogische Organisation der digitalen Texte im Chat ist anders als die eines mündlichen Dialogs. Eine in der Literatur häufig anzutreffende Ungenauigkeit besteht darin zu behaupten, dass „der Schreibakt im zeitsynchronen computervermittelten Dialog vor den Augen des Lesers [entsteht] und [...] nur so lange [lebt], bis er für neue Schreibakte auf dem Bildschirm Platz machen muss" (KILIAN 2001: 66). Aufwändige Studien (vgl. BEIßWENGER 2010) sind notwendig, um etwas über die Produktion bzw. den Produktionsprozess von Chat-Texten herauszufinden, weil dieser Prozess eben gerade nicht vor den Augen eines Lesers entsteht. Ebenso falsch ist die Parallelisierung von Flüchtigkeit der gesprochenen Sprache mit den Produkten der Chatter. Chat-Texte werden in der Regel so lange angezeigt, bis sich der letzte Nutzer im jeweiligen Channel bzw. Chatroom ausgeloggt hat (und selbst danach bleiben sie noch für einige Tage auf dem Server gespeichert und sind für die Betreiber des Chats abrufbar). Deshalb können Chatter in Folgebeiträgen Korrekturen ergänzen oder andere Akteure auf vorgängige Beiträge verweisen („siehe oben"):

(221) 2009/01/26-00:58:34 CET : [30-40-50 Chat-Set] MacDuff: denk mal ganz scharf nach Malvolio , scroll ein wenig hoch, und lies dein getippsel du held

Der Chatter verweist in diesem Beleg auf einen Beitrag, den der Adressierte zwei Minuten zuvor gesendet hatte (vgl. auch die Diskussion dieses Belegs in Kap. 6.2.4). Vor diesem Hintergrund ist es deskriptiv nicht angemessen, von einem digitalen (schriftlichen!) Text zu sagen, „dass dieser Mitschnitt [...] auch das Notat eines natürlichen Gesprächs Jugendlicher bzw. jüngerer Erwachsener sein könnte“ (KILIAN 2001: 71). Man kann sich die Unterschiede anhand eines mit linguistischen Methoden erstellten Gesprächstranskripts leicht vor Augen führen (vgl. auch HENNIG 2006: 19). Gespräche können im Gegensatz zu Chatroom-Interaktionen durch Pausen (und zwar „stille und ‚gefüllte‘ Pausen“, SCHWITALLA [3]2006: 88), Dehnungen und Verzögerungen organisiert sein, die einzelnen Beiträge können charakteristische Intonationsbögen aufweisen (vgl. SCHWITALLA [3]2006: 90), Sprecher können kommunikativ relevante Änderungen der Sprechgeschwindigkeit oder Lautstärke vornehmen, Beiträge können sich überschneiden, etc. All diese Details werden auch in einem linguistischen Gesprächstranskript erfasst. Mit „Notat“ kann also nur eine literarische Umschrift gemeint sein, die aber gerade mediale Spezifika nicht vollständig abbilden soll.

In der Regel sind bei digital schriftlichen Kommunikationsformen weder Überlappungen oder Überschneidungen von kommunikativen Einheiten (in der Gesprächsanalyse: Turns) noch gegenseitiges Unterbrechen und Ergänzungen kommunikativer Einheiten durch einen anderen Kommunikationspartner möglich (vgl. STORRER 2001: 12; THALER 2007: 167). STORRER (2001: 21 f.) kommt denn auch zu dem folgenden Fazit:

> Die gezeigten Beispiele sollten deutlich gemacht haben, dass die im Chat geführten ‚getippten‘ Gespräche sich durch sprachliche Besonderheiten von mündlich geführten Gesprächen unterscheiden. [...] Vielmehr wurde auch deutlich, dass sich die ökonomischen Nachteile, die das Tippen gegenüber dem Sprechen mit sich bringt, kompensiert werden durch Strategien, die sich die positiven Seiteneffekte der Schriftlichkeit [...] zunutze machen.

In diesem Zitat ist allerdings auffällig, dass Storrer *getippt* in Anführungszeichen setzt, *Gespräch* aber nicht, wenn es um getippte Texte in einem rein visuellen Medium geht. Dass die Möglichkeiten und Handlungsspielräume, die sich aus dem Gebrauch der Tastaturzeichen ergeben sowie aus der Tatsache, dass die Texte für die Dauer des Chats auf dem Bildschirm sichtbar bleiben, als bloß positive Seiteneffekte bzw. als Kompensation aufgefasst werden, ergibt sich wohl aus dem Forschungsparadigma „Konzeptionelle Mündlichkeit“. Die Theorie der konzeptionellen Mündlichkeit lässt die nicht haltbare Vorstellung zu, Texte würden prämedial konzipiert und anschließend an ein Medium sowie eine Reihe nachgeordneter Kommunikationsbedingungen („Seiteneffekte“) angepasst (vgl. den Terminus *Versprachlichungsstrategien*; vgl. Kap. 3 „Semiotik digitaler Medien“). Erkennt man an, dass die Eigenschaften eines Mediums als Handlungsspielräume für die Zeichenprozessierung von vorneherein konstitutiv sind, ist die Rede von Kompensation und Seiteneffekten nicht angemessen.

7.1.3 Dialogizität im weiterentwickelten Nähe-/Distanz-Modell

Wenn einerseits ein breiter Konsens über die Dialogizität der Chat-Texte besteht und diese dialogische Organisation von jener mündlicher Dialoge abzugrenzen ist, andererseits Dialogizität aber zumeist nur pragmatisch bestimmt wird oder über vage Hinweise auf die dynamische Produzenten- und Rezipienten-Rollenkonstellation, so besteht Anlass zu einer alternativen Perspektive auf die dialogische Struktur von Texten. Das von Ágel und Hennig entwickelte Modell enthält Operationalisierungen zur Bestimmung des Grades an Nähe- und Distanzsprachlichkeit von Texten, worin auch die entscheidende Weiterentwicklung gegenüber dem Modell von Koch und Oesterreicher besteht. KOCH/OESTERREICHER (1990: 9) zählen den Grad der Dialogizität zu den Parametern für die Bestimmung von Kommunikationsbedingungen, wobei für Dialogizität „in erster Linie die Möglichkeit und Häufigkeit einer spontanen Übernahme der Produzentenrolle bestimmend" sei. ÁGEL/HENNIG (2006a) verzichten auf den Terminus *dialogisch*, führen aber als „universalen Paramter der Kommunikation" die Rollendynamik (bei „Nähesprechen"[76]) ein (vgl. ÁGEL/HENNIG 2006a: 18 f.), womit die Möglichkeit des Wechsels von der Produzentenrolle zur Rezipientenrolle und umgekehrt gemeint ist.[77]

Der Parameter Rollendynamik steht in Beziehung zu konkreteren Merkmalen auf tiefer liegenden Beschreibungsebenen. So führt – in ähnlich deterministischer Modellierung wie sie schon im Zusammenhang mit dem Terminus *Versprachlichungsstrategie* bei Koch/Oesterreicher kritisiert wurde (vgl. Kap. 3 „Semiotik digitaler Medien") – Rollendynamik auf der Ebene der universalen Kommunikationsparameter zu Interaktivität auf der Ebene der universalen Diskursgestaltungsparameter[78], diese zu Sequenzierung von Produktion und Rezeption auf der Ebene der universalen Diskursverfahren und diese schließlich zu Adjazenzstrukturen auf der Ebene der universalen Diskursmerkmale (vgl. ÁGEL/HENNIG 2006a: 19). Der eher pragmatisch zu verstehende Gegensatz von Nähe und Distanz aus dem Koch/Oesterreicher-Modell soll bei Àgel und Hennig also mit formalen Eigenschaften in Verbindung gebracht werden, wobei Dialogizität implizit (als „Rollendynamik") auf der abstraktesten Ebene mit Nähesprachlichkeit korreliert.

> Ein wesentlicher Unterschied im Verständnis von ‚Nähe' und ‚Distanz' liegt wohl darin, dass Koch/Oesterreicher [...] für ‚Nähe' ganz offensichtlich eine private, spontane Atmosphäre für konstitutiv halten (vgl. die Kommunikationsbedingungen ‚Vertrautheit der Partner', ‚freie Themenentwicklung', ‚keine Öffentlichkeit'), während wir uns bei der Modellierung darum

---

[76] Für Distanzkommunikation soll entsprechend Rollenstabilität gelten (vgl. ÁGEL/HENNIG 2006a: 22).

[77] Für das Nähe-/Distanz-Modell nach Ágel und Hennig ist diese Unterscheidung grundlegend, allerdings wäre hier zu fragen, ob die Rollen in einem Gespräch nicht wesentlich differenzierter zu beschreiben wären. Beispielsweise kann ein Akteur die Rolle des Advocatus diaboli einnehmen und dadurch die Nähe zwischen den Akteuren verändern (wenn nicht ausschließlich von raumzeitlicher Nähe die Rede sein soll).

[78] *Diskurs* wird hier im Sinne der Konversationsanalyse gebraucht.

> bemüht haben, nur solche ‚Kommunikationsbedingungen' (= ‚Parameter der Kommunikation und der Diskursgestaltung') in die Modellierung einzubeziehen, die *nachweislich* für das Vorhandensein oder Nichtvorhandensein bestimmter grammatischer Merkmale verantwortlich sind. (ÁGEL/HENNIG 2006a: 24)

Unklar bleibt, was nun konkret und im Unterschied zu dem Modell von Koch und Oesterreicher unter „Nähe" verstanden werden soll (vgl. LÖTSCHER 2010: 119, Fußnote 4). Im Àgel/Hennig-Modell hat der Faktor räumlicher bzw. zeitlicher Nähe von Produktion und Rezeption der betreffenden Texte einen entscheidenen und prominenten Status, allerdings suggeriert *Nähe* immer auch soziale Nähe. Soziolinguistisch ist jedenfalls von Interesse, wie Sprecher soziale Nähe oder Distanz herstellen können, weshalb man auch besser von Nähe- bzw. Distanzsignalen anstelle von Merkmalen sprechen kann (vgl. LÖTSCHER 2010; BORTH 2009: 245). Dies wird aber von Mathilde Hennig explizit abgelehnt:

> Wenn man dagegen – wie Vilmos Ágel und ich es vorgeschlagen haben – als nähesprachliche Merkmale solche Merkmale betrachtet, die, wie in diesem Kapitel am Beispiel der Linksversetzung beschrieben wurde, aus universal-pragmatischen Bedingungen des Nähesprechens ableitbar sind, also auf eine nähesprachliche Ausgangskonstellation rückführbar, dann ist das Verfolgen einer nähesprachlichen Konzeption keine notwendige Bedingung für die Annahme eines nähesprachlichen Merkmals. (HENNIG 2009: 31)

Obwohl Nähe prinzipiell zur Konzeption von Texten gehören soll (bezogen auf die in dieser Arbeit kritisierte Trennung von Medium und Konzeption) und auch muss, wenn man *Nähe* und *Distanz* als die Pole einer Skala verstehen will und nicht als komplementäre Termini wie *phonisch* und *graphisch*, trennt Hennig hier die manifeste Nähesprachlichkeit eines Textes von dem kommunikativen Ziel Nähe. Das hat mindestens einen unklaren bzw. ambigen Nähebegriff zur Folge. Hennig schreibt weiter:

> Dann müssen auch nicht prinzipiell distanzsprachliche Pendants vorhanden sein, damit ein Merkmal in Opposition zu diesem Merkmal als nähesprachlich ausgewiesen werden kann. Wenn man solche grammatischen Merkmale als nähesprachliche Merkmale betrachtet, die auf das Axiom ‚Raumzeit der Produktion = Raumzeit der Rezeption' rückführbar sind, kann solchen Sprachstufen, in denen diese Konstellation dominiert und die Konstellation ‚Raumzeit der Produktion ≠ Raumzeit der Rezeption' aufgrund fehlender medialer Möglichkeiten keine oder zumindest eine untergeordnete Rolle spielt, eine prinzipiellereNähesprachlichkeit attestiert werden. (HENNIG 2009: 31)

Damit unterläuft Hennig die für das Koch/Oesterreicher-Modell konstitutive Trennung zwischen dem dichotomischen Lexempaar *phonisch/graphisch* und dem skalaren Lexempaar *(konzeptionell) mündlich* (*Nähe*) vs. *(konzeptionell) schriftlich* (*Distanz*). Das wäre aus semiotischen Überlegungen heraus zu begrüßen (vgl. Kap. 3.1 „Medium und Zeichen"), allerdings ist im Nähe-/Distanzmodell von Àgel und Hennig an die Stelle der medialen Unterscheidung (phonisch vs. graphisch) die Unterscheidung zwischen Rollendynamik und Rollenstabilität getreten – womit das Modell in einer radikalen Kritik endgültig für eine „Medientheorie ohne Medien" (FEHRMANN/LINZ 2009) steht.

Der Vorschlag, die Nähesprachlichkeit von Texten ohne den Kontrast zu „distanzsprachliche[n] Pendants“ (HENNIG 2009: 31) lediglich aus universalen Axiomen herzuleiten, ist aus einer pragmatischen Perspektive betrachtet sehr abenteuerlich. Dies wird besonders deutlich an der unmittelbar daraus abgeleiteten Beschreibung einer ganzen „Sprachstufe“ als prinzipiell nähesprachlich. Akzeptabel und sinnvoll wäre die Annahme historisch unterschiedlich ausgebauter sprachlicher Repertoires, die den Sprechern und Schreibern zu einem Zeitpunkt für die Markierung von mehr oder weniger Distanz bzw. Nähe zur Verfügung stehen.

Der Unterschied zwischen einer Beschreibung von Merkmalen und einer Beschreibung von Signalen besteht offenbar in verschiedenen Blickrichtungen: Während die Rede von Signalen von Akteuren und deren Handlungen ausgeht (handlungstheoretische Perspektive), hat das Nähe-/Distanz-Modell nach Àgel und Hennig einen deduktiven Charakter und geht von Ausgangskonstellationen aus, die über bestimmte Bedingungen notwendig zu entsprechenden Merkmalen führen sollen (systemtheoretische Perspektive).

> Das Nähe-Distanz-Modell beschreibt die Möglichkeiten, die sich aus den universalpragmatischen Parametern ergeben. Wie eine Einzelsprache zu einem bestimmten Zeitpunkt Gebrauch davon macht, kann das Modell nicht vorhersagen. (HENNIG 2009: 37)

Zweifellos sind die hier interessierenden Handlungsspielräume für innovative Sprachverwendungen auch strukturell bedingt und sind daher die Strukturbedingungen für die Innovativität in digitalen Textkulturen Gegenstand dieses Kapitels. Die Implikationen der Formulierung, eine (Einzel-)sprache und nicht etwa deren Sprecher mache von etwas Gebrauch, werden hier allerdings nicht geteilt. Ganz im Sinne des bereits kritisierten Zusammenhangs von Kommunikationsbedingungen und Versprachlichungsstrategien hieße dies nämlich, dass eine Sprache ihren Sprechern die jeweils „passende“ Formulierungsmöglichkeit vorgibt – diese sollen ja direkt aus den Parametern (Kommunikationsbedingungen) auf den verschiedenen Beschreibungsebenen des Modells folgen. Für Sprachwandeltheorien ist eine solche Modellierung äußerst ungünstig.

Dagegen wird auch in Bezug auf Nähe- und Distanzmerkmale in der Forschungsliteratur teilweise vorgeschlagen, diese im Sinne einer „Wahl bestimmter Ausdrucksmittel für bestimmte Zwecke, die das sprechende Individuum willentlich durchführt und kontrolliert“ (FRITZ 2010: 235) zu beschreiben. Man kann dann formulieren, „dass bestimmte technische Rahmenbedingungen die Dialogizität fördern“ (THALER 2007: 167), so dass die Handlungsspielräume der Akteure im Blick bleiben.

FRITZ (2010) vergleicht Nähemerkmale mit Textsortenmerkmalen und charakterisiert beide im Vergleich zu grammatischen Kategorienmerkmalen als Merkmale, die offene, von kulturellen Konventionen abhängige Paradigmen bilden. Die Offenheit dieser Paradigmen äußert sich demnach „in der Befolgung oder Durchbrechung der Normen für Texte bestimmter Textsorten“ (FRITZ 2010: 235). Eine solche Sichtweise ist flexibler als das hierarchische Nähe-/Distanz-Modell, insofern sprachliche Innovationen unmittelbar mit medialen Erscheinungsformen in Verbindung gebracht werden können und nicht auf ein universelles Axiom der Rollenkonstellation zurückgeführt werden müssen, das die Ausprägungen auf allen Betrachtungsebenen determiniert.

> Das Auftreten bestimmter Sprachmerkmale identifiziert die entsprechende Textsorte und ist damit funktional nicht leer. Typisch für kulturelle Paradigmen ist ihre Offenheit, sie können leicht durch neue Elemente ergänzt werden. So können sich z.B. neue Textmuster durch das Auftreten neuer Medien in kurzer Zeit konstituieren. (FRITZ 2010: 235)

Auch THALER (2007: 164) weist darauf hin, dass viele semantische und pragmatische Charakteristika prototypisch für spezifische kommunikative Gattungen und Textsorten sind, die sich „bei gleichbleibenden technologischen Voraussetzungen" ausdifferenzieren können.

> In jedem Medium und in jeder Kommunikationsform ist es möglich, das Thema zu fixieren oder auch völlig frei zu lassen, in jedem Medium und jeder Kommunikationsform kann sowohl spontan als auch reflektiert formuliert werden, usw. (THALER 2007: 164)

Das Medium spielt nach THALER (2007: 164) für solche Differenzierungen nur insofern eine Rolle, als Textsorten bzw. kommunikative Gattungen „gar nicht unabhängig von ihrer lebensweltlichen und somit auch ihrer medialen Einbettung bestimmt werden können".

HENNIG (2009) argumentiert hingegen dafür, dass Entwicklung und Ausbreitung des Buchdrucks, also eine mediale Innovation, im Zusammenhang mit einer zunehmenden Alphabetisierung der Bevölkerung konstitutiv für sprachliche Entwicklungen wirksam war, nämlich für die Entstehung neuer Distanzmerkmale (vgl. HENNIG 2009: 41). In Kulturen mit „koexistierender Oralität und Literalität sind [...] Einflussnahmen in beide Richtungen möglich" (HENNIG 2009: 40). HENNIG (2009: 41) vertritt im Weiteren die These, dass die innerhalb der Schriftlichkeit entstandenen Innovationen anschließend die Mündlichkeit beeinflussten. Es entsteht das Bild eines innovativen Tauschs (vgl. GROYS ^{3}2004: 119 ff.; ALBERT/HENN-MEMMESHEIMER 2010) zwischen (medial unterschiedlichen) Domänen. Für die hier untersuchten Sprachverwendungen in digitalen Medien wäre in diesem Sinne der umgekehrte Weg relevant: Innovative Übernahmen aus der Mündlichkeit in die Schriftlichkeit. Das Medium konstituiert Handlungsspielräume, Entwicklungen in dem einen Medium können Ressourcen für (innovative) Handlungen in einem anderen Medium darstellen, die innovativen Akte müssen jedoch in jedem Fall durch konkrete Akteure vollzogen und von weiteren Akteuren als innovativ wahrgenommen und bewertet werden.

7.1.4 Innovationen im Nähe-/Distanz-Modell

Der von HENNIG (2009) aus dem Nähe-/Distanz-Modell entwickelte Innovationsbegriff ist mit dem hier vertretenen nicht ohne Weiteres kompatibel. Im Gegensatz zu der etablierten Sichtweise, dass Sprachwandel zwar nicht durch Einzelne bewirkt werden kann, jedoch immer seinen Ausgangspunkt aus den Handlungen Einzelner nehmen muss[79], beschreibt Hennig die Handlungen der Akteure nur als ein Reagieren:

> Obwohl Diskurse und Einzelsprachen der Ort der Verschriftung sind, sind die dadurch entstehenden neuen Anforderungen an das sprachliche Handeln universal. Die neue Technik führt also zu neuen, universalen Handlungsbedingungen. Im einzelsprachlichen Sprechen passt der Mensch sich diesen Bedingungen an, ändert sein Verhalten in Bezug auf alle Prozeduren. (HENNIG 2009: 80)

Innovation wird hier als eine Strategie der erzwungenen Anpassung an äußerliche Bedingungen gedacht. Obwohl das Moment von Anpassung durchaus in systemtheoretischen Konzeptionen von Innovation (vgl. JOHN 2005: 58) als auch im kulturwissenschaftlichen Innovationsbegriff von Groys (Positive oder negative Anpassung an die Tradition, vgl. GROYS [3]2004: 50 f. und 87) eine Rolle spielt, ist die Darstellung von HENNIG (2009) für sprachliche Innovationen zu deterministisch. Dazu passt, dass nicht von Handlungszielen (wie etwa bei Rudi Keller), sondern von Handlungsanforderungen gesprochen wird:

> Dieses Anpassen des Menschen an die neuen Universalia führt u.a. zu einzelsprachlichen Innovationen, d.h. zur Entstehung von an die neuen Handlungsanforderungen angepassten Merkmalen auf allen Ebenen des sprachlichen Zeichens. Wenn diese innovativen Elemente sich als geeignet für die Bewältigung der neuen Aufgaben erweisen, werden sie als distanzsprachliche Elemente übernommen, d.h., aus innovativen Regulata werden übernommene Regulantia im Distanzbereich. Wenn die historischen Bedingungen dies zulassen, können diese dann auch in den Nähebereich wandern. (HENNIG 2009: 80)

Hier wird – möglicherweise auch durch die Wahl des Korpus bedingt – nur eine Richtung betrachtet, nämlich der Ausbau der Schriftlichkeit und dessen anschließender Einfluss auf die Mündlichkeit der jeweiligen Epoche.[80] Die Dominanz dieser Einflussrichtung ist plausibel, wenn es um Sprachgemeinschaften mit einem zwar anerkannten, jedoch nicht allgemein bekannten Standard geht. Im „Zustand einer ‚Spät-Standardsprachlichkeit'" (EICHINGER 2005: 3) kann jedoch die umgekehrte Richtung an Relevanz gewinnen: Der etablierte schriftliche Standard wird durch Verwendungsweisen der mündlichen Sprache beeinflusst. Eichinger führt aus,

> dass wir die strikte Form von Standardsprachlichkeit („Zustand, in dem eine ursprünglich nur geschriebene Form auf das Sprechen zurückwirkt") überschritten haben, die Standardsprachlichkeit ist zur gehobenen Alltagssprachlichkeit geworden. Das heißt unter anderem, dass der gesprochene Standard wieder Merkmale von Mündlichkeit annimmt, die nicht der schriftsprachlichen Festlegung entspringen. (EICHINGER 2005: 3)

---

79 Sinngemäß so bei Hermann Paul und Ferdinand de Saussure (vgl. CHERUBIM 1980: 124), Eugenio Coseriu, Rudi Keller, Martin Haspelmath; ebenso – auf sozialen Wandel generell bezogen – bei Anthony Giddens, vgl. Kap. 2 „Theorie der Innovation".

80 In dieser Studie so wie in vergleichbaren Studien aus demselben Forschungsfeld werden aufgrund schriftlicher Texte Rückschlüsse auf die Mündlichkeit der entsprechenden Epoche gezogen. Dies ist methodisch äußerst problematisch, soll an dieser Stelle aber nicht weiter diskutiert werden.

Vor dem Hintergrund der in dieser Arbeit durchgeführten Untersuchungen kann festgehalten werden: Mediale Bedingungen können Sprachverwendungen mehr oder weniger nahe legen oder auch erst ermöglichen, die tatsächliche Sprachverwendung ist allerdings Ergebnis einer Handlungswahl der beteiligten Akteure vor dem Hintergrund lebensstilistischer Präferenzen (vgl. Kap. 6.1.2).

Eine ähnliche Überlegung stellt FRITZ (2010: 243) an: „Die raumzeitliche Situierung ist im Übrigen keine Funktion, sondern ein Umstand der Kommunikation, der zur Wahl bestimmter grammatischer Mittel führt." Statt von einem „Umstand" könnte man hier auch von gesetzten, aber noch ausgestaltbaren Rahmen reden, womit eine handlungstheoretisch konsistente Beschreibung ermöglicht wird, die raumzeitliche Situierung, Medium und Kommunikationsform (vgl. THALER 2007: 164) und Vorwissen der Akteure (vgl. HENN-MEMMESHEIMER 2010: 178) als Handlungsrahmen einbezieht.

FRITZ (2010) stellt im Anschluss an seine Klarstellung die Reichweite des von Àgel und Hennig vertretenen Nähe-/Distanz-Modells in Frage:

> Auf welcher Ebene sind die Schemata von Nähe und Distanz dann aber anzusiedeln? Es handelt sich zunächst um Schemata der wissenschaftlichen Erkenntnis, die das Auftreten von bestimmten grammatischen Phänomenen mit speziellen kommunikativen Verhältnissen korrelieren. [...] Hinter Nähe und Distanz stehen daher keine symbolbezogenen Normen, sondern indexikalische Schlussprozesse, die auf Zeichen in bestimmten Kommunikationssituationen aufbauen, deren kultureller Reflex – etwa die Interpretation von Nähezeichen als Systemverstoß, von Distanzzeichen als elaboriert, oder ähnliches – von der Systematik des Nähe-Distanz-Konzepts getrennt gehalten werden muss. (FRITZ 2010: 243)

Überzeugend an dieser Darstellung ist der Hinweis, dass sprachliche Ausdrucksmittel nicht per se Nähe- oder Distanzzeichen sind, sondern als solche interpretiert werden können. Damit ist aber auch klar, dass Sprecher oder Schreiber entsprechende Zeichen verwenden, um eine Interpretation in Richtung Nähe oder Distanz nahezulegen. Daher erscheint es angemessener, von Nähe-/Distanzsignalen als von Nähe-/Distanzmerkmalen zu reden.

Bezogen auf die Frage nach der mehr oder weniger stark ausgeprägten dialogischen Strukturierung von Texten: Das Konzept von „Nähe" nach Àgel und Hennig hat zwar in Form des Parameters „Rollendynamik" eine starke Affinität zum Dialogizitätsbegriff. Jedoch entspricht die Modellierung einer einseitigen Determination formaler Merkmale durch „universalpragmatische" Parameter nicht dem hier verfolgten Ansatz. Vor dem Hintergrund der in Kap. 2 vorgestellten Innovationstheorie müssen sprachliche Formen sowohl als Rahmen für fortsetzende oder innovative Handlungen als auch als Ergebnis von Handlungen beschreibbar sein – nicht nur als Folge einer vorgängigen Handlungskonstellation.

Dennoch liefert das Àgel/Hennig-Modell nützliche formale Bestimmungen dessen, was unter Nähe- bzw. Distanzsprachlichkeit zu verstehen sein kann. Diese lassen sich teilweise fruchtbar machen für eine formale Charakterisierung mehr oder weniger dialogisch strukturierter Texte. Dies ist der Gegenstand des folgenden Abschnitts.

7.2 Syntaktische Spezifika von Dialogizität

In diesem Kapitel soll es darum gehen, welche formal-syntaktischen Kriterien für die Bestimmung des Grades an Dialogizität in Texten herangezogen werden können. Die meisten relevanten Formmerkmale werden in den Grammatiken und in der Forschungsliteratur genannt, wenn auch nicht immer im Zusammenhang mit dem Begriff Dialogizität. Vielmehr werden sie als charakteristisch für die mündliche Face-to-face-Kommunikation angesehen.

> Mündliche Verständigung wird häufig, weil es der ursprüngliche und auch heute noch quantitativ vorherrschende Fall ist, mit interaktiven Gesprächsformen assoziiert und auf sie beschränkt. (DUDEN 2005: 1248)

Auch in der Textgrammatik von Weinrich heißt es völlig zu Recht: „Prototypisch für den Gebrauch der Sprache in mündlichen Sprachspielen ist dialogisches, nicht monologisches Sprechen" (WEINRICH ^{2}2003: 819). Meist und mit Blick auf traditionelle Textsorten wird der Umkehrschluss aus dieser Feststellung gezogen, dass für schriftliche Sprachspiele Monologizität der prototypische Fall sei. Dass die Zuordnung von Schriftlichkeit zu Monologizität jedoch nicht zwingend ist, belegt Weinrichs Berücksichtigung des „Gruß- und Anredeverhalten[s] in Briefen" (WEINRICH ^{2}2003: 824 ff.).

Es ist für die in dieser Arbeit eingenommene, Schriftlichkeit einbeziehende Perspektive notwendig, Dialogizität nicht auf ein wie auch immer geartetes Turn-Taking-Verhalten und auf Regularitäten dieses Verhaltens zu reduzieren. Das Face-to-face-Gespräch als Prototyp dialogischer Texte legte es jedoch offenbar für bisherige Beschreibungen nahe, sich auf solche Regularitäten und entsprechende Lexikalisierungen zu konzentrieren:

> Zwei oder mehr Personen müssen nämlich zusammenkommen und zueinander die Blickstellung einnehmen mit dem Ziel, in einen Dialog einzutreten. Und nach einiger Zeit muß der Dialog wieder ein Ende finden. (WEINRICH ^{2}2003: 819)

Nach dieser Definition von *Dialog* bespricht Weinrichs Textgrammatik dann auch – trotz der Kapitelüberschrift „Syntax des Dialogs" – im Wesentlichen das lexikalische Inventar für Anreden, Begrüßungen und Dialogorganisation sowie spezifische Dialog- und Modalpartikeln und Interjektionen.

Die Konzentration auf Turn-Taking-Regularitäten war lange in interaktionistischen Modellen vorherrschend (vgl. SCHWITALLA 1979: 37) und ist noch immer charakteristisch für das Modell des Nähe- und Distanzsprechens. Im traditionellen Modell von Koch und Oesterreicher ist „der Grad der Dialogizität [...] in erster Linie [durch] die Möglichkeit und Häufigkeit einer spontanen Übernahme der Produzentenrolle bestimm[t]" (KOCH/OESTERREICHER 1990: 9). Diese

> Möglichkeit ist technologiebestimmt, die tatsächliche Häufigkeit (im Rahmen der Möglichkeiten) textsorten-, diskursarten- oder situationsabhängig. Zur Dialogizität im weiteren Sinne könnten gemäß Koch / Oesterreicher auch „Phänomene der ‚Partnerzuwendung' usw."

> gezählt werden. Auch dies wäre ein Faktor, der textsorten- bzw. diskursartenabhängig variieren kann, jedoch wird dieser Zusatz nur als Möglichkeit formuliert und nicht näher ausgeführt. (THALER 2007: 162)[81]

Die Bestimmung über (Produzenten-) Rollen ist eindeutig von der als prototypisch definierten Face-to-face-Kommunikationssituation abgeleitet und führt letztlich zur Unterscheidung von „Textsorten (für monologische) bzw. Diskursarten (für dialogische Kommunikationsformen)“ (THALER 2007: 153). Diese Terminologie soll hier nicht übernommen werden.[82] Stattdessen sollen auch dialogische Texte als Texte bezeichnet werden, und das unabhängig davon, ob es einen empirischen Autor oder mehrere gibt.

Wie BORTH (2009) zeigt, sind die literaturwissenschaftlich etablierten Unterscheidungen von Autor, Erzähler und Figur eines Textes auch sinnvoll auf nicht-literarische Texte anwendbar. Das Beispiel literarischer Texte kann verdeutlichen, dass – auch bei einem einzelnen Autor (Produzenten) – eine Vielfalt dialogischer Strukturen in schriftlichen Texten möglich ist: Der Roman kennt die Mittel der direkten und indirekten Rede, der Erzähler- und Figurenperspektivierung, der erlebten Rede, etc. Borth argumentiert für eine Trennung der beiden Ebenen der Konzeption und der Realisierung einer Äußerung, allerdings in einem anderen Sinne als in dem von ihm kritisierten Koch/Oesterreicher-Modell:

> Die Entstehungsgeschichte der sprachlichen Äußerung von A bleibt B immer verschlossen, weil Bewusstsein inkommunikabel ist. Am klarsten wird dies am Beispiel der Lüge [...]. Dieses Beispiel hilft auch die Differenz zwischen Autor und Figur einer sprachlichen Äußerung zu verdeutlichen: B hält A für einen Kommunikationspartner mit dem Ziel x oder dem Stil y, während A eigentlich das Ziel v oder alltagsästhetische Vorlieben für z hat. Lügt A nicht, hat B mit seinen Vermutungen sogar Recht; er kann sich diesbezüglich jedoch nie sicher sein. (BORTH 2009: 250)

Die hier ausgeführten Differenzierungen erlauben es, von Sprecherrollen (sei es als Erzähler oder als Figur) in einem (mündlichen oder schriftlichen) Text auszugehen, die prinzipiell nicht mit dem empirischen Sprecher oder Autor zu identifizieren sind. Demnach sind schriftliche Texte auf einem Kontinuum zwischen Monologizität und Dialogizität nicht – wie in der oben zitierten Differenzierung von THALER (2007: 153) – zwangsläufig näher am Pol Monologizität anzusiedeln. Bei (schriftlichen) Texten wie einem Chatverlauf, in dem mehrere empirische Autoren Sprecherrollen übernehmen, ist trivialerweise von einem höheren Grad an Dialogizität auszugehen.[83]

---

81 Thaler weist zu Recht darauf hin, dass die Häufigkeit des Rollenwechsels auch bei verschiedenen Formen des Chats (z.B. „moderierter Seminar-Chat“ und „klassischer Plauder-Chat“) variiert (vgl. THALER 2007: 163).

82 Der Terminus *Diskurs* wird im Sinne der Diskurslinguistik (vgl. BUSSE/TEUBERT 1994) und nicht wie in der Gesprächs- oder Konversationsanalyse mit *Konversation* mehr oder weniger synonym verwendet.

83 In der zeitgenössischen Literatur gibt es Beispiele für fortlaufende Prosatexte eines einzigen empirischen Autors, die einen – gemessen an den Rezeptionserwartungen an einen Roman – relativ

Im Folgenden werden formale Eigenschaften von Texten diskutiert, die als Kriterien für deren Dialogizität in Frage kommen könnten.

7.2.1 Adressierungen, Apostrophen, Kontaktsignale

Ein offensichtliches Merkmal für eine dialogische Struktur sind explizite Adressierungen in einem Text, also Anredeformen, die als nicht selbstständige Einheiten (vgl. DUDEN 2005: 1236) meist im Vorvorfeld eines Syntagmas auftreten. Außer Namen und Kennzeichnungen können Personalpronomen verwendet werden, deren Vorkommen und Gebrauch in einem Text aufschlussreich sein können. In einem Standardwerk zur Gedichtanalyse heißt es dazu:

> Die Verwendung der ersten oder der zweiten Person oder beider konstituiert also in jedem Fall die Grundsituation des – mündlichen oder schriftlichen – Dialogs, auch wenn tatsächlich nur einer der Beteiligten redet oder schreibt. (BURDORF ^{2}1997: 202)

Zum Bereich der dialogischen Bezugnahme mehrerer Sprecherrollen aufeinander gehören außerdem „diskursprozessierende Imperative" (DUDEN 2005: 1236) oder „Übernahmesignale" (WEINRICH ^{2}2003: 835) wie *sieh mal* oder *hör mal*, die ebenfalls nicht alleine stehen. Während diese aufmerksamkeitssteuernden Elemente eine Äußerung einleiten, stehen „Rückversicherungssignale" (ebd.) zumeist nach einer Äußerungseinheit: *gell*, *verstehste*, *nich wahr*, etc. In der Konversationsanalyse behandelt man solche Elemente unter der Kategorie des BackchannelBehavior bzw. des Rückmeldeverhaltens, die klassische Rhetorik nennt entsprechende Elemente Apostrophen.

Im Nähe/Distanz-Modell von Ágel und Hennig werden entsprechende Elemente – teilweise als „Kontaktsignale" (ÁGEL/HENNIG 2006a: 26) – mit dem von Helmuth Feilke geprägten Terminus *Engführung* erklärt. Ágel und Hennig sehen Engführung als prototypische Eigenschaft gesprochener Sprache (bzw. von Nähekommunikation), stellen allerdings klar, dass es sich um ein „zentrales Ziel jedweder Kommunikation" – also prinzipiell auch der schriftlichen – handelt:

> Wir sind aber prinzipiell daran interessiert, Meinen und Verstehen im Kommunikationsprozess abzugleichen, d.h., wir sind daran interessiert, dass wir unsere Orientierungen abgleichen bzw. engführen. Natürlich ist dies ein zentrales Ziel jedweder Kommunikation. Die Möglichkeiten der Engführung der Orientierungen in Nähekommunikation sind aber um ein Vielfaches größer als in raumzeitentbundener Distanzkommunikation. Wir können hier Nuancen unserer Orientierung etwa durch Suprasegmentalia oder durch Nonverbales explizit machen. (ÁGEL/HENNIG 2006a: 25)

In einem zur Illustration gewählten Beratungsgesprächs identifizieren Ágel und Hennig als Engführungssignale adjazente Strukturen, „Kontaktsignale" wie *ja*, *hm* oder *aha*,

---

hohen Grad an Dialogizität aufweisen, z.B. der bereits zitierte Roman von Judith Zander oder Marlene Streeruwitz' „Partygirl"; vgl. auch SCHWITALLA/BETZ (2006: 390).

Wiederaufnahmen oder abschließende Elemente wie ein *ne* am Ende einer Äußerungseinheit (vgl. ÁGEL/HENNIG 2006a: 26; ÁGEL/HENNIG 2006b: 53).

Die genannten Elemente können als Merkmale dialogischer Texte gelten. Kontaktsignale sind zwar lexikalische Einheiten, treten aber an festen Positionen (im Vorvorfeld oder im Nachfeld) auf und gehören somit auch zu den strukturellen Merkmalen dialogischer Texte. *Engführung* ist als ein handlungstheoretischer Terminus zu verstehen und bezeichnet die durch Kommunikation geleistete Koordination von Akteuren:

> Über die wechselseitige Orientierung an [kommunikativen] Effekten kann dabei Mehrdeutigkeit in dem Maße reduziert werden, bzw. kommt es in dem Maße zu einer Engführung der Orientierungen von A und B, wie sie auf Resultate ihrer Kommunikation als voraussetzbares intersubjektives Wissen zurückgreifen können. So bildet sich ein Common sense. (FEILKE 1994: 141 f.)

Auch monologische Texte müssen zwar an vorgängige Kommunikation anschließen, allerdings sind dort nicht wie in einer Kommunikationssituation mit mehreren Akteuren („unter den Bedingungen wechselseitiger Wahrnehmung", FEILKE 1994: 141) zwei oder mehr Orientierungen (hermeneutisch gewendet: Horizonte) einander anzunähern. Die Verwendung spezifischer sprachlicher Mittel zur Signalisierung der Bereitschaft zum koordinativen Abgleich mit einem anderen Akteur (kurz: Engführungssignale) kam vor der Verbreitung von digitalen Kommunikationstechniken zweifellos besonders häufig in gesprochener Sprache vor. Digitale Schriftlichkeit jedoch legt dialogischen Sprachgebrauch und somit Engführung nahe, so dass hier die Möglichkeit zu Innovationen der Schriftsprache besteht. Die Bedingung wechselseitiger Wahrnehmbarkeit für die kommunikativ geleistete Koordinierung (vgl. FEILKE 1994: 141) muss dann so verstanden werden, dass sie sich auf die durch die beteiligten Akteure jeweils hervorgebrachten Zeichen bezieht.

Es gilt im Übrigen auch vor der Möglichkeit digitaler Zeichenprozessierung, dass Adressierungen und Apostrophen nicht die Ko-Präsenz zweier Sprecher oder Autoren voraussetzen. Sogar in einem Selbstgespräch sind diese Elemente durchaus möglich – insofern die Übernahme von Sprecher- und Hörerrolle durch dieselbe Person für das Selbstgespräch konstitutiv ist, sind sie sogar erwartbar.

7.2.2 Anakoluthe (Konstruktionsabbrüche, Konstruktionswechsel)

Der traditionelle Satzbegriff ist durch die Gesprochene-Sprache-Forschung als Minimaleinheit der Analyse problematisch geworden und steht nun in Konkurrenz zu Termini wie *Turn*, *Konstruktion*, schlicht *Syntagma* oder auch *kommunikative Minimaleinheit* (so etwa bei ZIFONUN ET AL. 1997; vgl. auch SCHWITALLA ^{3}2006: 83 ff.).

Für gesprochene Sprache gilt als charakteristisch, dass häufig Syntagmen produziert werden, die aus Standardschriftperspektive keine grammatischen Sätze sind. Dies wird mit den „komplexen Anforderungen, die die Versprachlichung an den Sprecher stellt"

(DUDEN 2005: 1239) erklärt. Nach BEAUGRANDE/DRESSLER (1981: 119) zeigen „uneinheitliche [...] Oberflächenstrukturen (in der Rhetorik Anakoluth genannt) [...] den Einfluß situationeller Faktoren". Ein Sprecher wählt vor der vollständigen Produktion einer syntaktischen Konstruktion eine andere Formulierung, deren Realisierung zu syntaktischen Unverträglichkeiten mit bereits produzierten Konstituenten führt. SCHWITALLA (^{3}2006: 118 ff.) unterscheidet vier Formen von Anakoluthen: 1) Abbruch und Pause bei nicht zu Ende geführten Syntagmen, 2) Abbruch und Wiederholung bei Formulierungsschwierigkeiten (vgl. WEINRICH ^{2}2003: 830), 3) Abbruch und Korrektur oder Neuanfang bei geänderten Formulierungszielen und 4) Abbruch mit Parenthese oder Korrektur und anschließender Fortsetzung mit teilweiser Wiederholung.

Dass Abbrüche und Korrekturen nicht ausschließlich ein Phänomen der gesprochenen Sprache sind, zeigt BEIẞWENGER (2010) für Chat-Texte. Dort folgen Korrekturen oft in einem weiteren Beitrag (vgl. BEIẞWENGER 2010: 251). Abgesehen von solchen nachträglichen Korrekturen spielen Anakoluthe in den meisten Chats jedoch aufgrund der zeitversetzten Produktion und Rezeption der Beiträge („Prinzip der *en bloc*-Verschickung", BEIẞWENGER 2010: 253) nur eine Rolle im Produktionsprozess, nicht aber für die Rezipienten.

Belegen lässt sich der Abbruch ohne folgende Korrektur oder Fortsetzung aus rhetorischen Gründen:

(222) 2009/01/24-19:53:15 CET : [Berlin-Brandenburg] Birte: hast du ne Rechte meinung ? Christof
2009/01/24-19:53:58 CET : [Berlin-Brandenburg] Christof: naja eher nicht... aber wie sich manche ausländische mitbürger benehmen

Solche Formen eines Abbruchs bezeichnet man traditionell als Aposiopesen[84], sie werden als rhetorisches Mittel eingesetzt, wenn wie hier kontroverse Inhalte nur angedeutet werden sollen (vgl. LAUSBERG ^{3}1990: 438 ff.).

Wenn Anakoluthe ein Spezifikum dialogischer Texte darstellen, dann insofern, als sie – mündlich oder schriftlich – voraussetzen, dass Alter weiß, was Ego sagen will, oder die Möglichkeit zur Nachfrage hat. Diese Möglichkeit zur Nachfrage (allgemeiner: zur Koordination) ist in traditionellen Formen schriftlicher Kommunikation weniger unmittelbar gegeben als in digitaler Schriftlichkeit.

---

[84] SCHWITALLA (^{3}2006: 101) erwähnt die Aposiopese in einer Reihe mit Ellipse und Anakoluth unter der Kategorie „Kurzformen" als traditionelle Termini der Rhetorik, geht dann aber nicht mehr auf die Aposiopese ein und behandelt Anakoluthe unter der Kategorie „Formen syntaktischer Diskontinuität".

7.2.3 Fortsetzungsstrukturen und Parallelismen

Eine Besonderheit dialogisch strukturierter Texte besteht zweifellos darin, dass nicht nur ein Sprecher (oder Schreiber) ein nicht maximal ausgebautes Syntagma (d.h. einen Satz, in dem aufgrund der Verbvalenz prinzipiell mögliche Konstituenten nicht realisiert sind) produzieren kann, sondern dass ein anderer Sprecher bzw. eine andere Sprecherrolle eben die zunächst nicht realisierten Konstituenten oder Phrasen im unmittelbaren Kontext (doch noch) äußern kann. Man kann dies als Zeichen dafür interpretieren, dass ein Text die „gemeinschaftliche Hervorbringung aller Beteiligten" (DUDEN 2005: 1231) ist. Die Duden-Grammatik bezeichnet diese Kooperativität als Synchronisierung.

Es kommt nicht nur zu Vervollständigungen und Ergänzungen durch verschiedene Sprecherrollen, sondern auch zur Übernahme bereits produzierter syntaktischer Muster für neue Beiträge. Ein Sonderfall solcher Fortsetzungsstrukturen liegt vor, wenn Elemente zwar für ein Syntagma genutzt, jedoch nicht explizit wiederholt werden. Es handelt sich dann um den von PLEWNIA (2003: 43) „Fortsetzungssätze" genannten Konstruktionstyp mit einem syntaktischen Kontextbezug. „Konstruktionen dieses Typs sind für dialogisch organisierte Texte verschiedentlich beschrieben [...] worden" (PLEWNIA 2003: 43), sie sind auf ein vorgängig realisiertes Syntagma angewiesen, von dem sie syntaktisch abhängen. Modalverbgefüge werden ausdrücklich als Elemente genannt, die für Fortsetzungssätze aus dem Vorgängersatz bezogen werden können (vgl. PLEWNIA 2003: 45).

Plewnia erklärt die Häufigkeit von Fortsetzungssätzen mit deren besonderer Funktionalität hinsichtlich der Thema-Rhema-Organisation innerhalb eines Textes. Es ist plausibel anzunehmen, dass solche Strukturen für Texte mit wechselnden Sprecherrollen, d.h. für dialogische Texte, besonders geeignet sind.

Der folgende Beleg zeigt ein zunächst abgeschlossenes Syntagma, das dann jedoch von einem zweiten Chatter weitergeführt wird:

(223) 2009/01/21-20:41:54 CET : [Berlin-Brandenburg] Olaf: bei den chat hier helfen nur drogen
2009/01/21-20:42:16 CET : [Berlin-Brandenburg] Eric: um so ne kunden wie denn zu ertragen Olaf

Schließlich sei noch ein Beleg für einen Parallelismus angeführt. Ein Chatter produziert ein einfaches Syntagma aus einer Prädikation ohne Kopula und wiederholt es mit wechselnden Subjekten. Andere Chatter greifen dieses Muster auf und produzieren parallele Syntagmen, erst den ursprünglichen Chatter unterstützend, dann ironisch-kritisch:

(224) 2009/01/26-22:11:01 CET : [Berlin-Brandenburg] Nigel: naja... wolfsburgscheisse
2009/01/26-22:11:03 CET : [Berlin-Brandenburg] Nigel: cottbusscheisse
2009/01/26-22:11:04 CET : [Berlin-Brandenburg] Anette: ^^
2009/01/26-22:11:05 CET : [Berlin-Brandenburg] Nigel: bayernscheisse

2009/01/26-22:11:08 CET : [Berlin-Brandenburg] Nigel: stuttgartscheisse
2009/01/26-22:11:11 CET : [Berlin-Brandenburg] Nigel: herthascheisse
2009/01/26-22:11:15 CET : [Berlin-Brandenburg] Matze: club oberscheiße^^
2009/01/26-22:11:15 CET : [Berlin-Brandenburg] Nigel: franfkurtscheisse
2009/01/26-22:11:23 CET : [Berlin-Brandenburg] Nigel: es gibt so viel dreck in der bundesliga
2009/01/26-22:11:30 CET : [Berlin-Brandenburg] Anette: du auch scheiße Nigel ^^

7.2.4 Relative Satzlänge, Parataxe

Die Äußerungseinheiten gesprochener Sprache scheinen dem Alltagsverständnis nach im Durchschnitt deutlich kürzer zu sein als die Sätze in geschriebenen Texten. Zu lange und „verschachtelte" Sätze gelten als ein typisches Merkmal von (stilistisch mangelhafter) Schriftsprache. Diese Wahrnehmung lässt sich empirisch bestätigen:

> Bei statistischen Untersuchungen der bloßen Satzlänge (errechnet nach Wörtern pro Satz) wurden mehrmals Werte ermittelt, die unterhalb der Durchschnittswerte geschriebener Texte liegen. (SCHWITALLA ^{3}2006: 100)

Schwitalla stellt jedoch „nach einer eigenen kleinen Auszählung" (SCHWITALLA ^{3}2006: 100, Fußnote 2) fest, dass die „Äußerungseinheiten in Internet-Chats" (ebd.) noch kürzer als die in gesprochenen Texten sind. Es stellt sich also die Frage, ob die Schriftlichkeit bzw. Mündlichkeit der betreffenden Texte tatsächlich der entscheidende Faktor für die Tendenz zu kürzeren Einheiten sein kann. Der Vergleich zwischen den untersuchten Chat- und Forumstexten legt die Vermutung nahe, dass auch hier der Grad an Dialogizität eine wichtige Rolle spielt.

Die Länge von Äußerungseinheiten sollte sich auch in den syntaktischen Strukturen niederschlagen insofern, als kürzere Einheiten zwangsläufig stärker von Parataxe geprägt sein müssten als längere Einheiten. Die Betrachtung des Korpusmaterials lässt entsprechende Schlüsse zu. Eine Untersuchung des Gebrauchs koordinierender und subordinierender oder auch gar keiner Junktionen scheint hier ebenso vielversprechend wie die Betrachtung initialer Partikeln wie z.B. *ja* oder *nö* (in *nö, wieso sollte ich*[85]).

SCHWITALLA/BETZ (2006: 391) weisen darauf hin, dass bei Niederschriften mündlich geführter Interviews[86] auch eine Reduktion syntaktischer Komplexität beobachtet werden kann.

---

[85] Berlin-Brandenburg, 2002/04/14.

[86] Einen solchen Vorgang bezeichnet man im Nähe-/Distanz-Modell als „Verschriftung" im Gegensatz zu „Verschriftlichung" (vgl. HENNIG 2009: 38 f.). Das zitierte Beispiel zeigt jedoch, dass, anders als es diese terminologische Unterscheidung zu verstehen gibt, auch bei einer bloßen Übertragung (Niederschrift) konzeptionelle Aspekte betroffen sind.

> Anhand solcher Umformulierungen für Interviews in Zeitungen kann man feststellen, dass Parenthesen weggelassen, Ellipsen aufgefüllt, Anakoluthe getilgt und bekräftigende Wiederholungen durch ein Ausrufezeichen wiedergegeben werden. (SCHWITALLA/BETZ 2006: 391)

In dem von SCHWITALLA/BETZ (2006) zitierten Beispiel wird eine mündliche Äußerung in der schriftlichen Fassung in drei Sätzen wiedergegeben. Insofern bestätigt sich also einerseits der Zusammenhang zwischen der Länge von Einheiten und deren syntaktischer Komplexität. Offenbar lassen sich Länge und Komplexität jedoch andererseits nicht ohne Weiteres mit Schriftlichkeit korrelieren, möglicherweise ist also hier die Unterscheidung zwischen monologischen (längere und komplexere Einheiten) und dialogischen Texten (tendenziell kürzere Einheiten, geringere Komplexität) relevanter.

Syntaktische Komplexität wird im Nähe/Distanz-Modell mit dem kunstwissenschaftlich inspirierten (vgl. ÁGEL/HENNIG 2006a: 27) und von Wolfgang Raible (vgl. RAIBLE 1992) innerhalb der Linguistik etabliertem Begriffspaar Aggregation und Integration beschrieben. Je komplexer die syntaktische Struktur einer Einheit ist und je mehr syntaktische Relationen zwischen den jeweiligen Elementen expliziert werden, desto integrativer ist die betreffende Einheit. Hypotaxe und eine hohe Frequenz an Kohäsionsmitteln sollten demnach als Ausprägungen eines integrativen Textes gelten können.

Wenn allerdings die Korrelationen zwischen einerseits Nähe und Aggregation und andererseits Distanz und Integration gelten sollen (vgl. ÁGEL 2010: 901), muss die ursprüngliche Korrelierung von Nähe mit Mündlichkeit und von Distanz mit Schriftlichkeit endgültig in Frage gestellt werden (vgl. das Beispiel in SCHWITALLA/BETZ (2006: 391)). Schriftliche Texte sind keineswegs automatisch integrativer[87], vielmehr sind syntaktische Komplexität und Explizitheit syntaktischer Bezüge dem Stil von Texten zuzurechnen und wohl auch vom Grad ihrer Dialogizität beeinflusst.

Der folgende Chat-Ausschnitt verdeutlicht besonders eindrucksvoll die Nutzung des Handlungsspielraums innerhalb digitaler, informeller Schriftlichkeit:

(225) 2009/01/19-19:46:23 CET : [Hessennetz] Sven: hat sich heute lecker essen gekocht^^
2009/01/19-19:46:25 CET : [Hessennetz] Sven: neee
2009/01/19-19:46:29 CET : [Hessennetz] Joey: ok
2009/01/19-19:46:35 CET : [Hessennetz] Joey: ess ich halt allein
2009/01/19-19:46:56 CET : [Hessennetz] Nina: ich wollt aber mitessen
2009/01/19-19:47:05 CET : [Hessennetz] Nina: hatte noch nix :(
2009/01/19-19:47:08 CET : [Hessennetz] Sven: Nina kannst bei mir^^
2009/01/19-19:47:13 CET : [Hessennetz] Nina: yeah :)
2009/01/19-19:47:23 CET : [Hessennetz] Sven: nudeln mit selbstgemachter sauce

87 Zwar meint auch Raible, „daß ein Diskurs in dem Maße integrierter wird, in dem er vom Produzenten vorkonzipiert und reflektiert wurde" und „daß mit dem zunehmenden Grad an konzeptioneller Schriftlichkeit der Grad an Integrativität zunimmt" (RAIBLE 1992: 221), hat dabei aber offenbar die für die „alten" Medien prototypische monologische Schriftlichkeit im Blick.

2009/01/19-19:47:38 CET : [Hessennetz] Nina: yeah^2
2009/01/19-19:47:51 CET : [Hessennetz] Sven: hehe
2009/01/19-19:47:59 CET : [Hessennetz] Sven: yeah^3
2009/01/19-19:48:17 CET : [Hessennetz] Nina: höher komm ich net
2009/01/19-19:48:27 CET : [Hessennetz] Nina: yeah ^4
2009/01/19-19:48:30 CET : [Hessennetz] Sven: hehe
2009/01/19-19:49:02 CET : [Hessennetz] Sven: yeah $^{2+3}$

Die beiden Äußerungen *ich wollt aber mitessen* und *hatte noch nix* sind aggregativ – nur durch Juxtaposition – aufeinander bezogen, die Antwort *kannst bei mir* ist ein Beispiel für den anaphorischen Gebrauch von *können*. Es folgt eine syntaktisch nicht integrierte Nominalphrase (*nudeln mit selbstgemachter sauce*) (vgl. den folgenden Abschnitt über Kurzformen). Die hier Nina genannte Chatterin reagiert auf die Einladung zum Essen mit einem kurzen *yeah*, nach der Nennung des Gerichts intensiviert sie diesen Ausdruck durch eine hochgestellte *2*, das mathematische Schriftzeichen für die zweite Potenz. Es folgt eine Spielerei mit hochgestellten Ziffern, die in einem mündlichen Dialog so nicht möglich wäre.

7.2.5 Kurzformen („Ellipsen")

Das umstrittene Konzept der „Ellipsen" wurde bereits in Kap. 5.3.1 „Syntaktische Variation und deren Beschreibung" thematisiert, hier soll es um seine Relevanz für einen formalen Begriff von Dialogizität gehen. Schon Bühlers Darstellung der Ellipse deutet darauf hin, dass elliptischer Sprachgebrauch der Domäne natürlicher Alltagssprache zugeordnet wird – „Verwendungen von Sprachzeichen, die das tägliche Leben hervorbringt" (BÜHLER [1934] ^{3}1999: 155). Auch sein Terminus *empraktische Ellipse* verweist auf einen außersprachlichen Handlungszusammenhang, mit dem das elliptische Sprechen verknüpft ist. Bühler gibt für die Wahl von Kurzformen eine psychologische Erklärung: „Der Satzbrocken ‚einen schwarzen' war im Augenblick [der Bestellung eines Kaffees] dispositionell bequem greifbar" (BÜHLER [1934] ^{3}1999: 157).

Solche Nennformen (Bühler gibt außer der Kaffeehausbestellung noch die Bitte *umsteigen* an einen Straßenbahnschaffner beim Fahrkartenkauf als Beispiel; vgl. auch SCHWITALLA ^{3}2006: 108) setzen eine gemeinsame Situationsdefinition[88] und eine geteilte Aufmerksamkeit mit einem Adressaten voraus. Sie werden deshalb als prototypisch für die Face-to-face-Kommunikation (bzw. für den „Prozess des Sprechens" (SCHWITALLA ^{3}2006: 109)) angesehen und gelten als Merkmal gesprochener Sprache. Durch die Möglichkeiten internetvermittelter Kommunikation ist allerdings genau diese geteilte Aufmerksamkeit auch bei schriftlicher Kommunikation möglich. Im Chat-Korpus finden sich syntaktisch nicht integrierte Phrasen wie z.B.

---

88 SCHWITALLA (^{3}2006: 108) spricht von einem „gemeinsam bekannte[n] Handlungsplan, der thematische Optionen vorschreibt"; vgl. auch DUDEN (2005: 1225).

(226) keine ungefragtendialoge vor allem keine ng und ml dias (30-40-50 Chat-Set, 2007/01/11)

(227) kopp aufe Tastatur (30-40-50 Chat-Set, 2007/01/11)

Entscheidend für solche Formen können daher nicht die Face-to-face-Situation oder die Mündlichkeit sein, sondern vielmehr die dialogische Organisation des Textes und die gemeinsam konstruierte Situation. Im virtuellen Raum des Chat handelt es sich dabei im Gegensatz zu Face-to-face-Situationen oft um fiktive Situationen – jemand gibt eine Runde Bier aus oder wirft sich auf ein fiktives Wasserbett (HENN-MEMMESHEIMER 2004a: 34) –, doch dies ist, wenn die Situation rudimentär geklärt ist, nicht relevant.

Alles in allem spricht also einiges dafür, die Kurzformen (bei Bühler „empraktische Ellipsen") als ein Merkmal dialogischer Texte aufzufassen. Als eine formale Besonderheit sind sie pragmatisch erklärbar durch ihre Gerichtetheit an einen Adressaten, dessen geteilte Aufmerksamkeit entweder vorausgesetzt wird oder erreicht werden soll.

7.2.6 Wiederaufnahmen, Anaphorik

Wiederaufnahmen in einem Text führen häufig zu den bereits erwähnten Fortsetzungen und Parallelismen, daneben gibt es allerdings vor allem in Frage-Antwort-Strukturen (die per se dialogisch sind) auch noch den Fall, dass einzelne Wörter wiederholt werden. Insofern sich Formen auf zuvor im Text realisierte Elemente beziehen, liegen allgemein anaphorische Strukturen vor.

Spezielle Formen der Anapher sind die Analepse und die Konstruktionsübernahme (vgl. SCHWITALLA ^{3}2006: 102 ff.). In beiden Fällen werden mögliche Konstituenten eines Syntagmas nicht realisiert, da sie im unmittelbar vorangehenden Kontext bereits vorhanden sind. Diese Konstituenten sind Einheiten, „die der Hörer mnemotechnisch über Satzgrenzen rettet, also bildlich gesprochen im Hinterkopf behält" (PLEWNIA 2003: 101).

In der Ellipsen-Diskussion werden meist pragmatische Erklärungen für die Nicht-Realisierung von Konstituenten gegeben, und zwar vor allem über das Ökonomieprinzip oder über Relevanz-Maximen (vgl. ZIFONUN ET AL. 1997: 411; SCHWITALLA ^{3}2006: 103). Einige Erklärungen beziehen sich speziell auf gesprochene Sprache (vgl. SCHWITALLA ^{3}2006: 103).

In Bezug auf nicht realisierte Verbergänzungen stellt SCHWITALLA (^{3}2006) allerdings fest, dass sich hier keine Unterschiede zwischen gesprochener und geschriebener Sprache zeigen.

> Eine Auszählung von 92 Verben mit denselben Satzbauplänen und denselben Bedeutungen in 642 Sätzen in gesprochenen und geschriebenen Texten hat keine nennenswerten Unterschiede ergeben. Dieses überraschende Ergebnis ist ein starkes Argument für dieselbe Basis des mündlichen wie schriftlichen Formulierens in einem Kernbereich der Grammatik. (SCHWITALLA ^{3}2006: 110 f.)

Die Untersuchung des Modalverbgebrauchs in Chat und Forum hat ergeben, dass der anaphorische Gebrauch modaler Verben im Chat 6% aller Verwendungen ausmacht und somit deutlich häufiger vorkommt als im Forum (1,2%). Der relativ hohe Anteil von Anaphern im Chat bestätigt also erstens, dass solche Verwendungen nicht auf mündliche Texte beschränkt sind. Im Vergleich mit dem Forum zeigt er zweitens, dass die Häufigkeit solcher anaphorischen Strukturen durchaus signifikant variieren kann. Diese Variation kann als unterschiedlich hoher Grad an Dialogizität erklärt werden.

7.2.7 Herausstellungsstrukturen

Wenn Phrasen, die als Satzglieder in ein Syntagma integrierbar wären, dem Syntagma vorausgehen oder folgen, spricht man von Links- oder Rechtsversetzungen, wobei diese Terminologie aufgrund der Voraussetzung eines von links nach rechts – also jedenfalls schriftlich – realisierten Satzes mit nachträglicher Verschiebung eines Satzglieds irreführend ist (vgl. SCHWITALLA ^{3}2006: 112; SCHNEIDER 2011: 178). Bei der sogenannten Linksversetzung spricht man auch von einem „freien" Thema. Prototypisch kommt dieses Phänomen in gesprochener Sprache vor, im Unterschied zu den „Verfahren der syntaktischen Integration beim Schreiben" (SCHWITALLA ^{3}2006: 111).

Im Nähe-/Distanz-Modell von Àgel und Hennig gelten solche Strukturen als aggregativ und dienen der Koordination von Produktion und Rezeption:

> Satzrandstrukturen sind prinzipiell aggregativ, Strukturen am linken Satzrand sind prinzipiell rezeptionssteuernd und Strukturen am rechten Satzrand prinzipiell engführend. (ÁGEL/HENNIG 2006b: 53)

Zu bedenken ist allerdings, dass prototypische schriftsprachliche Texte auf diese Hilfsmittel der Rezeptionssteuerung bzw. Engführung verzichten, ohne dass deren Verständnis dadurch erschwert wird. Es liegt also nahe, noch andere Gründe für die Befolgung eines „Prinzips der Vereinzelung" (SCHWITALLA ^{3}2006: 111) zu suchen. LÖTSCHER (1999: 165) macht für Herausstellungsstrukturen die spätere Planung des integrativen Syntagmas verantwortlich.[89]

In der geschriebenen Sprache geht die Planung bzw. Formulierungsarbeit in der Regel entweder der Produktion voraus oder Planänderungen führen zu Korrekturen, die für den Rezipienten nicht mehr erkennbar sind. Werden dennoch in prototypischer schriftlicher Sprache Herausstellungsstrukturen produziert, so können diese als Stilmittel erklärt werden (vgl. SCHNEIDER 2011: 179; SCHWITALLA ^{3}2006: 111). Als Stilmittel betonen Herausstellungsstrukturen die Prozesshaftigkeit der Kommunikation und fingieren eine unmittelbare Interaktion zwischen Produzent und Rezipient.

---

[89] Für eine Realisierung des Themas vor der Planung des rhematischen Syntagmas spreche auch die Verwendung des Nominativs „unabhängig von der grammatischen Funktion des topikalisierten Elements im anschließenden dazugehörigen Satz" (ebd.); vgl. auch AUER (2000: 47 f.).

Im Chat sind Herausstellungsstrukturen mehr als ein Stilmittel, sie demonstrieren die Möglichkeiten der digitalen Textprozessierung. Die Rezeption erfolgt zwar nach der Produktion, aber die Akteure sind zur selben Zeit on-line. Der folgende Beleg zeigt ein vorausgehendes („freies") Thema:

(228) 2009/01/25-21:22:19 CET : [Hessennetz] Nina: versteckte Beleidigungen
2009/01/25-21:22:24 CET : [Hessennetz] Nina: wie ich sowas liebe :)

Es liegt nahe, auch hier die spätere Planung der zweiten Mitteilung anzunehmen und demnach die On-Line-Prozessierung (vgl. SCHNEIDER 2011: 178 f.; AUER 2000: 46) im digitalen Medium als Möglichkeitsbedingung zur Entstehung solcher Strukturen zu sehen. Nina hat die Möglichkeit, ein Thema zu nennen – die Aufmerksamkeit ihrer Leserinnen und Leser auf ein bestimmtes Diskursobjekt zu lenken – und erst anschließend ein Syntagma zu produzieren, in dem sie über dieses Thema etwas prädiziert.

Herausstellungsstrukturen sind also entweder Effekte einer dialogischen Konstellation zwischen zwei oder mehr Akteuren, oder sie fingieren eine solche Konstellation als Stilmittel. In jedem Fall erhöhen sie also den Grad an Dialogizität in einem Text.

7.3 Dialogizität in digitalen Texten

7.3.1 Dialogizität in der bisherigen Erforschung digitaler Medien

Den Chat-Texten wird in der Forschung zwar bescheinigt, dass sie „sicher nicht von einer ‚normalen' Dialogizität oder Näheperzeption wie in der gesprochenen Sprache gekennzeichnet" (STEIN 2005: 344) sind, jedoch kann als unstrittig gelten, dass der Chat als „Kommunikationstechnologie [...] das zeitgleiche, dialogische Kommunizieren in räumlicher Distanz unterstützt" (STORRER 2001: 7). Dabei ist allerdings festzuhalten:

> Die Synchronisation erfolgt nicht zeichenweise, d.h., man kann die Tippbewegungen der anderen Teilnehmer nicht mitverfolgen. [...] Trotz der Simultaneität des Chat – die Teilnehmer sitzen zeitgleich am Computer – fallen Produktions- und Äußerungsakt also zeitlich auseinander. (STORRER 2001: 7)

Die Schwierigkeit bisheriger Beschreibungen von Chat-Texten besteht offenbar darin, deren dialogischem Charakter ebenso wie deren Schriftsprachlichkeit gerecht zu werden vor dem Hintergrund eines Modells, das Dialogizität und Mündlichkeit korreliert und beides unter dem Begriff der Nähesprachlichkeit fasst. Dementsprechend beinhaltet eine übliche Charakterisierung des Chats die Feststellung, „dass die bisherigen Beobachtungen von nähesprachlichen Elementen im Chat nicht hinreichend sind, den Chat generell als ‚nähesprachlich' zu kennzeichnen" (STEIN 2005: 346).

Im Nähe-/Distanz-Modell wird behauptet, dass es sich bei „absoluter graphischer Nähe [...] um in natürlicher Praxis nicht vorkommende Manifestationen von Sprache [handelt]" (KOCH 2010: 161). Zur Illustration verweist Koch auf „exakte Transkriptionen des spontan Gesprochenen, wie sie nur die heutige Linguistik erstellen kann“ (ebd.), bei denen es sich ja nicht um natürliche Sprache handelt.[90] Eine adäquate Beschreibung schriftsprachlicher Texte wird dadurch erschwert, dass sie nur im Kontrast zu der Face-to-face-Kommunikationssituation beschrieben werden, die als Idealtyp von vorneherein festlegt, worauf sich der Nähe-Begriff überhaupt beziehen lässt. Hier gibt LÖTSCHER (2010: 122) zu bedenken:

> Die Qualifizierung eines bestimmten Formulierungsmittels als nähe- oder distanzsprachlich ist nur vor dem Hintergrund und in Kenntnis des grammatischen Systems und der generellen Voraussetzungen der jeweiligen Sprachkultur möglich.

Dennoch ist es möglich, Tendenzen in einer Einzelsprache zu erkennen. Als sprachliche Mittel, die prototypisch mit Nähe oder Vertrautheit in Verbindung gebracht werden, nennt STEIN (2005) unter anderem Dialekt und Nonstandard. Die vielen Regionalismen in den hier untersuchten Chats belegen das Interesse der Schreiberinnen und Schreiber an solchen Formen und deren besondere Verwendbarkeit als sozialstilistische Marker.

Für viele Autoren stellt die „Simultaneität von Hervorbringung und Verarbeitung sowie eine ständige wechselseitige Beeinflussung der Partner“ (BEIßWENGER 2007: 469) den entscheidenden Parameter zur Charakterisierung von Textspezifika dar, im Modell von Ágel und Hennig ist dieser Aspekt in Form des universalen Axioms „Offene Produzenten-Rezipientenbeziehung“ das hierarchisch höchste Kategorisierungsprinzip (vgl. ÁGEL/HENNIG 2006a: 18), aus dem sich alle weiteren Merkmale ableiten lassen sollen. Aus dieser Perspektive „liegt auf der Hand, dass Gespräche ausschließlich in der Mündlichkeit stattfinden können“ (BEIßWENGER 2007: 469). Beißwenger stellt so zu Recht fest, dass Chats keine Gespräche sind (ebd.) – auch keine „getippten“. Mit ebendieser terminologischen Unschärfe, aber ansonsten luzide, formuliert schon früh STORRER (2001: 5):

> Der Chat ist also keine neue kommunikative Gattung oder Gesprächsart, sondern eine Kommunikationstechnologie, mit der sich einerseits viele ‚traditionelle‘ Gesprächsarten in getippter Form organisieren lassen, in der aber auch neue Gesprächsarten entstehen, die kein Pendant in der Mündlichkeit mehr haben. Bei diesem Verständnis von Chat stellt sich dann die Frage, worin sich die Sprachproduktion in getippten Dialogen von der Produktion in mündlichen Dialogen unterscheidet, und wie sich die technischen Randbedingungen im Chat auf die sprachlichen Strukturen auswirken.

Vor dem Hintergrund der hier durchgeführten Vergleichsstudie kann man nun festhalten: Nicht, „dass es sich um eine schriftlich realisierte synchrone Form der Kommunikation handelt, macht die Neuartigkeit des Chat aus“ (SCHÖNFELDT 2001: 25), sondern dass es sich um schriftsprachliche Dialoge handelt.

[90] An dieser Stelle sei noch einmal auf die bereits kritisierte Beschreibung in KILIAN (2001: 71) hingewiesen, der Chat-Dialoge mit Gesprächsnotaten vergleicht. Auch in anderen Arbeiten ist die Bezeichnung von Chats als getippte Gespräche weit verbreitet.

7.3.2 Ergebnisse des Korpusvergleichs

Nachdem im vorigen Kapitel (Kap. 7.2) allgemein formale bzw. syntaktische Kriterien für die Bestimmung der Dialogizität von Texten diskutiert wurden, soll abschließend auf den dialogischen Charakter der in dieser Arbeit untersuchten Texte eingegangen und für das innovative Potential von Texten mit einem hohen Grad an Dialogizität argumentiert werden.

Es wurde deutlich, dass die SpinChat-Texte einen deutlich höheren Grad an Dialogizität aufweisen als die Texte aus dem ElitePartner-Forum. Diese Einschätzung ergibt sich zum einen aus den Befunden bezüglich des Modalverbgebrauchs in den beiden Korpora.

Die Chat-Texte zeigen eine signifikant höhere Tendenz zu Kurzformen als die Forumstexte. Unabhängig von der jeweiligen Akzeptabilität von infinitivlosen Verwendungen der modalen Verben im Schriftstandard tendieren die Akteure im Forum stärker zur Verwendung mit einem regierten Infinitiv – also auch dann, wenn die Verwendung ohne Infinitiv unmarkiert wäre. Umgekehrt gibt es im Chat eine starke Tendenz zu infinitivlosen Verwendungen, wobei auch häufiger als im Forum Muster realisiert werden, die in standardsprachlichen Schrifttexten nicht akzeptabel oder zumindest markiert wären. Diese Tendenz zu Kurzformen wird hier als Ausprägung eines hohen Grades an Dialogizität angesehen.

In den Chat-Texten kommen außerdem anaphorische Verwendungen der Modalverben deutlich häufiger vor als im Forum. Auch dieser Befund wird als Ausprägung eines höheren Grades an Dialogizität bei den Chat-Texten angesehen, insofern die anaphorische Verweisstruktur zur Kohäsion von Texten mit mehreren Sprecherrollen beiträgt.

Zum anderen ergibt sich die Einschätzung der Chat-Texte als stark dialogisch geprägte Texte aus den anderen Kriterien für Dialogizität, die als plausibel erachtet werden, jedoch im Rahmen dieser Arbeit nicht quantitativ vergleichend erfasst wurden. Dies sind vor allem das Kriterium der hohen Vorkommenshäufigkeit von Adressierungen und Apostrophen sowie das Kriterium der relativen Länge der Äußerungseinheiten.

Auch im Forum gibt es direkte Bezugnahmen auf vorhergehende Beiträge. Adressierungen werden dort meist mithilfe des Zeichens „@“ realisiert, das der zusätzlich durch ein „#“ markierten Nummer des betreffenden Beitrags vorangestellt wird[91]:

(229) @#9: Oh mygod. Das ist wieder dieses Gerede von der „Spezies Mann“ wie von einer anderen Gattung von einem fernen Stern. Als könnte man mit dieser Spezies nicht reden. (EP, Rubrik Single, 2010)

Es gibt im Forum also relativ feste Konventionen, nach denen die Schreiberin des Beitrags (Beispiel 229) auf den neunten Beitrag zum selben Thema Bezug nehmen kann.

[91] Die hier gezeigte Verwendung des @-Zeichens kommt auch im Chat vor, ist dort allerdings weniger häufig im Vergleich zu der ebenfalls gegebenen Möglichkeit der farbigen Hervorhebung des vorangestellten Nicknames der angesprochenen Person.

Das @-Zeichen in dieser Verwendung wäre dem Paradigma der Anredeformen hinzuzufügen (vgl. WEINRICH [2]2003: 822).

Der Befund verdeutlicht den graduellen Charakter von Dialogizität: Die Sprecherrollen in der Forumsdiskussion bearbeiten gemeinsam und dialogisch ein Thema, ihre Texte weisen folglich auch strukturell Spezifika dialogischer Texte auf. Grad und Ausprägung der Dialogizität sind jedoch von jenen der Chattexte verschieden. Eine Diskussion im Forum weist also einen höheren Grad an Dialogizität auf als beispielsweise eine typische Leserbriefdiskussion, aber einen geringeren als die Interaktionen in den Chatrooms.

7.3.3 Dialogizität und Differenzierung von Texten

Indem man Dialogizität mit der oberflächenstrukturellen (syntaktischen) Ausprägung von Texten verknüpft, kann man sie unabhängig von der mündlichen oder schriftlichen Realisierung der Texte betrachten. Zu fragen wäre dann nach spezifisch schriftsprachlichen und spezifisch gesprochensprachlichen Formen von Dialogizität. Theoretisch und methodisch nicht sinnvoll wäre hingegen die Festlegung, dass der höchste Grad an Dialogizität schriftlicher Texte zwangsläufig geringer sein müsse als der höchste Grad an Dialogizität gesprochener Texte. Eine analoge Festlegung trifft das Modell der Nähe- und Distanzsprachlichkeit – obwohl ja eigentlich die mediale und die konzeptionelle Ebene gerade als voneinander prinzipiell unabhängige Ebenen definiert werden sollten.

Der Vergleich mit dem ElitePartner-Forum hat gezeigt, dass das bloße Vorkommen dialogischer Strukturen in schriftlichen Texten kein Spezifikum des Chats und auch zweifellos kein Novum darstellt. Was die Besonderheit der Chat-Texte ausmacht, ist ein besonders hoher Grad an Dialogizität – so hoch, wie er zuvor in schriftlichen Texten kaum zu zeigen sein dürfte. Wo allerdings die Grenze zwischen (nur) quantitativen und (schon) qualitativ-kategorialen Unterschieden von Kommunikationsformen oder Textmustern zu ziehen ist, kann letztlich nur normativ entschieden werden. Solche Unterscheidungen begründen Gattungskonventionen und können didaktisch relevant sein.

Geschriebene und gesprochene Sprachzeichen ermöglichen unterschiedliche Handlungen, die entsprechend im Rahmen dieser jeweiligen Handlungsspielräume als näher oder distanzierter interpretiert werden. Hier ist STEIN (2005: 340) darin zuzustimmen, dass „die Herstellung einer Perzeption von Nähe und Distanz auch das Ergebnis von Kontextualisierung durch bestimmte sprachliche Wahlen" ist. Dialekt wird beispielsweise traditionell auch von den Sprecherinnen und Sprechern dem mündlichen Sprachgebrauch zugeordnet und von den Akteuren in den Chatrooms (und ähnlichen digitalen Textkulturen) erst für privaten Schriftsprachgebrauch etabliert. Dieses Beispiel zeigt, dass Strategien zur Herstellung größerer Nähe in schriftlichen Texten ähnlich wie in mündlichen funktionieren können. Allerdings sind die konkreten sprachlichen Elemente, die – schriftlich und/oder mündlich – als Nähesignale verwendet werden können, historischem Wandel unterworfen und sozialstilistisch differenziert. Mit historischem Wandel sind an dieser Stelle auch kurzlebige Moden und Trends gemeint: Im hier untersuchten Chat lassen sich klare Trends bei der Verwendung von Asterisken zur Markierung von Syntagmen mit Verbendstellung zeigen (vgl. HENN-MEMMESHEIMER/ EGGERS 2010).

Entscheidend für Nähesignale wie Dialektgebrauch in schriftlichen Texten ist der dialogische Charakter der Texte, denn ohne den hohen Grad an Dialogizität hätten die Akteure kein Motiv für die Herstellung größerer Nähe. Dialekt gab und gibt es schließlich auch in schriftsprachlichen Texten mit weniger starker Dialogizität (Mundartliteratur); die Nähe, die in solchen Texten durch den Dialekt erzeugt wird, ist jedoch von einer anderen Art als die Nähe zwischen mehreren Sprecherrollen.

„Nähe“ ist ein heterogener Begriff, mit dem mindestens die Aspekte raumzeitliche Nähe und soziale Nähe gemeint sein können. Ebenso heterogen sind die Merkmale, an denen Nähe festgemacht wird. Der hier vorgeschlagene Begriff von Dialogizität ist im Gegensatz dazu ausschließlich formal-syntaktisch definiert. Der Vorteil einer rein formalen Betrachtung könnte darin liegen, die Verwechslung von Ebenen wie im folgenden Zitat zu vermeiden:

> Weder ein Hervorhebungsakzent noch ein körpersprachlich begleitetes *pfui* [...] können im Distanzsprechen eingesetzt werden. Deshalb sind gerade in den als medial schriftlich aber konzeptionell nähesprachlich eingestuften Kommunikationsformen der neuen Medien zahlreiche Kompensationsstrategien zu beobachten wie bspw. die Emoticons. Ein Smiley kann die nicht vorhandene Ganzkörperkommunikation nur kompensieren, aber nicht herstellen. (HENNIG 2009: 76 f.)

Offensichtlich wird hier „Nähe“ (konzeptionelle Ebene) mit „Ganzkörperkommunikation“ (mediale Ebene) identifiziert. Aufgrund der Analogisierung dieser beiden Ebenen, deren analytische Trennung die Prämisse des Nähe-/Distanz-Modells gewesen war (vgl. Kap. 3), muss auch Hennig konsequenterweise auf die bereits ausführlich kritisierte (vgl. Kap. 3.2 und 6.2) Kompensationsthese schließen.

Nur in einer Perspektive, die Nähe(-signale) in der gesprochenen Sprache und Nähe(-signale) in der geschriebenen Sprache prinzipiell unabhängig voneinander betrachtet, können innovative Zeichenverwendungen in einem Medium als solche erfasst werden. In diesem Sinne sind auch die im ElitePartner-Forum belegten Adressierungen durch Voranstellung eines „@“ keine Kompensation der beispielsweise nicht vorhandenen Möglichkeit des Blickkontakts, sondern die innovative Verwendung eines schriftlichen Zeichens für die Zwecke eines dialogischen Schriftsprachgebrauchs.

Schrift ist nicht die Repräsentation der gesprochenen Sprache und deshalb ist es notwendig, das schriftsprachliche Spektrum zwischen zwei Polen „Nähe“ und „Distanz“ nicht aus dem entsprechenden Spektrum in der Mündlichkeit abzuleiten (vgl. FEILKE 2010: 213).

Dialogizität im hier entwickelten Sinn kann als ein strukturelles Merkmal von Texten mit deren Nähesprachlichkeit zusammenhängen, wobei Nähesprachlichkeit in Bezug auf schriftliche Texte aber von vorneherein etwas anderes meint als Nähesprachlichkeit in Bezug auf gesprochene Texte. Damit sind entsprechend angepasste Übernahmen von der Mündlichkeit in die Schriftlichkeit oder umgekehrt gerade nicht ausgeschlossen, sondern werden als solche und inklusive ihrer spezifischen Entwicklung als schriftliche bzw. mündliche Muster erst angemessen beschreibbar.

Der Vergleich zweier unterschiedlicher Kommunikationsformen (Chat und Forum) unter ähnlichen technischen Voraussetzungen spricht dafür, dass Akteure tatsächlich in unterschiedlicher Weise die medial bedingten Handlungsspielräume ausnutzen und unterschiedliche Konventionen digitaler Schriftlichkeit etablieren, die der Vielfalt an kommunikativen und stilistischen Interessen entsprechen.

8 Zusammenfassung und Ausblick

In der vorliegenden Arbeit wird nach einer Verortung des Themas innerhalb aktueller sprachwissenschaftlicher Forschungsbereiche (Kap. 1) eine Theorie sprachlicher Innovationen vorgestellt, die Entwicklungen im Sprachgebrauch auf allen linguistischen Beschreibungsebenen erfassen soll (Kap. 2).

Konstitutiv für das Zustandekommen einer sprachlichen Innovation ist die von geltender Norm abweichende oder markierte Verwendung einer Form bzw. eines Musters durch einen Sprachproduzenten. Die Zuschreibung von Innovativität kann dann durch die Rezipienten erfolgen, wenn sie die betreffende Sprachverwendung in ihrem Kontext als innovativ wahrnehmen. Erfolg und Ausbreitung der Innovation sind abhängig von den kontextuellen und stilistischen Effekten, die Akteure durch den innovativen, aufgegriffenen Sprachgebrauch hervorrufen können. Diese Effekte können auf spezifische mediale Kontexte, Textsorten oder soziale Stile bezogen sein. Eine Innovation muss weder allgemein als solche gewertet werden, noch muss die innovativ verwendete Form völlig neu sein. Innovativ ist eine Sprachverwendung niemals per se, sondern stets für spezifische Akteure und in spezifischen Texten. Vor dem Hintergrund dieser Überlegungen wird die Innovativität digitaler Kommunikationsformen (Chat und Forum) am Beispiel des Modalverbgebrauchs untersucht.

In Kap. 3 werden zunächst einige zeichentheoretische Überlegungen zu den Charakteristika digitaler schriftlicher Texte angestellt. Sprache ist grundsätzlich an eine materielle Erscheinungsform, d.h. an ein Medium gebunden, mit dessen Hilfe je spezifische Zeichen (visuell, akustisch oder anders wahrnehmbare Zeichen) produziert und rezipiert werden können. Die unterschiedlichen Zeichen ermöglichen auf verschiedene Weise Schlussfolgerungen zuzulassen bzw. Schlussfolgerungen zu ziehen. Die digitalen Schriftzeichen der Internetkommunikation eröffnen dementsprechend spezifische Handlungsspielräume und wurden von den Akteuren nach ihren Interessen ausgebaut und entwickelt – neue Zeichen wie die sogenannten Emoticons oder Smileys sind ein Beispiel für solche Entwicklungen.

Die in der Forschung dominante Beschreibung von Internetkommunikation als konzeptionell mündlich wird in Kap. 3.2 als zeichentheoretisch unhaltbar kritisiert. Da das Medium für die vermittelten Zeichen und deren Gebrauchsmöglichkeiten konstitutiv ist, lässt sich die materiell-mediale Ebene nicht von der konzeptionellen Ebene trennen.

Der Schriftzeichengebrauch innerhalb der hier untersuchten Chat- und Forumstexte wird daher nicht als sekundär oder kompensatorisch gegenüber mündlichen Dialogen betrachtet, sondern die Befunde werden als Entwicklungen der Schriftlichkeit beschrieben. Die qualitative Auswertung der beiden Korpora in Kap. 6.2 zeigt, dass die Akteure ihr eigenes Handeln als Umgang mit Schrift wahrnehmen und reflektieren.

Dessen ungeachtet haben viele syntaktische Muster in der informellen Schriftlichkeit (ältere) Entsprechungen in der gesprochenen Sprache. Dass ein Muster in der Mündlichkeit akzeptabel ist, sagt jedoch noch nichts über dessen Akzeptabilität in einem schriftlichen Text. Die aus der Mündlichkeit in die Schriftlichkeit übertragenen Muster sind dort zunächst einmal markiert. Solche Muster sowie deren unterschiedliche Vorkommenshäufigkeit in Chat und Forum weist nach einer Beschreibung der verwendeten Korpora in Kap. 4 die quantitative Korpusanalyse in Kap. 5.2 nach. Untersucht werden die Modalverben inklusive *brauchen*, wobei letzteres in den Chat-Texten bereits wesentlich stärker in das Modalverbparadigma integriert ist als in den standardnäheren Forums-Texten. Es zeigt sich insbesondere in den in dieser Hinsicht innovativeren Texten des untersuchten Chats ein gegenüber der schriftlichen Standardsprache deutlich breiteres Spektrum an Verwendungsmöglichkeiten der modalen Verben. Syntagmen, in denen das modale Verb als Vollverb gebraucht wird, stehen am Beginn der diachronen Entwicklung der heutigen Modalverben und werden bis auf bestimmte Ausnahmen in der schriftlichen Standardsprache durch Kombinationen aus Modalverb und Infinitiv ersetzt. In der Mündlichkeit bestand die Möglichkeit zum infinitivlosen Gebrauch weiter, was durch Dialektbeispiele belegbar ist. Die Verwendung solcher Muster in Chat und Forum wird hier nicht als Merkmal sogenannter konzeptioneller Mündlichkeit aufgefasst, sondern als innovative Übernahme von der Mündlichkeit in die Schriftlichkeit. Solche Gebrauchsweisen sind dadurch zu beschreiben, dass Muster mit neuen Signifikanzen in andere Kontexte als bisher eingebracht werden. Die Verwendung von Modalverben ohne Infinitiv ist schriftlich etwas anderes und erlaubt andere sozialstilistische Interpretationen als eine entsprechende mündliche Verwendungsweise.

Der Unterschied dieser hier eingenommenen Perspektive zu der etablierten Forschung zur Internetkommunikation besteht darin, die Besonderheiten digitaler schriftlicher Texte als Entwicklungen innerhalb der Schriftlichkeit zu betrachten. Schriftsprachgebrauch ist dann nicht mehr nur in Hinblick auf standardsprachliche Funktionalstile oder Textmuster zu beschreiben, sondern wie die gesprochene Sprache auch vor einem generell variationslinguistischen Hintergrund. Die Zunahme schriftlichen Sprachgebrauchs innerhalb privater Domänen eröffnet als ein neues Forschungsfeld der Linguistik die Beschreibung des schriftsprachlichen Variationsspektrums einer Sprache.

Die schreibenden Akteure nehmen die Variation wahr und bewerten sie. Im Forum, dessen Teilnehmerinnen und Teilnehmer völlig andere lebensstilistische Präferenzen haben als die Akteure im Chat, werden die innovativen Verwendungsweisen der digitalen Textkulturen weniger hoch gewertet und dementsprechend auch seltener eingesetzt.

Entwicklungen innerhalb einer kommunikativen Domäne müssen andere Domänen nicht zwangsläufig beeinflussen. Man kann deshalb davon ausgehen, dass sich Texttraditionen weiter differenzieren, jedoch ohne die Funktion und den Geltungsbereich der Standardschriftsprache zu beeinträchtigen.

Um die Frage nach der Innovativität der in den Korpora vorgefundenen Normabweichungen zu klären, findet eine Auseinandersetzung mit dem Konzept der Ellipse statt (Kap. 5.3.1). Vor dem Hintergrund der unterschiedlich stark grammatikalisierten Verwendungsmöglichkeiten der modalen Verben ist es nicht angemessen, die Muster als Ellipsen zu beschreiben, die zwar im schriftlichen Standard aufgegeben wurden, in mündlichen Diskursen jedoch weiter existierten und nun wieder innovativ in die (informelle) Schriftlichkeit eingebracht wurden. Allgemein wird dafür argumentiert, auf den Terminus *Ellipse* zu verzichten. Aus einer pragmatischen Perspektive ist der Vergleich von längeren und kürzeren Formen als Varianten angemessen, nicht aber die Charakterisierung einer Kurzform als Auslassung. Es darf keinesfalls davon ausgegangen werden, dass die beiden Varianten äquivalent oder austauschbar seien. Die Möglichkeit zur Variation ist immer mit sozialstilistischen oder textsorten- und domänenspezifischen Markierungen verbunden, ein Nebeneinander verschiedener Varianten kann Sprachwandelprozesse auslösen.

Zur Interpretation der unterschiedlich starken Ausprägung der Nonstandard-Verwendungen in Chat und Forum werden die beiden Korpora in einem weiteren Teil (Kap. 6) qualitativ untersucht. Diese Untersuchung erfolgt im Rahmen des von Gerhard Schulze entwickelten Lebensstilmodells und dessen spezifischer Anpassung an soziolinguistische Fragestellungen nach HENN-MEMMESHEIMER (2004a). Es kann durch Selbst- und Fremdbeschreibungen der Akteure belegt werden, dass im Chat tendenziell eine Orientierung an einem einfachen und spontanen Stil dominiert, während die Beiträge im Forum durch ein Interesse an Ordnung und Komplexität geprägt sind. Das Interesse an etablierten Ordnungen bedeutet umgekehrt eine Distanz gegenüber sprachlichen Innovationen.

Um neben den lebensstilistisch unterschiedlichen Orientierungen auch strukturelle Unterschiede zwischen den untersuchten Chat- und Forumstexten beschreiben zu können, wird in Kap. 7 für ein Konzept von Dialogizität argumentiert, das auch schriftliche Texte erfasst. Unter Einbeziehung dieses Dialogizitätsbegriffs lassen sich folgende Zusammenhänge herausarbeiten: Die noch jungen Formen digitaler Schriftlichkeit ermöglichen bisher so nicht erwartbare dialogische Strukturen innerhalb der Schriftlichkeit. Als strukturelle Eigenschaft digitaler Schriftlichkeit motiviert Dialogizität innovativen Schriftsprachgebrauch, dessen tatsächliches Vorkommen je nach lebensstilistischer Wertung von Innovativität variiert.

Im Rahmen der hier vorgelegten Studie werden Kurzformen und anaphorische Strukturen als Merkmale einer ausgeprägten dialogischen Strukturierung betrachtet (Kap. 7.2). Nicht alle Kurzformen, die sich einer dialogischen Strukturierung verdanken, haben einen innovativen Charakter. Dass die hier beschriebenen, innovativen

Kurzformen mit modalen Verben in den Chat-Texten eine größere Rolle spielen als in den Forums-Texten, ist allerdings durch den höheren Grad an Dialogizität dieser Texte gegenüber herkömmlichem Schriftgebrauch strukturell motiviert.

Die Ergebnisse der Arbeit weisen an verschiedenen Stellen auf weitere Forschungsmöglichkeiten hin, die hier abschließend noch als Desiderata beschrieben werden.

Die Abhängigkeit der Variantenwahrnehmung und -bewertung von lebensstilistischen Präferenzen in spezifischen kommunikativen Kontexten legt es nahe, gerade die in dieser Arbeit dargestellten Befunde zum Gebrauch der modalen Verben in größeren und in anders zusammengestellten Korpora zu überprüfen. Trotz der enormen Forschungsarbeit zum deutschen Modalverbsystem kann das tatsächliche Gebrauchsspektrum dieser Verben offenbar noch nicht angemessen durch den gegenwärtigen Stand der Grammatikschreibung erfasst werden.

Ein weiteres Desiderat stellt eine präzisere Ausarbeitung des in Kap. 7 vertretenen Konzepts von Dialogizität dar. Genauer zu klären wäre das Verhältnis von Dialogizität als einem nicht auf mündliche oder schriftliche Texte beschränkten Strukturmerkmal zu anderen Verwendungsweisen von *Dialog*. Außer den in dieser Arbeit beschriebenen Kurzformen und Anaphern werden weitere Merkmale von Dialogizität nur theoretisch erörtert und wären demnach noch empirisch zu überprüfen. Weitere Vergleiche zwischen verschiedenen Arten von Chats und Foren sowie Vergleiche mit anderen schriftsprachlichen Kommunikationsformen und mit Gesprächen wären notwendig zur Fundierung des vorgeschlagenen Konzepts.

Hinsichtlich terminologischer Schärfungen könnte es für die künftige Forschung interessant sein, das Verhältnis von Dialogizität und Innovativität zu Kreativität zu klären. Dialogizität und Innovativität werden in dieser Arbeit so verwendet, dass damit eher Performanzen bzw. sprachliche Produkte beschreibbar sind, während Kreativität keine Eigenschaft von Texten, sondern von Textproduzenten ist. Hier besteht weiterer Forschungsbedarf mindestens in den Bereichen von Sprachdidaktik und Sprachwandelforschung.

9 Literatur

ABRAHAM, WERNER (2008): Wie ist die historisch spezifische Ausgliederung der Modalitäten bei den deutschen Modalverben denkbar? In: Linguistische Berichte 214/2008, 183–210.

ÁGEL, VILMOS (2010): Explizite Junktion. Theorie und Operationalisierung. In: ARNE ZIEGLER (Hg.): Historische Textgrammatik und historische Syntax des Deutschen. Traditionen, Innovationen, Perspektiven. Bd. 2: Frühneuhochdeutsch, Neuhochdeutsch. Berlin/New York, 899–935.

ÁGEL, VILMOS/HENNIG, MATHILDE (2006a): Theorie des Nähe- und Distanzsprechens. In: DIES. (Hgg.): Grammatik aus Nähe und Distanz. Theorie und Praxis am Beispiel von Nähetexten 1650–2000. Tübingen, 3–31.

ÁGEL, VILMOS/HENNIG, MATHILDE (2006b): Praxis des Nähe- und Distanzsprechens. In: DIES. (Hgg.): Grammatik aus Nähe und Distanz. Theorie und Praxis am Beispiel von Nähetexten 1650–2000. Tübingen, 33–74.

ÁGEL, VILMOS/HENNIG, MATHILDE (2007): Überlegungen zur Theorie und Praxis des Nähe- und Distanzsprechens. In: DIES. (Hgg.): Zugänge zur Grammatik der gesprochenen Sprache. Tübingen, 179–214.

ALEXANDER, THOR (2006): Elektronischer Knigge. Netiquette und Verhaltensregeln für die berufliche und private Tele- und Onlinekommunikation. Berlin.

ALBERT, GEORG/HENN-MEMMESHEIMER, BEATE (2010): „Russendisko“. Motive und Effekte eines innovativen Tauschs. In: OLGA KAFANOVA/NONA RAZUMOVA (Hgg.): Русское в немецких дискурсах, немецкое в русских дискурсах. Материалы российско-германского семинара 27 июня–3 июля 2009. Томск, 7–35. (Russisches in deutschen Diskursen, Deutsches in russischen Diskursen. Sammelband zur russisch-deutschen Tagung am 27. Juni – 3. Juli 2009. Tomsk, 7–35.

AMMON, ULRICH (2005): Standard und Variation: Norm, Autorität, Legitimation. In LUDWIG M. EICHINGER/WERNER KALLMEYER (Hgg.): Standardvariation. Wie viel Variation verträgt die deutsche Sprache?Berlin/New York, 28–40.

ANDROUTSOPOULOS, JANNIS K. (1998): Deutsche Jugendsprache. Untersuchungen zu ihren Strukturen und Funktionen. Frankfurt a.M.

ANDROUTSOPOULOS, JANNIS K. (2007): Neue Medien – neue Schriftlichkeit? In: WERNER HOLLY/INGWER PAUL (Hgg.): Medialität und Sprache. Mitteilungen des Deutschen Germanistenverbandes 54; 1/2007, 72–97.

AUER, PETER (2000): *On line*-Syntax – Oder: Was es bedeuten könnte, die Zeitlichkeit der mündlichen Sprache ernst zu nehmen. In: Sprache und Literatur85/2000, 43–56.

AUER, PETER (2002): ‚Türkenslang': Ein jugendsprachlicher Ethnolekt des Deutschen und seine Transformationen. In: HÄCKI BUHOFER, ANNELIES (Hg.): Spracherwerb und Lebensalter. Tübingen/Basel, 255–264.

BEAUGRANDE, ROBERT-ALAIN DE/DRESSLER, WOLFGANG ULRICH (1981): Einführung in die Textlinguistik. Tübingen.

BECKER, ALBRECHT (1996): Rationalität strategischer Entscheidungsprozesse. Ein strukturationstheoretisches Konzept. Wiesbaden.

BERNHARD, J. (1903): Zur Syntax der gesprochenen Sprache. In: Jahrbuch des Vereins für niederdeutsche Sprachforschung. Neumünster, 1–25.

BAUER, ERIKA (1961): Neckarsteinach und Darsberg Kreis Bergstraße. (Lautbibliothek der deutschen Mundarten 23/24). Göttingen.

BACHTIN, MICHAIL M. (1979): Die Ästhetik des Wortes. Hg. u. eingeleitet von Rainer Grübel. Übers. von Rainer Grübel und Sabine Reese. Frankfurt a.M.

BEIßWENGER, MICHAEL (2007) Sprechhandlungskoordination in der Chat-Kommunikation. Berlin/New York.

BEIßWENGER, MICHAEL (2010): Chattern unter die Finger geschaut: Formulieren und Revidieren bei der schriftlichen Verbalisierung in synchroner internetbasierter Kommunikation. In: VILMOS ÁGEL/MATHILDE HENNIG (Hgg.): Nähe und Distanz im Kontext variationslinguistischer Forschung. Berlin/New York, 247–294.

BORTH, MARCO (2009): Autoren und Figuren nicht-literarischer Texte. In: BEATE HENN-MEMMESHEIMER/JOACHIM FRANZ (Hgg.): Die Ordnung des Standard und die Differenzierung der Diskurse. Akten des 41. Linguistischen Kolloquiums in Mannheim 2006. Teil 1. Frankfurt a.M., 241–251.

BOURDIEU, PIERRE [1979] (1987): Die feinen Unterschiede. Kritik der gesellschaftlichen Urteilskraft. Frankfurt a.M.

BOURDIEU, PIERRE [1982] (^{2}2005): Was heißt sprechen? Zur Ökonomie des sprachlichen Tausches. Wien.

BÜHLER, KARL [1934] (^{3}1999): Sprachtheorie. Die Darstellungsfunktion der Sprache. Mit einem Geleitwort von Friedrich Kainz. Stuttgart.

BURDORF, DIETER (^{2}1997): Einführung in die Gedichtanalyse. Stuttgart/Weimar.

BUSLER, CHRISTINE/SCHLOBINSKI, PETER (1997): „Was er [schon] [...] konstruieren kann – das sieht er [oft auch] als Ellipse an." Über ‚Ellipsen', syntaktische Formate und Wissensstrukturen. In: PETER SCHLOBINSKI (Hg.): Syntax des gesprochenen Deutsch. Opladen, 93–115.

BUSSE, DIETRICH/TEUBERT, WOLFGANG (1994): Ist Diskurs ein sprachwissenschaftliches Objekt? Zur Methodenfrage der historischen Semantik. In: BUSSE, DIETRICH ET AL.

(Hgg.): Begriffsgeschichte und Diskursgeschichte. Methodenfragen und Forschungsergebnisse der historischen Semantik. Opladen, 10–28.

BUSSE, DIETRICH (2008): Linguistische Epistemologie. Zur Konvergenz von kognitiver und kulturwissenschaftlicher Semantik am Beispiel von Begriffsgeschichte, Diskursanalyse und Frame-Semantik. In: HEIDRUN KÄMPER/LUDWIG M. EICHINGER (Hgg.): Sprache – Kognition – Kultur. Sprache zwischen mentaler Struktur und kultureller Prägung. Berlin/New York, 73–114.

CHERUBIM, DIETER (1980): Abweichung und Sprachwandel. In: Ders. (Hg.): Fehlerlinguistik. Beiträge zum Problem der sprachlichen Abweichung. Tübingen, 124–152.

COSERIU, EUGENIO [1958] (1973): Sincronía, Diacronia e Historia. El Problema del Cambio Lingüístico. Madrid.

COSERIU, EUGENIO [1958] (1974): Synchronie, Diachronie und Geschichte. Das Problem des Sprachwandels. Übers. v. Helga Sohre. München.

DEPPERMANN, ARNULF/SCHMIDT, AXEL (2001): Hauptsache Spaß – Zur Eigenart der Unterhaltungskultur Jugendlicher. In: Der Deutschunterricht 6/2001, 27–37.

DEPPERMANN, ARNULF/LINKE, ANGELIKA (2010): Einleitung: Warum ‚Sprache intermedial'? In: DIES. (Hgg.): Sprache intermedial. Stimme und Schrift, Bild und Ton. Berlin/New York, VII–XIV.

DIEWALD, GABRIELE (1999): Die Modalverben im Deutschen. Grammatikalisierung und Polyfunktionalität. Tübingen.

DOSSE, FRANÇOIS (1997): Geschichte des Strukturalismus. Bd. 2: Die Zeichen der Zeit, 1967–1991. Hamburg

DUDEN (1960): Fremdwörterbuch. Der große Duden Bd. 5. Mannheim.

DUDEN (2005): Die Grammatik. 7. Aufl. Der große Duden Bd. 4. Mannheim u.a.

DUDEN (2007): Richtiges und gutes Deutsch. Wörterbuch der sprachlichen Zweifelsfälle. 6. Aufl. Der große Duden Bd. 9. Mannheim u.a.

DÜRSCHEID, CHRISTA (2011): Ein neues Schreiben? In: Sprachreport 27; 1/2011, 9–14.

ECKKRAMMER, EVA MARTHA (2002): Brauchen wir einen neuen Textbegriff? In: ULLA FIX ET AL. (Hgg.): Brauchen wir einen neuen Textbegriff? Antworten auf eine Preisfrage. Frankfurt a.M. u.a., 31–57.

ECKKRAMMER, EVA MARTHA (2010): Kontrastive Medientechnologie und die historische Dimension – eine theoretisch-methodische Auslotung. In: MARTIN LUGINBÜHL/STEFAN HAUSER (Hgg.): MedienTextKultur. Linguistische Beiträge zur kontrastiven Medienanalyse. Landau, 43–65.

EICHINGER, LUDWIG M. (2000): Deutsche Wortbildung. Eine Einführung. Tübingen.

EICHINGER, LUDWIG M. (2005): Wer fest steht, kann sich freier bewegen. Freiheit im Rahmen standardsprachlicher Normen. In: LUDWIG M. EICHINGER/WERNER KALLMEYER (Hgg.): Standardvariation. Wie viel Variation verträgt die deutsche Sprache? (= Institut für Deutsche Sprache Jahrbuch 2004). Berlin/New York, S. 1–6.

EISENBERG, PETER (1999): Grundriß der deutschen Grammatik. Bd. 2: Der Satz. Stuttgart/Weimar.

EROMS, HANS-WERNER (2000): Syntax der deutschen Sprache. Berlin/New York.

FEHRMANN, GISELA/LINZ, ERIKA (2009): Eine Medientheorie ohne Medien? Zur Unterscheidung von konzeptioneller und medialer Mündlichkeit und Schriftlichkeit. In: ELISABETH BIRK/JAN GEORG SCHNEIDER (Hgg.): Philosophie der Schrift. Tübingen, 123–143.

FEILKE, HELMUTH (1994): Common sense-Kompetenz. Überlegungen zu einer Theorie des ‚sympathischen' und ‚natürlichen' Meinens und Verstehens. Frankfurt a.M.

FEILKE, HELMUTH (2010): Schriftliches Argumentieren zwischen Nähe und Distanz – am Beispiel wissenschaftlichen Schreibens. In: VILMOS ÁGEL/MATHILDE HENNIG (Hgg.): Nähe und Distanz im Kontext variationslinguistischer Forschung. Berlin/New York, 209–231.

FEILKE, HELMUTH/KAPPEST, KLAUS-PETER/KNOBLOCH, CLEMENS (2001): Grammatikalisierung, Spracherwerb und Schriftlichkeit – Zur Einführung in das Thema. In: DIES. (Hgg.): Grammatikalisierung, Spracherwerb und Schriftlichkeit. Tübingen, 1–28.

FELLER, OTTO (1914): Das Fürwort in der Mundart von Gerolzhofen (Ufr.). Ein Beitrag zur Syntax der ostfränkischen Mundarten. Würzburg.

FLEISCHER, JÜRG (2010): Zum Verhältnis von Dialektsyntax und Syntax der Nähekommunikation. In: VILMOS ÁGEL/MATHILDE HENNIG (Hgg.): Nähe und Distanz im Kontext variationslinguistischer Forschung. Berlin/New York, 85–108.

FRANKE, WILHELM (1990): Elementare Dialogstrukturen. Darstellung, Analyse, Diskussion. Tübingen.

FRITZ, GERD (1997): Historische Semantik der Modalverben. Problemskizze – exemplarische Analysen – Forschungsüberblick. In: GERD FRITZ/THOMAS GLONING (Hgg.): Untersuchungen zur semantischen Entwicklungsgeschichte der Modalverben im Deutschen. Tübingen, 1–157.

FRITZ, GERD (^{2}2006): Historische Semantik. Stuttgart.

FRITZ, THOMAS (2010): Nähe und Distanz im Text. In: VILMOS ÁGEL/MATHILDE HENNIG (Hgg.): Nähe und Distanz im Kontext variationslinguistischer Forschung. Berlin/New York, 233–246.

GABELENTZ, GEORG VON DER [1891] (1984): Die Sprachwissenschaft. Ihre Aufgaben, Methoden und bisherigen Ergebnisse. Mit einer Studie von Eugenio Coseriu neu hrsg. von Gunter Narr u. Uwe Petersen. Tübingen.

GEBHARDT, AUGUST/BREMER, OTTO (1907): Grammatik der Nürnberger Mundart. Leipzig.

GEVORGYAN-NINNESS, STELLA (2005): Die Herausbildung des epistemischen Ausdrucks im Deutschen, Russischen und Armenischen. Frankfurt a.M.

GIDDENS, ANTHONY (^{3}1997): Die Konstitution der Gesellschaft. Grundzüge einer Theorie der Strukturierung. Frankfurt a.M./New York.

GIRNTH, HEIKO (2000): Untersuchungen zur Theorie der Grammatikalisierung am Beispiel des Westmitteldeutschen. Tübingen.

GOFFMANN, ERVING (^{4}1983): Wir alle spielen Theater. Die Selbstdarstellung im Alltag. München.

GRICE, H. PAUL [1975] (1993): Logik und Konversation. In: GEORG MEGGLE (Hg.): Handlung, Kommunikation, Bedeutung. Frankfurt a.M., 243–265.

GROEBEN, NORBERT/SCHEELE, BRIGITTE (2003): Die Produktion von Ironie. In: THEO HERRMANN/JOACHIM GRABOWSKI (Hgg.): Enzyklopädie der Psychologie. Themenbereich C: Theorie und Forschung. Serie III: Sprache. Bd. 1: Sprachproduktion. Göttingen, 733–763.

GROYS, BORIS (^{3}2004): Über das Neue. Versuch einer Kulturökonomie. Frankfurt a.M.

GRÜTTEMEIER, RALF (1993): Dialogizität und Intentionalität bei Bachtin. In: Deutsche Vierteljahrsschrift für Literaturwissenschaft und Geistesgeschichte 67; 4/1993, 764–783.

GUENTHERODT, INGRID (1982): Dudenrode Kr. Witzenhausen, Netra Kr. Eschwege (Phonai. Lautbibliothek der europäischen Sprachen und Mundarten. Deutsche Reihe. Bd. 23. Monographien 14). Tübingen.

HABSCHEID, STEPHAN (2000): ‚Medium' in der Pragmatik. Eine kritische Bestandsaufnahme. In: Deutsche Sprache 28; 2/2000, 126–143.

HABSCHEID, STEPHAN (2003): Sprache in der Organisation. Sprachreflexive Verfahren im systemischen Beratungsgespräch. Berlin/New York.

HAAS, WALTER (1978): Sprachwandel und Sprachgeographie. Untersuchungen zur Struktur der Dialektverschiedenheit am Beispiele der schweizerdeutschen Vokalsysteme. Wiesbaden.

HASPELMATH, MARTIN (2002): Grammatikalisierung: von der Performanz zur Kompetenz ohne angeborene Grammatik. In: SYBILLE KRÄMER/EKKEHARD KÖNIG (Hgg.): Gibt es eine Sprache hinter dem Sprechen? Frankfurt a.M., 262–286.

HELBIG, GERHARD/BUSCHA, JOACHIM (2001): Deutsche Grammatik. Ein Handbuch für den Ausländerunterricht. Berlin u.a.

HENNIG, MATHILDE (2006): Grammatik der gesprochenen Sprache in Theorie und Praxis. Kassel.

HENNIG, MATHILDE (2009): Nähe und Distanzierung. Verschriftlichung und Reorganisation des Nähebereichs im Neuhochdeutschen. Kassel.

HENNIG, MATHILDE (2010): Aggregative Koordinationsellipsen im Neuhochdeutschen. In: ARNE ZIEGLER (Hg.): Historische Textgrammatik und historische Syntax des Deutschen. Traditionen, Innovationen, Perspektiven. Bd. 2: Frühneuhochdeutsch, Neuhochdeutsch. Berlin/New York, 937–963.

HENN-MEMMESHEIMER, BEATE (2004a): Handlungsspielräume im sprachlichen Variationsfeld. In: Der Deutschunterricht 1/2004, 26–40.

HENN-MEMMESHEIMER, BEATE (2004b): Syntaktische Minimalformen: Grammatikalisierungen in einer medialen Nische. In: FRANZ PATOCKA/PETER WIESINGER (Hgg.): Morphologie und Syntax deutscher Dialekte und Historische Dialektologie des

Deutschen. Beiträge zum 1. Kongress der Internationalen Gesellschaft für Dialektologie des Deutschen, Marburg/Lahn, 5.–8. März 2003. Wien, 84–118.

HENN-MEMMESHEIMER, BEATE (2006): Wortgeschichten: Driften im semantischen Raum. In: MATTHIAS EITELMANN/NADYNE STRITZKE (Hgg.): Ex Praeteritis Praesentia. Sprach-, literatur- und kulturwissenschaftliche Studien zu Wort- und Stoffgeschichten. Festschrift zum 70. Geburtstag von Theo Stemmler. Heidelberg, 43–66.

HENN-MEMMESHEIMER, BEATE (2010): Sprachliche Innovationen als Ready-made. Zur Soziologie und Semantik sprachlicher Varianten. In: PETER GILLES/JOACHIM SCHARLOTH/EVELYN ZIEGLER (Hgg.): Variatio delectat. Empirische Evidenzen und theoretische Passungen sprachlicher Variation. Frankfurt a.M., 161–195.

HENN-MEMMESHEIMER, BEATE/EGGERS, ERNST (2010): Inszenierung, Etablierung und Auflösung: Karriere einer grammatischen Konstruktion im Chat zwischen 2000 und 2010. In: networx 57 [http://www.mediensprache.net/networx/networx-57.pdf]. <21. Juni 2010>

HENTSCHEL, ELKE/WEYDT, HARALD (^{3}2003): Handbuch der deutschen Grammatik. 3., völlig neu bearb. Aufl. Berlin/New York.

HEPP, ANDREAS (^{3}2010): Cultural Studies und Medienanalyse. Eine Einführung. 3., überarb. u. erw. Aufl. Wiesbaden.

HERBERG, DIETER ET AL. (Hgg.) (2004): Neuer Wortschatz. Neologismen der 90er Jahre im Deutschen. Berlin/New York.

HÖFLICH, JOACHIM R. (2003): Mensch, Computer und Kommunikation. Theoretische Verortungen und empirische Befunde. Frankfurt a.M. u.a.

JÄGER, LUDWIG (2005): Vom Eigensinn des Mediums Sprache. In: DIETRICH BUSSE/THOMAS NIER/MARTIN WENGELER (Hgg.): Brisante Semantik. Neuere Konzepte und Forschungsergebnisse einer kulturwissenschaftlichen Linguistik. Tübingen, 45–64.

JÄGER, LUDWIG (2007): Medium Sprache. Anmerkungen zum theoretischen Status der Sprachmedialität. In: WERNER HOLLY/INGWER PAUL (Hgg.): Medialität und Sprache. Mitteilungen des Deutschen Germanistenverbandes 54; 1/2007, 8–24.

JÄGER, LUDWIG (2010): Intermedialität – Intramedialität – Transkriptivität. Überlegungen zu einigen Prinzipien der kulturellen Semiosis. In: ARNULF DEPPERMANN/ANGELIKA LINKE (Hgg.): Sprache intermedial. Stimme und Schrift, Bild und Ton. Berlin/New York, 301–323.

JENSEN, HELLE ØSTKJÆR (1987): Eine kontrastive Analyse der dänischen Modalverben BEHØVE und MÅTTE und ihrer deutschen Äquivalente BRAUCHEN, DÜRFEN, MÖGEN und MÜSSEN. Odense.

JOHN, RENÉ (2005): Innovationen als irritierende Neuheiten. Evolutionstheoretische Perspektiven. In: JENS ADERHOLD/RENÉ JOHN (Hgg.): Innovation. Sozialwissenschaftliche Perspektiven. Konstanz, 49–64.

KARCH, DIETER (1975): Mannheim – Umgangssprache. (Phonai. Lautbibliothek der europäischen Sprachen und Mundarten. Deutsche Reihe. Bd. 16. Monographien 8). Tübingen.

KARCH, DIETER (1979): Jockgrim Kr. Germersheim, Niederhorbach Kr. Landau-Bad Bergzabern (Phonai. Lautbibliothek der europäischen Sprachen und Mundarten. Deutsche Reihe. Bd. 16. Monographien 8). Tübingen.

KEIM, INKEN (²2008): Die „türkischen Powergirls". Lebenswelt und kommunikativer Stil einer Migrantinnengruppe in Mannheim. (= Studien zur deutschen Sprache 39). Tübingen.

KEIM, INKEN/KNÖBL, RALF (2007): Sprachliche Varianz und sprachliche Virtuosität türkischstämmiger *Ghetto*-Jugendlicher in Mannheim. In: CHRISTIAN FANDRYCH/REINIER SALVERDA (Hgg.): Standard, Variation und Sprachwandel in germanischen Sprachen. Standard, Variation and Language Change in Germanic Languages. Tübingen, 157–199.

KELLER, RUDI (³2003): Sprachwandel. Von der unsichtbaren Hand in der Sprache. Tübingen/Basel.

KILIAN, JÖRG (2001): T@stentöne. Geschriebene Umgangssprache in computervermittelter Kommunikation. Historisch-kritische Ergänzungen zu einem neuen Feld der linguistischen Forschung. In: MICHAEL BEIẞWENGER (Hg.): Chat-Kommunikation. Sprache, Interaktion, Sozialität & Identität in synchroner computervermittelter Kommunikation. Perspektiven auf ein interdisziplinäres Forschungsfeld. Stuttgart, 55–78.

KINDT, WALTHER (1985): Grammatische Prinzipien sogenannter Ellipsen und ein neues Syntaxmodell. In: REINHARD MEYER-HERMANN/HANNES RIESER (Hgg.): Ellipsen und fragmentarische Ausdrücke. Bd. 1. Tübingen, 161–290.

KLEIN, WOLFGANG (1985): Ellipse, Fokusgliederung und thematischer Stand. In: REINHARD MEYER-HERMANN/HANNES RIESER (Hgg.): Ellipsen und fragmentarische Ausdrücke. Bd. 1. Tübingen, 1–24.

KNOBLOCH, CLEMENS (2001): „Kritische Kontexte" in der Aneignung modaler Formen und Schemata. Siegen (= Siegener Papiere zur Aneignung Sprachlicher Strukturformen 9).

KOCH, PETER (2004): Sprachwandel, Mündlichkeit und Schriftlichkeit. In: Zeitschrift für romanische Philologie 120; 4/2004, 605–630.

KOCH, PETER (2010): Sprachgeschichte zwischen Nähe und Distanz: Latein – Französisch – Deutsch. In: VILMOS ÁGEL/MATHILDE HENNIG (Hgg.): Nähe und Distanz im Kontext variationslinguistischer Forschung. Berlin/New York, 156–206.

KOCH, PETER/OESTERREICHER, WULF (1990): Gesprochene Sprache in der Romania: Französisch, Italienisch, Spanisch. Tübingen.

KOCH, PETER/OESTERREICHER, WULF (2007): Schriftlichkeit und kommunikative Distanz. In: Zeitschrift für Germanistische Linguistik 35/2007, 346–375.

KÖGLER, HANS-HERBERT (1992): Die Macht des Dialogs. Kritische Hermeneutik nach Gadamer, Foucault und Rorty. Stuttgart.

KRÄMER, SYBILLE (2010): Sprache, Stimme, Schrift: Zur impliziten Bildlichkeit sprachlicher Medien. In: ARNULF DEPPERMANN/ANGELIKA LINKE (Hgg.): Sprache intermedial. Stimme und Schrift, Bild und Ton. Berlin/New York, 13–28.

LADSTÄTTER, FRANCINA (2004): Die „unsichtbare Hand“ in der Sprache. Eine kritische Betrachtung von Kellers Sprachwandeltheorie. In: Linguistik online 18, 1/04. [http://www.linguistik-online.com/18_04/ladstaetter.html]<01. 05. 2010>

LAUSBERG, HEINRICH (^{3}1990): Handbuch der literarischen Rhetorik. Eine Grundlegung der Literaturwissenschaft. Stuttgart.

LEISS, ELISABETH (2009): Drei Spielarten der Epistemizität, drei Spielarten der Evidentialität und drei Spielarten des Wissen. In: WERNER ABRAHAM/ELISABETH LEISS (Hgg.): Modalität. Epistemik und Evidentialität bei Modalverb, Adverb, Modalpartikel und Modus. Tübingen, 3–24.

LENZ, BARBARA (1996): Wie *brauchen* ins Deutsche Modalverb-System geriet und welche Rolle es darin spielt. In: Beiträge zur Geschichte der deutschen Sprache und Literatur 118, 391–422.

LÖTSCHER, ANDREAS (1999): Topikalisierungsstrategien und die Zeitlichkeit der Rede. In: Angelika Redder / Jochen Rehbein (Hgg.): Grammatik und mentale Prozesse. Tübingen, 143–169.

LÖTSCHER, ANDREAS (2010): Auf der Suche nach syntaktischen „Nähe-Distanz“-Signalen in frühneuhochdeutschen Texten. In: VILMOS ÁGEL/MATHILDE HENNIG (Hgg.): Nähe und Distanz im Kontext variationslinguistischer Forschung. Berlin/New York, 111–134.

LUHMANN, NIKLAS (1994): Die Wirtschaft der Gesellschaft. Frankfurt a.M.

LYONS, JOHN (1995): Linguistic Semantics. An Introduction. Cambridge.

MAIWALD, CORDULA (2004): Der Modalverbgebrauch im Bairischen. In: ALBRECHT GREULE ET AL. (Hgg.): Die bairische Sprache. Studien zu ihrer Geographie, Grammatik, Lexik und Pragmatik. Festschrift Ludwig Zehetner. Regensburg, 99–111.

MIKOS, LOTHAR/CLAUDIA WEGENER (Hgg.) (2005): Qualitative Medienforschung. Ein Handbuch. Konstanz.

MOERS, MICHAELA (2006). Sprache und Kommunikation Jugendlicher im Internet. Untersuchungen in Chats und Foren. In: Germanistische Linguistik 182/183, 271–301.

MOSER, HUGO (1967): Sprache – Freiheit oder Lenkung? Zum Verhältnis von Sprachnorm, Sprachwandel, Sprachpflege. Mannheim.

MÜLLER-LANCÉ, JOHANNES (2004): Originalität und Fremdbestimmung: Graphievarianten in französischen und spanischen Chats. In: SABINE KLAEGER/MARKUS H. MÜLLER (Hgg.): Medien und kollektive Identitätsbildung. Ergebnisse des 3. Franko-Romanisten-Kongresses, Aachen 26.–29. September 2002. Wien, 196–213.

NASSEHI, ARMIN (2008): Soziologie. Zehn einführende Vorlesungen. Wiesbaden.

NAUMENKO, ELENA (2008): Grammatikalisierung im kindlichen Erstspracherwerb. Dissertation, Mannheim. [http://madoc.bib.uni-mannheim.de/madoc/volltexte/2010/2965/]<06. 07. 2011>

NEULAND, EVA (1980): Sozio-ökonomische Differenzen im Sprachverhalten von Vorschulkindern. In: WILHELM BRINKMANN (Hg.): Erziehung – Schule – Gesellschaft. Bad Heilbrunn, 62–79.

NEULAND, EVA (2003): Sprachvarietäten – Fachsprachen – Sprachnormen. In: URSULA BREDEL ET AL. (Hgg.): Didaktik der deutschen Sprache. Ein Handbuch. Bd. 1. Paderborn u.a., 52–68.

NEULAND, EVA (2006): Jugendsprachen – Was man über sie und was man an ihnen lernen kann. In: DIES. (Hg.): Variation im heutigen Deutsch: Perspektiven für den Sprachunterricht. Frankfurt a.M., 223–241.

NEULAND, EVA (2008): Jugendsprache. Eine Einführung. Tübingen.

OESTERREICHER, WULF (2010): Sprachliche Daten und linguistische Fakten – Variation und Varietäten. Bemerkungen zu Status und Konstruktion von Varietäten, Varietätenräumen und Varietätendimensionen. In: VILMOS ÁGEL/MATHILDE HENNIG (Hgg.): Nähe und Distanz im Kontext variationslinguistischer Forschung. Berlin/New York, 23–62.

ÖHLSCHLÄGER, GÜNTHER (1989): Zur Syntax und Semantik der Modalverben des Deutschen. Tübingen.

ORTNER, HANSPETER (1985): Welche Rolle spielen die Begriffe „Ellipse“, „Tilgung“, „Ersparung“ usw. in der Sprachbeschreibung? In: REINHARD MEYER-HERMANN/ HANNES RIESER (Hgg.): Ellipsen und fragmentarische Ausdrücke. Bd. 2. Tübingen, 165–202.

OTTE, GUNNAR (2004): Sozialstrukturanalysen mit Lebensstilen. Eine Studie zur theoretischen und methodischen Neuorientierung der Lebensstilforschung. Wiesbaden.

OTTE, GUNNAR (2009): Soziale Ungleichheit, Lebensstil und Sprache. In: BEATE HENN-MEMMESHEIMER/JOACHIM FRANZ (Hgg.): Die Ordnung des Standard und die Differenzierung der Diskurse. Akten des 41. Linguistischen Kolloquiums in Mannheim 2006. Teil 1. Frankfurt a.M., 15–32.

PERRIN, DANIEL (2006): Medienlinguistik. Stuttgart.

PETER, LOTHAR (2004): Soziologie des pluralen Akteurs: Bernard Lahire. In: STEPHAN MOEBIUS/LOTHAR PETER (Hgg.): Französische Soziologie der Gegenwart. Konstanz, 297–322.

PLEWNIA, ALBRECHT (2003): Sätze, denen nichts fehlt. Eine dependenzgrammatische Untersuchung elliptischer Konstruktionen. Am Beispiel des mitteldeutschen Dialekts des Ermlands. Hildesheim u.a.

PORZIG, WALTER ([2]1957): Das Wunder der Sprache. Probleme, Methoden und Ergebnisse der modernen Sprachwissenschaft. Bern.

RADFORD, ANDREW (1997): Syntactic Theory and the Structure of English. A Minimalist Approach. Cambridge.

RAIBLE, WOLFGANG (1992): Junktion. Eine Dimension der Sprache und ihre Realisierungsformen zwischen Aggregation und Integration. Heidelberg.

REDDER, ANGELIKA (2009): Modal sprachlich handeln. In: Der Deutschunterricht 3/2009, 88–93.

RICHLING, JULIA (2008): Die Sprache in Foren und Newsgroups. Eine Untersuchung der konzeptionellen Mündlichkeit und Schriftlichkeit im Wandel der Zeit. Saarbrücken.

ROGERS, EVERETT M. (52003): Diffusion of Innovations. New York u.a.

SCHANK, GERD (1981): Untersuchungen zum Ablauf natürlicher Dialoge. München.

SCHENK, HANS-OTTO (1991): Marktwirtschaftslehre des Handelns. Wiesbaden.

SCHNEIDER, JAN GEORG (2006): Gibt es nichtmediale Kommunikation? In: Zeitschrift für Angewandte Linguistik 44/2006, 71–90.

SCHNEIDER, JAN GEORG (2011): Hat die gesprochene Sprache eine eigene Grammatik? Grundsätzliche Überlegungen zum Status gesprochensprachlicher Konstruktionen und zur Kategorie ‚gesprochenes Standarddeutsch'. In: Zeitschrift für germanistische Linguistik 39/2011, 165–187.

SCHÖNFELD, JULIANE (2001): Die Gesprächsorganisation in der Chat-Kommunikation. In: MICHAEL BEIßWENGER (Hg.): Chat-Kommunikation. Sprache, Interaktion, Sozialität & Identität in synchroner computervermittelter Kommunikation. Perspektiven auf ein interdisziplinäres Forschungsfeld. Stuttgart, 25–53.

SCHULZ, KLAUS-PETER ET AL. (2000): Wie lernt man Innovationen zu managen? Die Realisierung eines Lehrkonzepts für Innovationsmanagement. In: io management 11/2000, 56–65.

SCHULZE, GERHARD (22005): Die Erlebnisgesellschaft. Kultursoziologie der Gegenwart. Frankfurt a.M./New York.

SCHUMPETER, JOSEPH A. (1961): Konjunkturzyklen. Eine theoretische, historische und statistische Analyse des kapitalistischen Prozesses. Bd. 1. Göttingen.

SCHWITALLA, JOHANNES (1979): Dialogsteuerung in Interviews. Ansätze zu einer Theorie der Dialogsteuerung mit empirischen Untersuchungen von Politiker-, Experten- und Starinterviews in Rundfunk und Fernsehen. München.

SCHWITALLA, JOHANNES (32006): Gesprochenes Deutsch. Eine Einführung. Berlin.

SCHWITALLA, JOHANNES/BETZ, RUTH (2006): Ausgleichsprozesse zwischen Mündlichkeit und Schriftlichkeit in öffentlichen Textsorten. In: EVA NEULAND (Hg.): Variation im heutigen Deutsch: Perspektiven für den Sprachunterricht. Frankfurt a.M., 389–401.

SEBBA, MARK (2003): Spelling Rebellion. In: JANNIS K. ANDROUTSOPOULOS/ALEXANDRA GEORGAKOPOULOU (Hgg.): Discourse Constructions of Youth Identities. Amsterdam / Philadelphia, 151–172.

SIEBER, PETER (1998): Parlando in Texten. Zur Veränderung kommunikativer Grundmuster in der Schriftlichkeit. Tübingen.

SMEND, RUDOLF (2002): Die Mitte des Alten Testaments: exegetische Aufsätze. Tübingen.

SPERBER, DAN / WILSON, DEIRDRE (1986): Relevance. Communication and Cognition. Oxford.

SPITZMÜLLER, JÜRGEN (2008): „Sind wir noch Deutsche?" Der deutsch-englische Sprachkontakt als Thema des öffentlichen Diskurses in der Gegenwart. In: EICHINGER,

LUDWIG M./PLEWNIA, ALBRECHT (Hgg.): Das Deutsche und seine Nachbarn. Über Identitäten und Mehrsprachigkeit. (= Studien zur deutschen Sprache 46). Tübingen, 63–82.

SPITZMÜLLER, JÜRGEN (2010): Typografische Variation und (Inter-)Medialität. Zur kommunikativen Relevanz skripturaler Sichtbarkeit. In: ARNULF DEPPERMANN/ ANGELIKA LINKE (Hgg.): Sprache intermedial. Stimme und Schrift, Bild und Ton. Berlin/New York, 97–126.

SPITZMÜLLER, JÜRGEN/WARNKE, INGO H.(2011): Diskurslinguistik. Eine Einführung in Theorien und Methoden der transtextuellen Sprachanalyse. Berlin/Boston.

STEGER, HUGO (1961): Regelsbach bei Nürnberg Landkreis Schwabach. (Lautbibliothek der deutschen Mundarten 25/26). Göttingen.

STEIN, DIETER (2005): Distanz und Nähe in interaktiver Internetkommunikation. In: MICHAEL BEIẞWENGER/ANGELIKA STORRER (Hgg.): Chat-Kommunikation in Beruf, Bildung und Medien. Konzepte – Werkzeuge – Anwendungsfelder. Stuttgart, 339–347.

STORRER, ANGELIKA (2001): Sprachliche Besonderheiten getippter Gespräche: Sprecherwechsel und sprachliches Zeigen in der Chat-Kommunikation. In: MICHAEL BEIẞWENGER (Hg.): Chat-Kommunikation. Sprache, Interaktion, Sozialität & Identität in synchroner computervermittelter Kommunikation. Perspektiven auf ein interdisziplinäres Forschungsfeld. Stuttgart, 3–24.

THALER, VERENA (2003): Chat-Kommunikation im Spannungsfeld zwischen Oralität und Literalität. Berlin.

THALER, VERENA (2007): Mündlichkeit, Schriftlichkeit, Synchronizität. Eine Analyse alter und neuer Konzepte zur Klassifizierung neuer Kommunikationsformen. In: Zeitschrift für Germanistische Linguistik 35/2007, 146–181.

THOMPSON, JOHN B. (^{2}2005): Einführung. In: Pierre Bourdieu: Was heißt sprechen? Zur Ökonomie des sprachlichen Tausches. Wien, 1–35.

TOMASELLO, MICHAEL (2006): Konstruktionsgrammatik und früher Erstspracherwerb. In: KERSTIN FISCHER/ANATOL STEFANOWITSCH (Hgg.): Konstruktionsgrammatik. Von der Anwendung zur Theorie. Tübingen, 19–38.

TRAUGOTT, ELIZABETH C. (2004): Exaptation and Grammaticalization. In: MINOJI AKIMOTO (Hg.): Linguistic Studies Based on Corpora. Tokio, 133–156.

TUGENDHAT, ERNST/WOLF, URSULA (1983): Logisch-semantische Propädeutik. Stuttgart.

VAN DE VEN, ANDREW H. ET AL.(Hgg.) (1999): The Innovation Journey. New York / Oxford.

VAN RIEMSDIJK, HENK (2002): The unbearable lightness of Going. The projection parameter as a pure parameter governing thedistribution of elliptic motion verbs in Germanic. In: Journal of Comparative Germanic Linguistics 5/2002, 143–196.

VOLLBRECHT, RALF (2005): Stichwort: Medien. In: LOTHAR MIKOS/CLAUDIA WEGENER (Hgg.): Qualitative Medienforschung. Ein Handbuch. Konstanz, 29–38.

VORDANK, TINO (2005): Zur organisationalen Reziprozität von Diffusion. In: JENS ADERHOLD/RENÉ JOHN (Hgg.): Innovation. Sozialwissenschaftliche Perspektiven. Konstanz, 33–48.

WAGNER, FRANC (2010): Die neuen Medien als Herausforderung für den Sprach- und Kulturkontakt. In: ULLA KLEINBERGER/FRANC WAGNER (Hgg.): Sprach- und Kulturkontakt in den Neuen Medien. Bern u.a., 9–21.

WEBER, STEFAN (Hg.) (^{2}2010): Theorien der Medien. Von der Kulturkritik bis zum Konstruktivismus. 2. überarb. Aufl. Konstanz.

WEINRICH, HARALD (^{2}2003): Textgrammatik der deutschen Sprache. Hildesheim u.a.

WELLMANN, HANS (2008): Deutsche Grammatik. Laut. Wort. Satz. Text. Heidelberg.

WIESE, HEIKE (2006): „Ich mach dich Messer“: Grammatische Produktivität in Kiez-Sprache („Kanak Sprak“). In: Linguistische Berichte 207/2006, 245–273.

WITTGENSTEIN, LUDWIG (2003): Philosophische Untersuchungen. Hg. v. Joachim Schulte. Frankfurt a.M.

ZANDER, JUDITH (2010): Dinge, die wir heute sagten. München.

ZAPF, WOLFGANG (1989): Über soziale Innovationen. In: Soziale Welt Heft 1/2, 1989, 170–183.

ZIEM, ALEXANDER (2008): Frames und sprachliches Wissen. Kognitive Aspekte der semantischen Kompetenz. Berlin/New York.

ZIFONUN, GISELA ET AL.(1997): Grammatik der deutschen Sprache. Berlin/New York.

10 Verzeichnisse

10.1 Tabellenverzeichnis

10.2 Abbildungsverzeichnis

www.ingramcontent.com/pod-product-compliance
Lightning Source LLC
LaVergne TN
LVHW080002031026
849161LV00026B/2931